"十二五"职业教育国家规划教材

经全国职业教育教材审定委员会审定

WEIJI JIEKOU JISHU

U0230067

微机接口技术

（第4版）

王成端 主编
王宇晓 魏先民 周建梁 副主编

高等教育出版社·北京

内容提要

　　本书是在普通高等教育"十一五"国家级规划教材《微机接口技术》（第3版）基础上，结合近几年高等职业教育的发展进行修订的，修订后为"十二五"职业教育国家规划教材。本书以培养学生应用能力为主线，理论与实践相结合，并加入计算机最新技术，整体内容更能激发学生学习兴趣。全书共分10章，主要介绍微机接口基本知识、微处理器、总线技术与存储器接口、输入/输出技术、定时/计数技术、并行接口、串行通信接口、人机交互设备接口、模拟接口、微机接口分析与设计等内容。

　　本书可作为高职高专计算机应用及相关电子类专业的专业课教材，也可作为应用型本科院校计算机科学与技术等专业的专业课教材或计算机工程技术人员的学习参考书。

图书在版编目（ＣＩＰ）数据

微机接口技术 / 王成端主编. -- 4版. -- 北京：高等教育出版社，2015.1
　　ISBN 978-7-04-041437-0

　　Ⅰ.①微… Ⅱ.①王… Ⅲ.①微型计算机-接口技术-高等职业教育-教材 Ⅳ.①TP364.7

中国版本图书馆CIP数据核字(2014)第261649号

策划编辑　张值胜	责任编辑　张值胜	封面设计　张　楠	版式设计　于　婕
插图绘制　杜晓丹	责任校对　刘丽娴	责任印制　韩　刚	

出版发行	高等教育出版社	网　　址	http://www.hep.edu.cn
社　　址	北京市西城区德外大街4号		http://www.hep.com.cn
邮政编码	100120	网上订购	http://www.landraco.com
印　　刷	廊坊市文峰档案印务有限公司		http://www.landraco.com.cn
开　　本	787mm×1092mm　1/16		
印　　张	18	版　　次	2001年9月第1版
			2015年1月第4版
字　　数	440千字		
购书热线	010-58581118	印　　次	2015年1月第1次印刷
咨询电话	400-810-0598	定　　价	29.80元

本书如有缺页、倒页、脱页等质量问题，请到所购图书销售部门联系调换
版权所有　侵权必究
物料号　41437-00

出 版 说 明

　　教材是教学过程的重要载体，加强教材建设是深化职业教育教学改革的有效途径，推进人才培养模式改革的重要条件，也是推动中高职协调发展的基础性工程，对促进现代职业教育体系建设，切实提高职业教育人才培养质量具有十分重要的作用。

　　为了认真贯彻《教育部关于"十二五"职业教育教材建设的若干意见》（教职成〔2012〕9号），2012年12月，教育部职业教育与成人教育司启动了"十二五"职业教育国家规划教材（高等职业教育部分）的选题立项工作。作为全国最大的职业教育教材出版基地，我社按照"统筹规划，优化结构，锤炼精品，鼓励创新"的原则，完成了立项选题的论证遴选与申报工作。在教育部职业教育与成人教育司随后组织的选题评审中，由我社申报的1338种选题被确定为"十二五"职业教育国家规划教材立项选题。现在，这批选题相继完成了编写工作，并由全国职业教育教材审定委员会审定通过后，陆续出版。

　　这批规划教材中，部分为修订版，其前身多为普通高等教育"十一五"国家级规划教材（高职高专）或普通高等教育"十五"国家级规划教材（高职高专），在高等职业教育教学改革进程中不断吐故纳新，在长期的教学实践中接受检验并修改完善，是"锤炼精品"的基础与传承创新的硕果；部分为新编教材，反映了近年来高职院校教学内容与课程体系改革的成果，并对接新的职业标准和新的产业需求，反映新知识、新技术、新工艺和新方法，具有鲜明的时代特色和职教特色。无论是修订版，还是新编版，我社都将发挥自身在数字化教学资源建设方面的优势，为规划教材开发配备数字化教学资源，实现教材的一体化服务。

　　这批规划教材立项之时，也是国家职业教育专业教学资源库建设项目及国家精品资源共享课建设项目深入开展之际，而专业、课程、教材之间的紧密联系，无疑为融通教改项目、整合优质资源、打造精品力作奠定了基础。我社作为国家专业教学资源库平台建设和资源运营机构及国家精品开放课程项目组织实施单位，将建设成果以系列教材的形式成功申报立项，并在审定通过后陆续推出。这两个系列的规划教材，具有作者队伍强大、教改基础深厚、示范效应显著、配套资源丰富、纸质教材与在线资源一体化设计的鲜明特点，将是职业教育信息化条件下，扩展教学手段和范围，推动教学方式方法变革的重要媒介与典型代表。

　　教学改革无止境，精品教材永追求。我社将在今后一到两年内，集中优势力量，全力以赴，出版好、推广好这批规划教材，力促优质教材进校园、精品资源进课堂，从而更好地服务于高等职业教育教学改革，更好地服务于现代职教体系建设，更好地服务于青年成才。

高等教育出版社

2014年7月

第 4 版前言

微机接口技术是本科和专科院校计算机及相关电子类专业的一门重要专业课，是理论与实践兼具的课程，具备很强的实用性。随着计算机技术的飞速发展，新技术、新机型不断涌现，但从掌握微机接口技术的角度考虑，16 位微处理器的体系结构简单易懂，仍然是教学内容的最佳选择。针对本课程当前的教学现状，降低学习难度，提高学习兴趣，打造精品教材，是组织本书内容的主要宗旨。

本书第 1 版作为教育部高职高专规划教材于 2001 年出版。后结合教学实践不断修订，2004 年作为普通高等教育"十五"国家级规划教材出版了第 2 版，该书获山东省高等学校优秀教材（高职）一等奖。第 3 版作为普通高等教育"十一五"国家级规划教材于 2009 年出版。十余年来，对该书的研究和提炼一直在延续，得到国内高职院校师生的厚爱，累计印刷数万册。为打造精品教材，更好地服务于高职教学，作者在前几版的基础上，结合近几年高职教育教学的发展，精心编写了本书。

本书主要特色有：

1. 以培养学生应用能力为主线，理论与实际紧密结合。化难为易，激发学生兴趣

本书针对高职学生特点合理编排内容，构建均衡知识体系。由浅入深，循序渐进，对应用性较强的内容进行重点描述，而实际使用较少的内容做简单处理。接口技术的知识点较为分散，不利于学生理解和掌握，本书通过综合性的设计举例，先提出问题并加以分析，然后利用所学知识进行综合设计，最终解决问题，使学生学习时降低了难度，激发了兴趣，做到学以致用。

2. 加入计算机新技术，融入教育科研成果，丰富教学内容，扩展接口技术新视野

在本书的编写过程中，编者积极跟踪计算机最新接口技术，合理编排新旧知识，使其与计算机的发展相合拍，并将近几年在微机接口技术等相关领域的最新教育科研成果以恰当的方式融入教材的知识体系，使内容与当前生产实践紧密衔接。人机交互设备接口等知识也会进一步提升学生学习兴趣，拓展接口技术知识面。

3. 适应国民经济和高职教育发展最新需求，突出高职本色

"十二五"以来，国家加快转变经济发展方式，大力发展战略新兴产业，对高职教育提出了新的要求，社会对高职人才的需求趋向高端技能型，且需求量与日俱增。高职教育发展迅速，需要配套优秀的高职教材。本次教材内容充分考虑高职学生的特点，有强烈的高职特色，以便更好地为培养高端技能型人才服务。

全书内容共分 10 章。第 1 章微机接口技术基础，简要介绍微机接口技术的基本概念、基本功能和接口技术的现状及发展。第 2 章微处理器，重点介绍 8086/8088 微处理器，对 80386、80486 微处理器以及 Pentium、Core 系列微处理器做简要介绍。第 3 章总线技术与存储器接口，包括总线知识、I/O 端口的常用译码方法，SRAM、DRAM、ROM 与 CPU 的连接等内容。第 4 章输入/输出技术，主要介绍 CPU 与外设间的 3 种传送方式、中断技术包括中断基本知识、中断控

制器 8259A 初始化编程及应用举例等，最后讲述 DMA 基本知识及初始化编程。第 5 章定时/计数技术，介绍了定时/计数器的基本概念和分类，然后以 8253-5 为例，介绍了其内部结构、各种工作方式和初始化编程方法，并结合实例介绍其应用。第 6 章并行接口，介绍并行接口的基本概念、简单并行接口输入/输出电路，8255A 的内部结构，8255A 的编程方法及应用举例。第 7 章串行通信接口，主要介绍串行通信的基本概念、接口标准、微机异步通信接口技术及应用。第 8 章人机交互设备接口，主要讲述键盘、LED 显示器、LCD 显示器、打印机的工作原理及其接口技术，对多媒体的音频、视频等处理技术及鼠标、数码相机、触摸屏、图像扫描仪的工作原理与接口也作了简单介绍。第 9 章模拟接口，简要介绍 D/A 转换原理、A/D 转换原理以及相应的性能指标，重点介绍 D/A、A/D 转换接口电路的设计和编程方法，介绍了多路模拟开关及采样保持电路，并举例说明了数据采集系统的设计方法。第 10 章微机接口分析与设计，主要介绍微机接口的硬件系统设计、软件系统设计的方法以及可靠性与抗干扰设计，并给出一个综合应用实例。

本课程建议教学计划安排 58 学时，授课学时在各章中都有建议，实践教学内容单独安排。

本书由王成端教授担任主编，王宇晓、魏先民和周建梁担任副主编。其中第 1 章、第 4 章、第 6 章和第 7 章由王成端编写，第 8 章和第 9 章由王宇晓编写，第 2 章和第 3 章由魏先民编写，第 5 章和第 10 章由周建梁编写。

山东交通学院的沈祥玖教授对全稿进行了审阅，并提出了许多宝贵意见，在此表示衷心感谢。

由于作者水平有限，书中谬误之处在所难免，敬请广大读者批评指正。

编　者
2014 年 9 月

目　录

第 1 章
微机接口技术基础

学习目标

本章主要简单介绍微机接口技术基础知识。

通过本章的学习，应该做到：

■ 掌握接口的定义及功能，了解接口的分类。

■ 了解接口技术的现状及发展。

建议本章教学安排 1 学时。

1.1　微机接口技术概述

　　输入和输出设备指的是微处理器（Central Processing Unit，CPU）与外界联系所用的装置。人们是通过外部设备来使用计算机的，而大多数外部设备往往不能直接与 CPU 相连，它们之间的信息交换需要加一个中间环节的逻辑电路，这就是接口电路。

1.1.1　微机接口的定义

　　所谓微机接口就是 CPU 与外部设备连接的中间部件，是 CPU 与外界进行信息交换的逻辑电路。例如，用户编写的源程序要通过微机接口从输入设备（如键盘）送进去，运算结果要通过微机接口送到输出设备（如显示器）输出。微机接口技术是采用软件与硬件相结合的方法，研究 CPU 如何与外部设备进行最佳耦合与匹配，以实现两者高效、可靠地进行信息交换的一门技术。

1.1.2　微机接口的分类

　　所谓计算机中各部件的性能不同，主要是指这些部件内的信息类型、形式，或者对它们的处理方法、速度的不同。而各部件之所以要通过接口实现互连，是因为各种接口总是以解决不同信息之间的交换为目的，因此可以用不同信息形式来对接口进行分类。即以外设输入/输出的信息特性作为基准。

1. 数字接口与模拟接口

　　这是根据信号的表示形式而分类的。

　　自然界中很多信息都是以模拟量表示的，即在任何两个值之间总可以找出其中间值的这种量。例如，模拟的电压或电流，甚至非电量（如温度、压力、流量等）都是这类例子。在数字计算机的环境下，模拟量无法直接输入计算机，也无法直接为计算机所识别和处理。需经传感器转换成连续变化的电信号，再经 A/D 转换器变成数字量形式传输。

　　所谓数字接口是指以二进制形式表示的信息所用的接口技术，目前绝大部分外设都可以输出或输入二进制数据或控制信息。

2. 串行接口与并行接口

　　此划分是根据信息传输方式不同而区分的接口类型。从 8086 CPU 引脚看，CPU 的数据信息是以并行方式传送的，若外设的数字信息以同样方式传送，则接口处理起来要方便一些，这称为并行接口。但是有一些外部设备适合以串行方式传输数据，如主机与终端之间的信息传输就是串行方式，尤其在远距离传输数据时，更是必须以串行方式工作。这样，在信息进入系统总线之前必须进行形式上的变换，即将串行信息变换为并行信息，这种接口称为串行接口。

3. 高速接口与低速接口

　　这是根据传输速度而分类的。所谓的高速、低速是相对于 CPU 读/写速度而言的，如果传输速度比 CPU 读/写速度快，则称为高速传输，反之则称为中速传输或低速传输。在做接口处理时，这两种情况是显然不同的。对于 I/O 指令，可以实现此种交换中的一部分功能。例如，若要将外设的数据读入到内存时，先执行 I/O 指令把数据读入到 CPU 的 AL 或 AX 寄存器中，然后再执行 MOV 指令把数据送入内存，即每传输一个字节（或字），就需要执行两条指令才能完成。以一个在 5 MHz 时钟下工作的 8086 CPU 为例，查指令表可以知道，执行一次 IN 操作大约是 10 个时钟周期，一条 MOV 指令也大约是 10 个时钟周期。这就是说，输入一个字节（或字）过程可能要花费 4 μs，按该方式输入/输出的速率极限大约是 250 KB/s。如果高于此速率，仍用该种接口处理方式，就一定会出现传输错误。因此对高速传输的数据常常采用 DMA 方式，即不要 CPU 介入，让外设与存储器间直接传输数据。

4. 固定逻辑电路接口与可编程接口

根据接口是否可以编程，可以分为可编程接口和不可编程接口。

固定逻辑电路接口是指接口的工作方式和工作状态完全由接口硬件电路决定，用户不可通过编程加以修改。

可编程接口是指在不改变接口硬件的情况下，通过编程修改接口的操作参数，改变接口的工作方式和工作状态，从而提高接口功能的灵活性。

5. 同步接口与异步接口

根据接口的时序控制方式，可以分为同步接口和异步接口。

同步接口是指接口与系统总线之间信息的传送，由统一的时序信号同步控制。接口与外设之间可以采取其他时序控制方式。

异步接口是指接口与系统总线之间、接口与外设之间的信息传送不受统一的时序信号控制，而由异步应答方式传送。

1.1.3 研究微机接口的意义

输入/输出（Input/Output）是计算机与外部世界交换信息所必需的手段。输入/输出设备（以下简称外设）是计算机与外部世界进行信息交换的设备。一方面，程序、数据和现场采集值等要通过输入设备输入计算机；另一方面，计算机运行的结果和各种控制信号要通过输出设备进行显示、打印或实现实时控制等。

计算机系统中的外设有机械式、电子式、机电式等，这些外设的速度相差甚远，信号的形式及传送方式也不相同，即便是一些常见的外部设备，如键盘、显示器、打印机及磁记录设备等，它们的特性也有很大的差异，如果都用一种方法处理，难以达到理想的接口要求。例如，键盘是一种输入设备，人击键的速度每秒不会超过 10 字节。计算机如果是从外部通信线路获得数据，那么它的输入速度可能就达每秒几十字节到几千字节。而硬盘的速度几乎可达每秒几兆字节。很显然，速度差异如此明显，用同一种方法处理信息交换是不合适的。除了速度问题，输入/输出信息的形式和传输方式给接口技术增加了多样性和复杂性。输入/输出信号的形式有数字量、模拟量（电压/电流），信息传送方式有串行、并行等。因此，在 CPU 与外设之间需要设置一种部件装置，使 CPU 和外设协调工作，有效地完成 CPU 与外设之间的信息交换，这种起界面（Interface）作用的部件装置称为输入/输出接口电路。

对接口技术的研究不仅在于它的重要性，还在于具体接口技术的多样性、复杂性。

在设计一个微机系统时，首先明确系统的功能及性能指标，然后确定硬件系统和软件系统的各自分工，最后再组织进行具体设计实施。在整个设计过程中，要求设计者不仅对微机有较深入的了解，而且，还必须对各种使用的部件有较深刻的了解，尤其要非常熟悉部件的外部特性、性能指标等，以便在设计的过程中，通过适当的接口技术将它们结合在一起。从这个意义上讲，接口技术是设计一个微机系统的关键。

微机接口技术研究的内容决定了其具有广泛而重要的应用领域，无论是工业控制、智能仪表、机器人、国防军工、航空航天和家用电器等都离不开微机接口技术。因此研究微机接口技术意义重大。

1.1.4　怎样学好微机接口技术

微机接口技术研究的主要内容是计算机与外设进行信息交换的方法，具有软硬件结合的特点。这不仅要求学生具备扎实的电子电路基础，同时要求学生具备较强的汇编语言程序设计能力，因而具有一定难度，这使许多同学有些望而生畏。其实只要具备了扎实的基础知识，同时掌握好的学习方法，掌握微机接口技术还是比较容易的。主要从以下 3 点做起：

1. 掌握好基础知识

任何一门课程的学习都要求具备扎实的基础知识，微机接口技术的学习也不例外。对本课程而言，要求具备扎实的数字电路基础并熟练掌握汇编语言编程。对希望学好微机接口技术的同学而言，这个要求并不高。

2. 培养微机接口技术学习兴趣

兴趣是最好的老师，学习过程中要努力培养学习兴趣。只要感兴趣了，再难的课程也容易掌握。微机接口技术的强大功能可以帮助人们解决许多问题，在国民经济战略新兴领域扮演极为重要的角色，只要掌握了相关知识，就会大有用武之地。

3. 学习时由浅入深，循序渐进

微机接口技术的学习是一个循序渐进的过程，刚开始的内容总是稍微容易些，随着学习的深入，难度会有所增强。因此，学生学习时入手不会很难，但一定要把所学知识扎实掌握好。只要在学习时一步一个脚印，课前尽量预习，课上认真听讲，课后认真复习，独立完成作业。随着课程的进行，变被动学习为主动学习，最后必然会水到渠成地掌握所学知识。

1.2　微机接口的功能和特点

接口部件作为 CPU 与外设之间的一个界面，使得双方有条不紊地协调动作，从而完成 CPU 与外界的信息交换。按 CPU 与外界交换信息的要求，从解决 CPU 与外设连接时存在的矛盾来看，接口部件应具有：数据锁存、缓冲与驱动功能，信号转换功能，接收、执行 CPU 命令的功能，设备选择功能，中断管理功能和可编程功能。

1.2.1 数据锁存、缓冲与驱动功能

在实施外设与 CPU 之间数据传送时，往往要采用数据锁存技术，接口中一般都设置数据寄存器或锁存器，以解决高速 CPU 和低速外设之间的矛盾，适应双方的读/写时间需要，避免丢失数据。例如，从 CPU 向外设写一个字节数据时，按照总线周期的规律，数据在总线上存在的时间只有 3 个 T 周期（对 5 MHz 时钟而言，只有 0.6 μs），一般来说外设难以在这样短的时间内完成应做的工作。当然，如果采用增加 WAIT 周期的办法可以解决这个问题，但这是以降低 CPU 的效率为代价的。如果在接口电路中加上一个 D 触发器，利用 I/O 口的译码及 I/O 写控制信号作触发脉冲，就可以将数据总线上的数据及时地暂存在锁存器中。此后，锁存器中的信息可以为外设随意取得，不必担心速度快慢，而 CPU 在写完此数据后，就可以继续进行别的操作。有些接口电路中对从外设来的数据也进行锁存。

接口电路中除了要对数据锁存外，还必须进行缓冲，即在输入与输出之间进行一定的隔离，以减小或消除互相影响。输出到数据总线的缓冲器一般采用三态门，以防止输入信息影响公用的数据线所进行的其他操作。考虑到负载的情况，以及总线本身的负载能力，缓冲器一般都具有适当的驱动能力。特殊情况下可以采用专门的驱动器。

1.2.2 信号转换功能

由于外设所能提供或接收的各种信号常常与微机的总线信号不兼容，因此信号变换就不可避免，它是接口设计中的一个重要方面。通常遇到的信号变换包括信号电平转换、模/数和数/模转换、串/并和并/串转换、数据宽度变换及信号的逻辑关系和时序上的配合所要求的变换等。

1.2.3 接收、执行 CPU 命令的功能

CPU 发往外设的各种命令都是以代码的形式先发到接口电路，再由接口电路对命令代码进行识别解释后，形成一系列控制信号送往外设（被控对象），产生相应的具体操作。为了实现 CPU 与外设之间的联络，接口电路还必须提供有关的外设"忙"或"闲"等状态信号。

1.2.4 设备选择功能

微机系统中通常都有多台外设，而 CPU 在同一时间里只能与一台外设交换信息，这就要借助于接口的地址译码电路对外设进行寻址。高位地址用于芯片（电路）的选择，低位地址用于接口芯片（电路）内部寄存器或锁存器的选择，只有被选中的设备才能与 CPU 交换数据。

1.2.5 中断管理功能

当外设需要及时得到 CPU 的服务，例如，在出现故障而要求 CPU 进行刻不容缓的处理时，就应在接口中设置中断控制逻辑，由它完成向 CPU 提出中断请求，进行中断优先级排队，接收中断响应信号以及向 CPU 提供中断向量等有关中断事务工作。这样，除了能使 CPU 实时处理紧急情况外，还能使快速 CPU 与慢速外设并行工作，从而大大提高 CPU 的效率。

1.2.6 可编程功能

现在的接口芯片多数都是可编程的，这样在不改变硬件的条件下，只改变驱动程序就可改变接口的工作方式和功能，以适应不同的用途。其大大增强了接口的通用性、灵活性和可扩充性。

需要说明的是：上述功能并非每个接口都要求具备，对不同配置和不同用途的微机系统，其接口功能及接口电路的复杂程度都不一样。

1.3 微机接口技术的现状及发展

最初的微机系统中并没有设置独立的接口部件，对外设控制与管理均由 CPU 直接承担。这在当时 CPU 任务较单一，操作简单，外设品种较少的条件下是可行的。然而，随着计算机技术的迅猛发展和日益广泛的应用，CPU 需要执行的任务愈来愈多，外设的种类也大大增加，且性能各异，对外设的管理也变得愈来愈复杂，如果再使 CPU 承担全部管理任务，那么势必会使主机完全陷入与外设打交道的沉重负担之中。因而必须设置专门的接口电路，把对外设的控制管理任务交给接口去完成，而主机只在适当时刻向接口发出命令，从接口读入外设状态或与外设传送数据。这就大大减轻了主机的负担，降低了对 CPU 的要求，同时也极大地提高了 CPU 的利用率。

早期的接口其实就是在 CPU 和外设之间设置简单的逻辑电路，后来逐步发展成为独立的接口电路，甚至是设备控制器。它们的功能越来越强，而电路也越来越复杂。同时，有了接口之后，研制外设时无须考虑它是同哪种 CPU 连接。当然，为了设备的通用性也制定了各种接口标准。

随着现代化集成技术及计算机技术的发展，目前的接口几乎都是中、大规模集成芯片，并且是可编程的，具有较好的通用性，即通过编程设置不同的工作方式，管理不同外设或管理多台外设。因此可以实现实时、多任务和并行操作。

接口技术的发展趋势是采用大规模和超大规模芯片，并向智能化、标准化、系列化和一体化方向发展。另外，随着多媒体技术的出现，相应的接口器件也会不断涌现。

智能接口技术是指智能化的人与计算机之间的交互技术，智能接口技术是计算机与人工智能技术的一个重要领域，同时也涉及语言学、声学、光学、人体工程学等领域。智能接口技术研究的目标是建立和谐的人机交互环境，使人与计算机之间的信息交互能够像人与人之间的交流一样自然、方便。智能接口技术的研究范围十分宽广，目前主要的研究内容有文字识别技术（包括印刷体和手写体文字识别）、语音处理技术（包括语音识别与语音合成）、视觉与图像处理技术、生物特征信息处理技术（包括指纹识别、虹膜识别、脸像识别、笔迹鉴别和声纹识别）、多媒体技术、虚拟现实技术、自然语言处理技术（包括机器翻译和自动文摘）等。

由于计算机的功能越来越丰富，它已成为生活、生产、科研等各个领域的重要工具，然而在微机系统中，微处理器的强大功能通过外部设备才能实现，而外设与微处理器之间的信息交换及通信是靠接口完成的。因此，接口技术是直接影响微机系统的处理能力和微机推广应用的关键。掌握微机接口技术就成为当代科技工作者和工程技术人员应用微型计算机所必不可少的基本技能。

本章小结

本章概括地介绍微机接口技术基础知识。所谓微机接口就是 CPU 与外部设备连接的中间部件，是 CPU 与外界进行信息交换的逻辑电路。微机接口技术采用软件与硬件相结合的方法，研究 CPU 如何与外部设备进行最佳耦合与匹配。

微机接口有不同的分类方法。微机接口研究的内容决定了它具有重大的学习和研究意义。微机接口技术是现代科技的重要组成部分，作为未来高层次人才的大学生一定要学好这门课程。

本章还讨论了微机接口技术的功能、特点、现状及未来发展，这都有助于提高学生对课程的认识，为深入学习做好准备。

习题与思考题

1. 简述接口的概念及接口的功能。
2. 简述要在 CPU 与外设之间设置接口的原因。
3. 怎样学好微机接口技术？
4. 简述智能接口技术目前主要的研究内容。

第 2 章
微处理器

🔍 **学习目标** | 本章重点学习 Intel 80x86 系列微处理器，通过本章的学习，应该做到：

■ 对微处理器的学习，既要掌握微处理器的一般原理，又要了解 Intel 系列 CPU 的典型产品及其特点。

■ 重点掌握 8086/8088 微处理器内部结构、寄存器组织、存储器组织和输入/输出组织。

■ 掌握 8086/8088 微处理器的引脚功能和工作时序。

■ 理解 80386、80486 微处理器的内部结构、特点等。

■ 了解 Pentium 系列、Core 系列 CPU 的特点。

建议本章教学安排 5 学时。

2.1 8086/8088 微处理器

8086 CPU 是美国 Intel 公司于 1978 年推出的一种高性能的 16 位微处理器。它采用硅栅 HMOS（High-density Metal Oxide Semiconductor，高密度金属氧化物半导体）工艺制造，在 1.45 cm² 单个硅片上集成了 29 000 个晶体管。它一经问世就显示出了强大的生命力，以它为核心部件组成的微型计算机系统，其性能已达到中、高档小型计算机的水平。它具有丰富的指令系统，采用多级中断技术、多重寻址方式、多重数据处理形式、段寄存器结构和硬件乘除法运算电路，增加了预取指令的队列缓冲器等，使其性能大为增强。与其他几种 16 位微处理机相比，8086 CPU 的内部结构规模较小，仍采用 40 引脚的双列直插式封装。8086 CPU 的一个突出特点是多重处理能力，用 8086 CPU 与 8087 协处理器以及 8089 I/O 处理器组成的多处理器系统可大大地提高数据处理和输入/输出能力。另外，与 8086 CPU 配套的各种外围接口芯片的种类非常丰富，便于用户开发各种系统。

8088 CPU 与 8086 CPU 的组成基本相同，不同之处在于：

① 8086 CPU 内部指令队列缓冲器为 6 级，可存放 6 B 的指令代码；8088 CPU 内部指令队列缓冲器为 4 级，可存放 4 B 的指令代码。

② 8086 CPU 对外数据总线为 16 位，8088 对外数据总线为 8 位，有时称 8088 CPU 为准 16 位微处理器。

2.1.1 8086 CPU 内部结构

8086 CPU 内部结构如图 2-1 所示。按功能可分为两大部分：总线接口单元（Bus Interface Unit，BIU）和执行单元（Execution Unit，EU）。

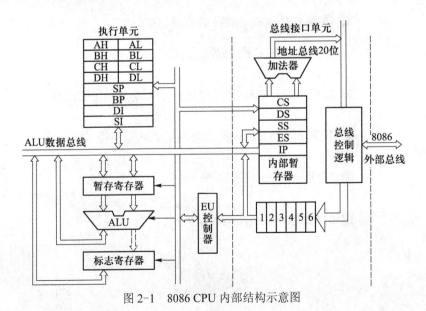

图 2-1　8086 CPU 内部结构示意图

1. 总线接口单元

总线接口单元（BIU）是 8086 CPU 同存储器和 I/O 设备之间的接口部件，负责针对全部引脚的操作，即 8086 所有对存储器和 I/O 设备的操作都是由总线接口单元完成的，所有对外部总线的操作都必须有正确的地址和适当的控制信号，总线接口单元中的部件主要是围绕这个目标设计的。它提供 16 位双向数据总线、20 位地址总线和若干条控制总线。其具体任务是：负责从内存单元中预取指令，并将其送到指令队列缓冲器暂存。CPU 执行指令时，总线接口单元要配合执行单元，从指定的内存单元或者 I/O 端口中取出数据并传送给执行单元，或者把执行单元的处理结果传送到指定的内存单元或 I/O 端口中。

总线接口单元由 20 位地址加法器、4 个段寄存器、16 位指令指针 IP、指令队列缓冲器和总线控制逻辑电路等组成。

（1）地址加法器和段寄存器

8086 CPU 的 20 条地址线可直接寻址 1 MB 存储器物理空间。但 CPU 内部寄存器均为 16 位寄存器。那么 16 位的寄存器如何实现 20 位地址寻址呢？它是由专门地址加法器将有关段寄存器内容（段的起始地址）左移 4 位后，与 16 位偏移地址相加，形成一个 20 位的物理地址，以对存储单元寻址。例如，在取指令时，由 16 位指令指针提供一个有效地址（逻辑地址），在地址加法器中与代码段寄存器中的内容相加，形成实际的 20 位物理地址，送到总线上实现取指令的寻址。图 2-2 所示为这一物理地址的形成过程。例如，假定代码段寄存器（CS）=2000H，指令码单元的偏移地址（IP）=1000H，则此指令的物理地址为 21000H。

（2）16 位指令指针

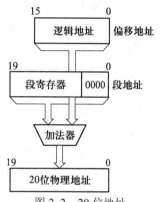

图 2-2 20 位地址

指令指针（Instruction Pointer，IP）用来存放下一条要执行的指令在代码段中的偏移地址。IP 只有和 CS 相结合，才能形成指向指令存放单元的物理地址。在程序运行过程中，IP 的内容由总线接口单元自动修改，使它总是指向下一条要执行的指令在现行代码段中的偏移地址。程序没有直接访问 IP 指向的指令，但通过某些指令可以修改它的内容。例如，转移指令可将转移目标的偏移地址送入 IP 来实现程序的转移。

（3）指令队列缓冲器

当执行单元正在执行指令且不需占用总线时，总线接口单元会自动执行预取指令操作，将所获取的指令按先后次序存入一个 6 B 的指令队列缓冲器，该队列缓冲器按"先进先出"的方式工作，并按顺序取指令到执行单元中执行。其操作遵循下列原则：

① 每当指令队列缓冲器中存满一条指令时，执行单元就立即开始执行。

② 每当总线接口单元发现队列中空了 2 B 时，加法器都会自动寻找空闲的总线周期进行预取指令操作，直到填满为止。

③ 每当执行单元执行完一条转移、调用或返回指令时，都要清除指令队列缓冲器，并要求总线接口单元从新的地址开始取指令。新取的第 1 条指令将直接经指令队列缓冲器送到执行单元去执行，并在新地址的基础上再做预取指令操作，实现程序段的转移。

由于总线接口单元和执行单元是各自独立工作的，在执行单元执行指令的同时，总线接口单元可预取下面的一条或几条指令。因此，在一般情况下，CPU 执行完一条指令后，就可以立即执行存放在指令队列中的下一条指令，而不需要像 8 位 CPU 那样，采取先取指令、后执行指令的串行操作方式。8086 CPU 的这种取指令、执行指令并行操作的特点避免了临时进行总线操作，提高了总线的信息传输效率，加快了运行速度。

（4）总线控制逻辑电路

总线控制逻辑电路将 8086 CPU 的内部总线和外部总线相连，是 8086 CPU 与内存单元或 I/O 端口进行数据交换的必经之路。它包括 16 条数据总线、20 条地址总线和若干条控制总线，CPU 通过这些总线与外部取得联系，从而构成各种规模的 8086 微型计算机系统。

2. 执行单元

执行单元（EU）中包含 1 个 16 位的运算器、8 个 16 位的寄存器、1 个 16 位标志寄存器、1 个数据暂存寄存器和执行单元的控制电路，也就是说其已经包含了微处理机的 3 个基本部件。该单元解释和执行所有指令，同时管理上述有关的寄存器。

（1）算术逻辑部件（ALU）

算术逻辑部件（Arithmetic and Logic Unit，ALU）它是一个 16 位的运算器，可用于 8/16 位二进制算术和逻辑运算，也可按指令的寻址方式计算寻址存储器所需的 16 位偏移量。

（2）标志寄存器（FLAGS）

标志寄存器（FLAGS）是一个 16 位的寄存器，用来反映 CPU 运算的状态特征和存放某些控制标志。

（3）数据暂存寄存器

数据暂存寄存器协助算术逻辑部件完成运算，暂存参加运算的数据。

（4）通用寄存器组

通用寄存器组包括 4 个 16 位的数据寄存器 AX、BX、CX、DX 和 4 个 16 位地址指针与变址寄存器 SP、BP 与 SI、DI。

（5）执行单元控制电路

执行单元控制电路负责从总线接口单元的指令队列缓冲器中取指令，并对指令译码，根据指令要求向执行单元内部的各个部件发出控制命令，以完成各条指令规定的功能。

执行单元中的部件通过一个 16 位的 ALU 数据总线连结在一起，在内部实现快速数据传输。值得注意的是，这个内部总线与 CPU 外接的总线之间是隔离的，即这两个总线可以同时工作而互不干扰。执行单元对指令的执行是从取指令操作码开始的，它从总线接口单元的指令队列缓冲器中每次取一个字节指令。如果指令队列缓冲器中是空的，那么执行单元就要等待总线接口单元通过外部总线从存储器中取得指令并送到执行单元中，通过译码电路分析发出相应控制命令，控制 ALU 数据总线中数据的流向。如果是执行运算操作，操作数据经过暂存寄存器送入算术逻辑部件，运算结果经过 ALU 数据总线送到相应的寄存器，同时标志寄存器（FLAGS）根据运算结果改变状态。在指令执行过程中常会发生从存储器中读或写数据的事件，这时就由执行单元提供寻址用的 16 位有效地址，在总线接口单元中经运算形成一个 20 位的物理地址，送到外部总线进行寻址。

2.1.2 8086 CPU 寄存器组织

8086 CPU 内部共有 14 个 16 位寄存器，包括通用寄存器、地址指针和变址寄存器、段寄存器、指令指针和标志寄存器。8086 CPU 内部寄存器如图 2-3 所示。

1. 通用寄存器

通用寄存器又称为数据寄存器，既可作为 16 位数据寄存器使用，也可作为两个 8 位数据寄存器使用。当用作 16 位的数据寄存器时，称为 AX、BX、CX、DX。当用作 8 位的数据寄存器时，AH、BH、CH、DH 存放高字节，AL、BL、CL、DL 存放低字节，并且可独立寻址，这样，4 个 16 位寄存器就可当作 8 个 8 位寄存器来使用。

多数情况下，在算术和逻辑运算指令中，通用寄存器用来存放算术逻辑运算的源/目的操作数。除了"通用"这个一般用途外，这几个寄存器还有特殊的用途，例如，在 8086 型机中有一种字符串处理指令，可以对指定长度的字符串连续作同一种处理，这时 CX 中就应存入字符串长度值，每处理一个字符就作一次减法计数，直到 CX 中的值为 0，因此 CX 又称为计数寄存器。

图 2-3 8086 CPU 内部寄存器

根据各自主要的使用场合，AX 称为累加器，BX 称为基址寄存器，而 DX 称为数据寄存器。

2. 段寄存器

8086 CPU 有 20 条地址线，可寻址的存储空间为 1 MB。而 8086 指令给出的地址编码只有 16 位，指令指针和变址寄存器也都是 16 位的，因此 CPU 不能直接寻址 1 MB 的空间。为此采用分段寄存器，即 8086 用一组段寄存器将这 1 MB 存储空间分成若干个逻辑段，每个逻辑段的长度不大于 64 KB，用 4 个 16 位的段寄存器分别存放各个段的起始地址（又称为段基址），8086 的指令能直接访问这 4 个段寄存器。无论指令还是数据的寻址，都只能在划定的 64 KB 范围内进行。寻址时还必须给出一个相对于分段寄存器值所指定的起始地址的偏移值（也称为有效地址），以确定段内的确切地址。对物理地址的计算是在总线接口单元中进行的，它先将段地址左移 4 位，然后与 16 位的偏移值相加。

段寄存器共有 4 个。代码段寄存器 CS 表示当前使用的指令代码可以从该段寄存器指定的段中获取，相应的偏移值则由 IP 提供。堆栈段寄存器 SS 指定当前堆栈的底部地址。数据段寄存器 DS 指示当前程序使用的数据存储段的最低地址。而附加段寄存器 ES 则指出当前程序使用附加段地址的位置，该段一般用来存放原始数据或运算结果。

3. 地址指针和变址寄址器

根据在段内寻址采取的方法，除了确定段地址外，还必须有相应的偏移量。偏移量有的已在指令中直接给出，但更多的情况下是由指令指定某些寄存器的内容并经运算后得出。参与地址运算的主要是地址指针与变址寄存器组中的 4 个寄存器，地址指针和变址寄存器都是 16 位寄存器，一般用来存放地址的偏移量（即相对于段起始地址的距离）。在总线接口单元的地址加法器中，与左移 4 位后的段寄存器内容相加产生 20 位的物理地址。

这 4 个寄存器的作用是有一定区别的。堆栈指针 SP 指出在堆栈段中当前栈顶的地址，在入栈（PUSH）和出栈（POP）指令中也是由 SP 给出栈顶的偏移地址。基址指针 BP 指出要处理的数据在堆栈段中的基地址，故称为基址指针寄存器。这里要注意两点：一是 BP 并非确切的偏移量，它只是全部偏移量中的一个基本值；二是 BP 所指的物理地址必须用堆栈寄存器 SS 来计算。变址寄存器 SI 和 DI 用来存放当前数据段中某个单元的偏移量。在字符串处理中，被处理的数据称为源操作数，它们存放在源变址寄存器 SI 给出的偏移地址中，而处理后的字符串则放在由目的变址寄存器 DI 给出的偏移地址中。这时 SI 和 DI 不能颠倒过来用。顺便指出，BX 作基地址用时也可以指定数据段的偏移量。

4. 指令指针和标志寄存器

指令指针（IP）的功能与 Z80 CPU 中的程序计数器（Program Counter，PC）的功能类似。正常运行时，IP 中存放的是总线接口单元要取的下一条指令的偏移地址。它具有自动加 1 功能，每当执行一次取指操作，便自动加 1，以指向要取的下一内存单元，每取一个字节后 IP 内容加 1，取一个字后 IP 内容加 2。某些指令可使 IP 值改变，某些指令还可使 IP 值压入堆栈，或从堆栈中弹出。

标志寄存器（FLAGS）是一个 16 位的寄存器，8086 CPU 共使用了 9 个有效位，标志寄存器格式如图 2-4 所示。其中 6 位是状态标志位，3 位为控制标志位。状态标志位是当一些指令执行后所产生数据的一些特征的表征。而控制标志位则是可以由程序写入以达到控制处理机状态或程序执行方式的表征。图 2-4 中指出 6 个状态标志位的功能。

D_{15}	D_{14}	D_{13}	D_{12}	D_{11}	D_{10}	D_9	D_8	D_7	D_6	D_5	D_4	D_3	D_2	D_1	D_0
				OF	DF	IF	TF	SF	ZF		AF		PF		CF

图 2-4　标志寄存器格式

CF（Carry Flag）：进位标志位。当执行一个加法（或减法）运算使最高位产生进位（或借位）时，CF 为 1，否则为 0。

PF（Prity Flag）：奇偶标志位。该标志位反映运算结果中 1 的个数是偶数个还是奇数个。当指令执行结果的低 8 位中含有偶数个 1 时，PF 为 1，否则为 0。

AF（Auxiliary carry Flag）：辅助进位标志位。当执行一个加法（或减法）运算使结果的低 4 位向高 4 位有进位（或借位）时，AF 为 1，否则为 0。

ZF（Zero Flag）：零标志位。若当前的运算结果为零，则 ZF 为 1，否则为 0。

SF（Sign Flag）：符号标志位。其值和运算结果的最高位相同。

OF（Overflow Flag）：溢出标志位。当补码运算有溢出时，OF 为 1，否则为 0。

3 个控制标志位用来控制 CPU 的操作，由指令进行置位和复位。

DF（Direction Flag）：方向标志位。用以指定字符串处理时的方向，当该位置"1"时，字符串以递减顺序处理，即地址以从高到低顺序递减。反之，则以递增顺序处理。

IF（Interrupt Enable Flag）：中断允许标志位，用来控制 8086 CPU 是否允许接收外部中断请求。若 IF=1，8086 CPU 可响应外部中断，反之则不响应外部中断。需要注意的是，IF 的状态不影响非屏蔽中断请求（Non-Maskable Interrupt，NMI）和 CPU 内部中断请求。

TF（Trap Flag）：跟踪标志位。它是为调试程序而设定的陷阱控制位。当该位置"1"时，8086 CPU 处于单步状态，此时 CPU 每执行完一条指令就自动产生一次内部中断。当该位复位后，CPU 恢复正常工作。

2.1.3 8086 CPU 引脚功能

8086 CPU 具有 40 条引脚，采用双列直插式封装形式，如图 2-5 所示。为了减少芯片上的引脚数目，8086 CPU 采用了分时复用的地址/数据总线。为了适应各种使用场合，8086 CPU 可在两种模式下工作（最小模式和最大模式）。所谓最小模式，是指系统中只有一个 8086 CPU，在这种系统中，8086 CPU 直接产生所有的总线控制信号，系统所需的其他总线控制逻辑部件最少。所谓最大模式，是指系统中常含有两个或多个微处理器，其中一个为主处理器 8086 CPU，其他的处理器称为协处理器，用于协助主处理器工作。在最大模式工作时，控制信号是通过 8288 总线控制器提供的。因此，在不同模式下工作时，部分引脚（第 24 引脚～第 31 引脚）会具有不同的功能。图 2-5 括号中为最大模式时引脚名称。本节主要讨论最小模式下的引脚功能（本书正文中的信号量以正体表示）。

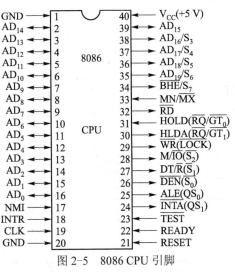

图 2-5 8086 CPU 引脚

1. 地址/数据复用总线 $AD_{15} \sim AD_0$

分时复用的地址/数据总线，具有双向、三态功能，用于输出低 16 位地址 $A_{15} \sim A_0$ 和输入/输出数据 $D_{15} \sim D_0$。在总线周期的第 1 个时钟周期 T_1 用来输出要访问的存储器单元或输入/输出端口的低 16 位地址 $A_{15} \sim A_0$。而在总线周期的其他（T_2 和 T_3）时钟周期，对于读周期来说是处于悬浮（高阻）状态，对于写周期来说则是传送数据。在此顺便指出，8088 CPU 的地址线同 8086 CPU 一样，内部数据总线也为 16 位，而外部数据总线宽度只有 8 位，8088 CPU 是一种准 16 位微处理器。

2. 地址/状态复用总线 $A_{19}/S_6 \sim A_{16}/S_3$

分时复用的地址/状态线，三态输出。在总线周期的第 1 个时钟周期 T_1 用来输出访问存储器的 20 位物理地址的最高 4 位地址（$A_{19} \sim A_{16}$），与 $AD_{15} \sim AD_0$ 一起构成访问存储器的 20 位物理地址。当 CPU 访问输入/输出端口时，$A_{19} \sim A_{16}$ 保持为"0"。而在其他时钟周期，则用来输出状态信息。其中 S_6 为 0，用来指示 8086 CPU 当前正与总线相连。S_5 状态用来指示中断允许标志位 IF 的当前设置：若 IF=1，表明当前允许可屏蔽中断请求；若 IF=0，则禁止可屏蔽中断请求。S_4、S_3 组合起来用来指示 CPU 当前正在使用哪个段寄存器，S_4、S_3 的代码组合与对应的状态见表 2-1。

表 2-1　S_4、S_3 状态编码表

S_4	S_3	当前使用的段寄存器
0	0	当前正在使用 ES
0	1	当前正在使用 SS
1	0	当前正在使用 CS（访问 I/O 端口时，不使用任何段寄存器）
1	1	当前正在使用 DS

3. 控制总线

① $\overline{BHE}$ /S_7（Bus High Enable/Status）：高 8 位数据总线允许/状态复用引脚。三态输出，低电平有效，在总线周期的第 1 个时钟周期 T_1 用来表示总线高 8 位 AD_{15}～AD_8 中的数据有效。若 $\overline{BHE}$ =1，表示仅在数据总线 AD_7～AD_0 上传送数据。读/写存储器或 I/O 端口以及中断响应时，$\overline{BHE}$ 用作选择信号，与最低位地址码 A_0 配合，表示当前总线使用情况，见表 2-2。S_7 用来输出状态信息，在当前的 8086 芯片设计中未被赋予定义，暂作备用。

表 2-2　$\overline{BHE}$ 和 A_0 编码对数据访问的影响

$\overline{BHE}$	A_0	总 线 使 用 情 况
0	0	16 位数据总线上进行字传送
0	1	高 8 位数据总线上进行字节传送（访问奇地址存储单元）
1	0	低 8 位数据总线上进行字节传送（访问偶地址存储单元）
1	1	无效

② $\overline{RD}$（Read）：读信号，三态输出。当 $\overline{RD}$ =0 低电平有效时，表示当前 CPU 正在对存储器或 I/O 端口进行读操作。$\overline{RD}$ =0 与 M/$\overline{IO}$ 信号高电平配合，表示读存储器操作；$\overline{RD}$ 与 M/$\overline{IO}$ 信号低电平配合，表示读 I/O 端口操作。

③ $\overline{WR}$（Write）：写信号，三态输出。当 $\overline{WR}$ =0 低电平有效时，表示当前 CPU 正在对存储器或 I/O 端口进行写操作。跟 $\overline{RD}$ 信号一样由 M/$\overline{IO}$ 信号区分对存储器或 I/O 端口的访问。

④ M/$\overline{IO}$（Memory/Input Output）：存储器或 I/O 端口选择控制信号，三态输出。M/$\overline{IO}$ =1，表示当前 CPU 正在访问存储器；M/$\overline{IO}$ =0，表示 CPU 当前正在访问 I/O 端口。一般在前一个总线周期的 T_4 时钟周期，就使 M/$\overline{IO}$ 端产生有效电平，然后开始一个新的总线周期。在此新的总线周期中，M/$\overline{IO}$ 一直保持有效电平，直至本总线周期的 T_4 时钟周期为止。在 DMA 方式时，M/$\overline{IO}$ 被悬空，为高阻状态。

⑤ READY：准备就绪信号，输入，高电平有效。READY=1 时，表示 CPU 访问的存储器或 I/O 端口已准备好传送数据，马上可以进行读/写操作。若 CPU 在总线周期 T_3 状态检测到 READY 信号为低电平，表示存储器或 I/O 设备尚未准备就绪，CPU 自动插入一个或多个等待状态 T_w，直到 READY 信号变为高电平为止。

⑥ INTR（Interrupt Request）：可屏蔽中断请求信号，输入，电平触发，高电平有效。当 INTR=1 时，表示外设向 CPU 发出中断请求，CPU 在每个指令周期的最后一个 T 状态去采样该信号，若 INTR=1 且 IF=1 时，则 CPU 就会在结束当前指令后去响应中断，转去执行中断服务程序。

⑦ $\overline{INTA}$（Interrupt Acknowledge）：中断响应信号，输出，低电平有效。表示 CPU 响应了

外设发来的 INTR 信号。在中断响应周期的 T_2、T_3、T_w 时钟周期内使 $\overline{\text{INTA}}$ 引脚变为低电平，通知外设端口可向数据总线上放置中断类型号，以便获取相应中断服务程序的入口地址。

⑧ NMI（Non-Maskable Interrupt）：不可屏蔽中断请求信号，输入，上升沿触发。该请求不受 IF 状态的影响，也不能用软件屏蔽，一旦该信号有效，就在当前指令结束后触发中断。

⑨ $\overline{\text{TEST}}$：测试信号，输入，低电平有效。当 CPU 执行 WAIT 指令时，每隔 5 个时钟周期对 $\overline{\text{TEST}}$ 进行一次测试，若测试到 $\overline{\text{TEST}}$ 为高电平状态，则 CPU 处于空闲等待状态，直到 $\overline{\text{TEST}}$ 低电平有效，CPU 才结束等待状态继续执行后续指令。$\overline{\text{TEST}}$ 引脚信号用于多处理器系统中，实现 8086 CPU 与协处理器间的同步协调功能。

⑩ RESET：复位信号，输入，高电平有效。RESET 信号至少要保持 4 个时钟周期。CPU 检测到 RESET 为高电平信号后，将停止进行操作，并将标志寄存器、段寄存器、指令指针 IP 和指令队列等复位到初始状态。CPU 复位后，从 0FFFF0H 单元开始读取指令。

⑪ ALE（Address Latch Enable）：地址锁存允许信号，输出，高电平有效。由于 8086 CPU $AD_{15} \sim AD_0$ 是地址/数据复用的总线，CPU 与内存、I/O 电路交换信息时，先利用此总线传送地址信息，后传送数据信息。为此，在任何一个总线周期的 T_1 时钟 ALE 端产生正脉冲，利用它的下降沿将地址信息锁存，达到地址信息与数据信息复用分时传送的目的。

⑫ DT/$\overline{\text{R}}$（Data Transmit/Receive）：数据发送/接收控制信号，三态输出。在最小模式系统中使用 8286/8287 作为数据总线收发器时，DT/$\overline{\text{R}}$ 信号用来控制 8286/8287 的数据传送方向。当 DT/$\overline{\text{R}}$ =1 时，则进行数据发送，即完成写操作；当 DT/$\overline{\text{R}}$ =0 时，则进行数据接收，即完成读操作。

⑬ $\overline{\text{DEN}}$（Data Enable）：数据允许信号，三态输出，低电平有效。在最小模式系统中，用作数据收发器 8286/8287 的选通控制信号。在 DMA 方式时，$\overline{\text{DEN}}$ 为悬空状态。

⑭ HOLD（Hold Request）：总线请求信号，输入，高电平有效。通常把具有对总线控制能力的部件称为主控设备，显然 CPU 是一种主控设备。如果在一个总线上有两个主控设备时，它们对总线的控制就需要进行协调，即同一时间中只能由一个主控设备起作用。在较简单的系统中通常以 CPU 的控制为主，平时对总线的控制权总是在 CPU 的手上。当另一个主控设备需要使用总线（即申请总线控制权）时，就向 CPU 的 HOLD 引脚送出一个高电平的请求信号。

⑮ HLDA（Hold Acknowledge）：总线请求响应信号，输出，高电平有效。HLDA 输出高电平有效时，表示 CPU 已响应其他部件的总线请求，通知提出请求的设备可以使用总线。与此同时，CPU 的有关引脚呈现高阻状态，从而让出系统总线，这种状态将一直延续到 HOLD 端的请求撤销，即输入电平降为低电平为止，CPU 恢复对总线的控制权。

⑯ MN/$\overline{\text{MX}}$（Minimun/Maximun）：工作模式（方式）选择信号，输入。MN/$\overline{\text{MX}}$ =1，表示 CPU 工作在最小方式系统；MN/$\overline{\text{MX}}$ =0，表示 CPU 工作在最大方式系统。

⑰ CLK（Clock）：主时钟信号，输入。CLK 时钟输入端为微处理器提供基本的定时脉冲，通常与 8284 时钟发生器的时钟输出端 CLK 相连。时钟引脚 CLK 要求输入一个符合处理机芯片工作频率要求的时钟，这个时钟最好具有 33% 的占空比，使处理器内获得一个最佳的工作定时。8086 CPU 可使用的时钟频率随芯片型号不同而异，8086 为 5 MHz，8086-2 为 8 MHz，8086-1 为 10 MHz。

4．最大模式下的有关引脚功能

下面对 8086 CPU 工作在最大模式系统中几个重新定义的引脚作简要说明。

① $\overline{S_2}$、$\overline{S_1}$、$\overline{S_0}$（Bus Cycle Status）：总线周期状态信号，三态输出。在最大方式系统中，它用来作为总线控制器 8288 的输入，经译码后产生表 2-3 中的 7 个控制信号。此外，最大模式时锁存地址所需的 ALE，控制数据接收器用的 $\overline{DEN}$ 和 DT/$\overline{R}$ 信号也由 8288 提供。

表 2-3　$\overline{S_2}$、$\overline{S_1}$、$\overline{S_0}$ 编码的功能与 8288 控制信号表

状　　态			CPU 总线周期	8288 控制信号
$\overline{S_2}$	$\overline{S_1}$	$\overline{S_0}$		
0	0	0	中断响应	$\overline{INTA}$
0	0	1	读 I/O 端口	$\overline{IORC}$
0	1	0	写 I/O 端口	$\overline{IOWC}$，$\overline{AIOWC}$
0	1	1	暂停	无
1	0	0	访问代码	$\overline{MRDC}$
1	0	1	读存储器	$\overline{MRC}$
1	1	0	写存储器	$\overline{MWTC}$，$\overline{AMWC}$
1	1	1	无效	无

② $\overline{RQ}/\overline{GT_0}$ 和 $\overline{RQ}/\overline{GT_1}$：总线请求信号输入/总线请求允许信号输出，双向、低电平有效。它可以用来协调 8086 CPU 与外部处理机对局部总线的使用权，且总是与协处理机 8087 和 I/O 处理机 8089 的相应端 $\overline{RQ}/\overline{GT}$ 连接在一起。当某个外部处理机要占用总线时，就从 $\overline{RQ}/\overline{GT}$ 引脚向 8086 输出一个负脉冲，提出使用总线的申请。如果 8086 正好完成一个总线周期，就会让出总线控制权，并从同一条引脚向该处理机送出一个负脉冲，以示对方可以使用总线。该处理机用完总线后，再以一个负脉冲向 8086 CPU 报告。两个信号分别在同一条线上传输，但方向相反，其中 $\overline{RQ}/\overline{GT_0}$ 优先级高。

③ $\overline{LOCK}$：总线封锁信号，三态输出，低电平有效。$\overline{LOCK}$ 有效时，表示 CPU 不允许其他总线控制器占用总线。$\overline{LOCK}$ 信号是由软件设置的，为了保证 8086 CPU 在一条指令的执行中总线使用权不会被其他主设备打断。如果在某一条指令的前面加一个 $\overline{LOCK}$ 前缀，这条指令执行时，就会使 CPU 产生一个 $\overline{LOCK}$ 信号，直到这条指令结束为止，即它只在一条指令执行的周期内有效。

④ QS_1、QS_0（Instruction Queue Status）：指令队列状态，输出。作为指令队列状态的标志，当 8086 的执行单元在指令队列中取指令时，队列中的变化情况就以这两个输出位的状态编码表示出来，以便于外部其他处理机对 8086 内部指令队列进行跟踪。QS_1、QS_0 的编码含义见表 2-4。

表 2-4　QS_1、QS_0 编码含义

QS_1	QS_0	指令队列状态
0	0	无操作
0	1	从队列中取指令第一字节
1	0	队列为空
1	1	从队列中取指令后续字节

5. 电源线 V_{CC} 和地线 GND

8086 CPU 只需单一的 +5 V 电源，由 V_{CC} 端输入，GND 是接地端。

2.1.4 8086/8088 CPU 的存储器组织和 I/O 组织

1. 存储组织及其寻址

8086/8088 CPU 能寻址 1 MB 的存储单元。在此存储空间中是以 8 位为一个字节顺序排序存放的。每一字节用唯一的地址码标识。地址码是一个不带符号的整数，其地址范围从 $0 \sim 2^{20}-1$，但习惯使用十六进制数表示，即 00000H～0FFFFFH。将存储器空间按字节地址号顺序排列的方式称字节编址。

尽管存储器是按字节编址的，但在实际操作时，一个变量可以是字节、字和双字。下面分别予以说明。

（1）字节数据

数据位数为 8 位，对应的字节地址既可以是偶地址（地址的最低位 $A_0=0$），也可以是奇地址（$A_0=1$）。当存取字节数据时，只需给出对应的实际地址即可。

（2）字数据

字数据是将连续存放的两个字节数据构成一个 16 位的数据。规定字的高 8 位存放在高地址中，字的低 8 位存放在低地址中。同时规定将低位字节的地址作为这个字的地址。

通常，一个字数据总是位于偶地址，即偶地址对应低位字节，奇地址对应高位字节，符合这种规则存放的字数据称为规则字。

8086 CPU 的某些指令仅用来访问（读/写）一个字节数据，该字节数据可能存放于偶地址单元，也可能存放于奇地址单元，而有些指令用来访问一个字（16 位）的数据。16 位的数据（字数据）总是存放在相邻的 2 个单元内，而且低位字节（低 8 位）总是存放在低地址的那个单元，并把该单元地址称为字的存放地址。显然，字地址可以是偶数，也可以是奇数。存放在偶地址的字称为规则字；存放在奇地址的字为非规则字。8086 CPU 的总线接口单元是这样设计的：若存取一个字节的数据，总是用一个总线周期来完成字节操作；若存取一个字，则根据此字是规则字还是非规则字分别需用一个或两个总线周期来完成此存取操作。

（3）双字数据

此数据要占用 4 个字节，用以存连续的两个字。通常此类数据用于地址指针，指示一个可段外寻址的某段数据。以指针的高位字存放该数据所在段的基地址，而低位字存放该数据所在段内的偏移量。在存放低位字或高位字时，高位字位于高地址，低位字位于低地址。

例如，在 00200H 地址中存放一个双字数据，它指示了某数所存放的段基址和逻辑地址。段基址：逻辑地址=1122H:3344H，则表示该数据的存放地址是由 00200H 至 00203H 连续 4 个字节依次存放的内容为 44H、33H、22H 和 11H。该数据存放的实际物理地址为 11220H+3344H= 14564H。

双字数据是以字为单位的，因此，它的地址也符合字数据的规定，即以最低位字节地址作为它的地址。

8086 系统的存储器结构如图 2-6 所示。1 MB 存储体分为两个库，每个库的容量都是 512 KB。其中同数据总线 $D_{15} \sim D_8$ 相连的库全部由奇地址单元组成，称为高位字节库或奇地址库，利用

$\overline{BHE}$ 信号低电平作为此库的选择信号。另一个库和数据总线 $D_7 \sim D_0$ 相连接，由偶地址单元组成，称为低位字节库或偶地址库，利用地址线 $A_0=0$（低电平）作为此库的选择信号。所以只有 $A_{19} \sim A_1$ 这 19 条地址线用来作为两个库内的存储单元的寻址信号。

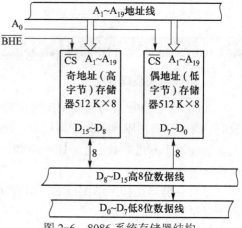

图 2-6　8086 系统存储器结构

当在偶数地址中存取一个数据字节时，CPU 从低位库中经数据线 $AD_7 \sim AD_0$ 存取数据。由于被寻址的是偶数地址，地址位 $A_0=0$；由于 A_0 是低电平，因此才能在低位库中实现数据的存取。而指令中给出的是在偶地址中存取一个字节，$\overline{BHE}$ 信号应为高电平，故不能从高位库中读出数据。相反，当在奇数地址中存取一个字节数据时，应经数据线的高 8 位（$AD_{15} \sim AD_8$）传送。此时，指令应指出是从高位地址（奇数地址）寻址，$\overline{BHE}$ 信号为低电平有效态，故高位库能被选中，即能对高位库中的存储单元进行存取操作。由于是高位地址寻址，故 $A_0=1$ 低位库存储单元不会被选中。8086 CPU 也可以一次在两个库中同时各存取一个字节，完成一个字的存取操作。

规则字的存取操作可以在一个总线周期中完成。由于地址线 $A_{19} \sim A_1$ 是同时连接在两个库上的，只要 $\overline{BHE}$ 和 A_0 信号同时有效，就可以一次实现在两个库中对一个字（高低两字节）完成存取操作。对字的存取操作所需的 $\overline{BHE}$ 及 A_0 信号是由字操作指令给出的。

对非规则字的存取操作就需要两个总线周期才能完成。在第 1 个总线周期中，CPU 存取数据（低位字节）时是在高位库中，此时 $A_0=1$，$\overline{BHE}=0$。然后再将存储器地址加 1，使 $A_0=0$，选中低位库。在第 2 个总线周期中，存取数据（高位字节）时是在低位库中，此时 $A_0=0$，$\overline{BHE}=1$。

对于 8088 CPU，由于数据总线是 8 位，无论是字还是字节数据的存取操作，也不管是规则字还是非规则字，每个总线周期只能完成一个字节的数据存取操作。对于字数据，其存取操作由两个连续的总线周期组成，由 CPU 自动完成。但应指出，8088 CPU 的 20 位地址线 $A_{19} \sim A_0$ 中的 A_0 也应和其他地址线一起参加寻址操作。

2. 存储器的分段结构和物理地址的形成

8086 CPU 有 20 条地址线，能直接访问 1 MB（2^{20} B）的存储空间，其物理地址范围是 00000H～0FFFFFH。

（1）存储器的段结构

前面提到，8086 CPU 为了寻址 1 MB 的存储空间，采用了分段的概念，即将 1 MB 的存储空间分成若干个逻辑段，而 4 个当前逻辑段的基地址设置在 CPU 内的 4 个段寄存器中，即代码段寄存器 CS、数据段寄存器 DS、堆栈段寄存器 SS 和附加段寄存器 ES。逻辑段之间可以是连续的、分开的、部分重叠的或完全重叠的。一个程序可使用一个逻辑段或多个逻辑段。

（2）物理地址的形成

物理地址是指 CPU 和存储器进行数据交换时实际所使用的地址，而逻辑地址是程序使用的地址。它由两部分组成：段基值（段起始地址高 16 位）和偏移地址。前者是由段寄存器给出；

后者是指存储单元所在的位置离段起始地址的偏移距离。当 CPU 寻址某个存储单元时，先将段寄存器的内容左移 4 位，然后加上指令中提供的 16 位偏移地址而形成 20 位物理地址。在取指令时，CPU 自动选择代码段寄存器 CS，左移 4 位后，加上指令提供的 16 位偏移地址，计算出要取的指令的物理地址。执行堆栈操作时，CPU 自动选择堆栈段寄存器 SS，将其内容左移 4 位后，加上指令提供的 16 位偏移地址，计算出栈顶单元的物理地址。每当存取操作数时，CPU 会自动选择数据段寄存器（或附加段寄存器 ES），将段基值左移 4 位后加上 16 位偏移地址，得到操作数在内存的物理地址。

3. 8086/8088 的 I/O 组织

8086/8088 系统和外部设备之间都是 I/O 接口电路来联系的。每个 I/O 接口都有一个端口或几个端口。在微型计算机系统中给每个端口分配一个地址，称为端口地址。一个端口通常为 I/O 接口电路内部的一个寄存器或一组寄存器。

8086/8088 CPU 利用地址总线的低 16 位作为对 8 位 I/O 端口的寻址线，因此 8086/8088 系统可访问的 8 位 I/O 端口最多有 65536（64 K）个。两个编号相邻的 8 位端口可以组合成一个 16 位的端口。一个 8 位的 I/O 设备既可以连接在数据总线的高 8 位上，也可以连在数据总线的低 8 位上。为便于数据总线的负载相平衡，接在高 8 位和低 8 位上的设备数目最好相等。当一个 I/O 设备接在数据地址总线低 8 位（$AD_7 \sim AD_0$）上的时候，该 I/O 设备所包括的所有端口地址都将是偶数地址（即 $A_0=0$）；若一个 I/O 设备是接在数据地址总线的高 8 位（$AD_{15} \sim AD_8$）时，那么该设备包含的所有端口地址都是奇数地址（即 $A_0=1$）。如果某种特殊 I/O 设备既可使用偶地址又可使用奇地址时，那么 A_0 就不能作为这个 I/O 设备内部端口的地址选择线使用，此时 A_0 和 $\overline{BHE}$ 这两个信号必须结合起来作为 I/O 设备选择线，用以防止对输入/输出设备的误操作。

8086 CPU 对输入/输出设备的读/写操作与对存储器的读/写操作相似。CPU 的读/写命令 $\overline{RD}$、$\overline{WR}$ 对存储器和输入/输出设备是公用的。如果存储器和输入/输出设备所占用的地址空间是相互重叠的，那么可以通过 $M/\overline{IO}$ 信号来区分是对存储器读/写操作还是对输入/输出设备的读/写操作。如果系统中存储器和 I/O 设备所占用的地址空间没有重叠，或者当 I/O 设备与存储器放在一起统一编址时，可以不受 $M/\overline{IO}$ 信号的控制。这样就可以用对存储器的访问指令来实现对 I/O 端口的读/写，由于存储器的读/写指令的寻址方式很多，功能很强，故使用起来较灵活。

还应指出，IBM PC 系统只使用了 $A_9 \sim A_0$ 这 10 条地址线作为 I/O 端口的寻址线，故最多可寻址 2^{10}（1 K）个端口。

2.1.5 最小模式和最大模式下的基本配置

当 8086/8088 CPU 的引脚 $MN/\overline{MX}$ 接+5 V 电源时，8086/8088 CPU 工作方式为最小模式。图 2-7 为一种典型的最小模式系统的基本配置。它除了 8086/8088 CPU 外，还包括 1 片 8284A 时钟发生器、3 片 8282 地址锁存器及 2 片 8286 总线收发器。

由于要锁存 20 位地址信息及 $\overline{BHE}$ 信号，故需要 3 片 8282 地址锁存器。8282 的选通端（STB）同 8086/8088 CPU 的 ALE 引脚相连。在不使用 DMA（存储器直接存取）控制器的系统中，输出允许引脚 $\overline{OE}$ 接地，否则 $\overline{OE}$ 将与 DMA 控制器 8237 的地址允许输出端 $\overline{AEN}$ 相连。当 DMA 控制器占有总线控制权时，$\overline{AEN}$ 输出信号为高电平，因而锁存器输出为高阻状态。

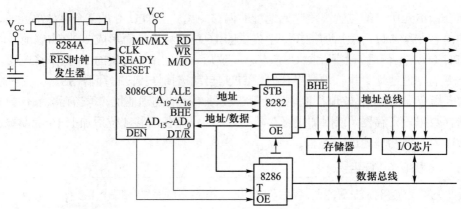

图 2-7 8086 CPU 最小模式系统的基本配置

当系统具有较多的存储器芯片和较多的 I/O 接口电路芯片时，系统的数据线上就需使用 8286 总线收发器，而在小型的单板系统中也可不使用 8286 总线收发器。对于 8086 系统，需要两片 8286；对于 8088 系统，则只需一片 8286。8286 的 T 端同 8086/8088 CPU 的 DT/$\overline{\text{R}}$ 引脚相连，以控制传送方向。8286 的 $\overline{\text{OE}}$ 端与 8086/8088 的 $\overline{\text{DEN}}$ 引脚相连，使得只有在 CPU 访问存储器或 I/O 端口时，才能允许数据通过 8286，否则 8286 在两个方向都处于高阻状态。

在最小模式下，总线控制信号 DT/$\overline{\text{R}}$、$\overline{\text{DEN}}$、ALE、M/$\overline{\text{IO}}$ 以及读/写控制信号 $\overline{\text{RD}}$、$\overline{\text{WR}}$，中断响应信号 $\overline{\text{INTA}}$ 都由 CPU 直接产生。在这种方式下，可以控制总线的其他总线主控者（如 8237DMA 控制器）可通过 HOLD 线向 CPU 请求使用系统总线。当 CPU 响应 HOLD 请求时，发出响应信号 HLDA（高电平），并使上述总线控制信号、读/写信号引脚处于高阻状态，这时 8286 的 $A_7 \sim A_0$，$B_7 \sim B_0$ 和 8282 的输出均处于高阻状态，即 CPU 不再控制总线（交出总线控制权），这种状态将持续到 HOLD 线变为无效状态（低电平）时为止。8284A 为 CPU 提供的时钟信号和经过同步的就绪信号 READY 和系统复位信号 RESET。

当 8086/8088 CPU 的 MN/$\overline{\text{MX}}$ 引脚接地时，为最大模式工作情况。图 2-8 为 8086 最大模式系统的基本配置。

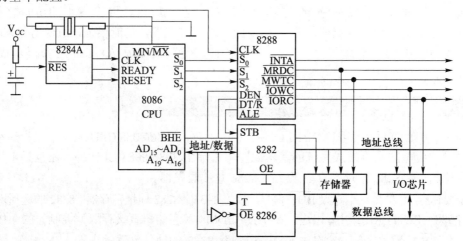

图 2-8 8086 CPU 最大模式系统的基本配置

最大模式与最小模式系统的主要区别是需要增加用于转换总线控制信号的总线控制器

8288。8288 将 CPU 的状态信号转换成总线命令及控制信号，控制 8282 锁存器、8286 总线收发器以及优先级中断控制器 8259A 的总线控制信号。有关 8259A 的作用及工作原理将在第 4 章讨论。值得一提的是，DEN 信号和 8086 的 $\overline{DEN}$ 含义相同，但控制极性相反。

最小模式下的 HOLD 和 HLDA 引脚在最大模式下成为 $\overline{RQ}/\overline{GT_0}$ 和 $\overline{RQ}/\overline{GT_1}$ 信号。这些引脚通常同协处理器 8087 或 I/O 协处理器 8089 的相应引脚相连，用于在它们之间传送总线请求与授予信号，其功能和 HOLD 及 HLDA 相同。

图 2-8 中 8282 的输出允许端 $\overline{OE}$ 接地，8288 的 $\overline{AEN}$ 引脚也接地，表示此时系统为单一的主控制器（只有一个主 CPU 8086/8088）。如果系统中有两个 CPU 以上的多处理器系统，则必须再配上 8289 总线仲裁器，这时 8289 的 $\overline{AEN}$ 输出信号将同 8288 的 AEN 端及 8282 的 $\overline{OE}$ 引脚相连。只有获得总线控制器的 CPU，才允许该 CPU 的地址信息通过 8282、8288 产生相应的总线命令和控制信号，实现对总线上的存储器或 I/O 器件的读/写操作。这时 8289 的 $\overline{AEN}$ 输出为有效状态（低电平）。

2.1.6 8086/8088 CPU 内部时序

作为上述内容的小结和引申，讨论总线上有关信号的时间关系是必要的，而且对以后的接口设计也是大有裨益的。

8086 CPU 的操作是在单向时钟脉冲 CLK 的统一控制下进行的。若 8086 CPU 的时钟频率为 5 MHz，故时钟周期（或 T 状态）为 200 ns。8086 CPU 执行一条指令需要的时间称为一个指令周期。一个指令周期是由若干个总线周期（或机器周期）所组成。一个总线周期又是由若干个时钟周期所组成。一个总线周期是指 CPU 通过总线与外部逻辑（存储器或外部设备）进行一次访问所需要的时间，8086 的基本总线周期是由 4 个时钟周期（$T_1 \sim T_4$）组成。典型的总线周期有存储器读周期、存储器写周期、输入/输出设备的输入周期、输入/输出设备的输出周期、中断响应周期、空闲周期等。在下面讨论总线周期时，假定 8086 工作在最小模式系统（若 8086 CPU 工作在最大模式系统，控制信号和时序安排会有所不同）。

1. 读周期时序

8086 读总线周期的时序如图 2-9 所示。图中有 4 个 T 周期即一个总线周期，且每个 T 周期都是一个占空比约为 33% 的时钟周期，全部时序图都以这个时钟作为基准。

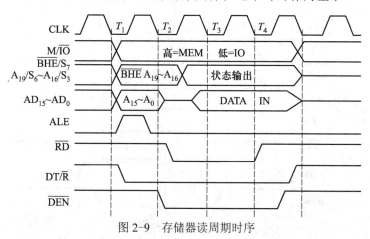

图 2-9 存储器读周期时序

在 T_1 周期时，$A_{19}/S_6 \sim A_{16}/S_3$ 和 $AD_{15} \sim AD_0$ 构成 20 位地址，输出变得有效，且 ALE 有效，在 T_1 状态的后半部，ALE 信号变为低电平，利用 ALE 的下降沿将 20 位地址信息锁入 8282 地址锁存器中。$M/\overline{IO}$ 与 $DT/\overline{R}$ 则在前一个总线周期结束前就变得有效，前者决定地址是对存储器还是输入/输出设备寻址，而后者是当使用数据收发器时用来控制数据传输方向的。若 $DT/\overline{R}$ 端输出为低电平，表示本总线周期为读周期，即数据收发器是从数据总线上接收数据。另外，$\overline{BHE}/S_7$ 端输出低电平，用它作为奇存储体的选择信号。

在 T_2 周期时，$\overline{BHE}/S_7$ 和 $A_{19}/S_6 \sim A_{16}/S_3$ 开始输出状态信息 $S_7 \sim S_3$，直到读周期结束，其中 S_7 未赋予任何实际意义。而 $AD_0 \sim AD_{15}$ 总线地址信息也消失，处于悬浮高阻状态，使 CPU 有足够的时间将 $AD_{15} \sim AD_0$ 总线由输出地址方式变为输入数据方式。在 T_2 中央时刻，$\overline{DEN}$ 变成有效，使数据能够从总线通过数据收发器 8286，同时，CPU 还应该发出读信号 $\overline{RD}$，将总线上的数据读入到 CPU。

在 T_3 周期时，CPU 继续提供状态信息和数据，并且继续维持 $\overline{RD}$、$M/\overline{IO}$ 及 $DT/\overline{R}$、$\overline{DEN}$ 信号为有效电平。若存储器或 I/O 端口存取数据较快，CPU 在 T_3 时刻检测 READY 引脚为高电平，则在 T_3 与 T_4 时钟状态间不需要插入等待状态 T_W。若存储器或 I/O 端口存取数据较慢，T_3 时钟检测 READY 引脚为低电平，则需要在 T_3 和 T_4 间插入一个或几个 T_W 状态，以解决 CPU 与存储器或外设间的速度匹配问题。在每个 T_W 的中间也同样检测 READY 引脚，一直到 READY 引脚电平变为高电平才进入 T_4 周期。

在 T_4 周期时，T_4 状态和前一个状态交界的下降沿处，CPU 将数据总线上出现的稳定数据送入 CPU 中。总线周期在 T_4 状态中结束，故其他控制信号和状态信号也进入无效状态。$\overline{DEN}$ 也变为无效，从而关闭了总线收发器 8286。下一个总线周期可能在 T_4 状态结束后立即开始，也可能在 T_4 结束后出现若干个空闲状态 T_i，这取决于总线接口单元何时需要进入下一个总线周期。

2. 写周期时序

写周期由 4 个状态周期组成，如图 2-10 所示。它与读周期很类似，首先，由 $M/\overline{IO}$ 信号来区分是访问存储器还是访问外设，若为高电平，则表示进行存储器操作；若为低电平，则表示进行输入/输出操作。而 $DT/\overline{R}$ 为高电平，表示本总线周期为写周期。其次是写入单元的地址以及 ALE 信号有效，但写入存储器的数据是在 T_2 状态中放至数据线 $AD_{15} \sim AD_0$ 上的。

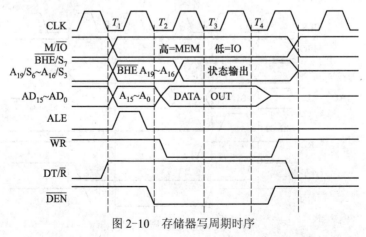

图 2-10 存储器写周期时序

原因是 CPU 不需要将 $AD_{15} \sim AD_0$ 总线由输出方式转变为输入方式的过程，$\overline{WR}$ 信号也在 T_2 状态有效。8086 在 T_4 状态后使控制信号变为无效，表示对存储器的写入过程已经完成。若有的存储器或外设来不及在指定的时间内完成写操作，可以利用 READY 信号使 CPU 插入 T_w 状态，以保证时间上的配合。具体 T_w 状态的写入时序与 T_w 状态的读出时序类似，这里不再赘述。

3. 中断响应周期

当外部中断源通过 INTR 引线向 CPU 发出中断请求信号时，如果中断标志位 IF=1（即 CPU 处在开中断），则 CPU 在完成当前指令操作之后，响应外部中断源的中断请求，进入中断响应周期。中断响应周期如图 2-11 所示。中断响应周期包括两个总线周期，在每个总线周期中都从 $\overline{INTA}$ 端输出一个负脉冲，其宽度是从 T_2 状态开始持续到 T_4 状态的开始。在第 1 个中断响应周期中，利用 $\overline{INTA}$ 负脉冲用来通知中断源，CPU 准备响应中断，中断源应准备好中断类型号，并且使 $AD_7 \sim AD_0$ 浮空。在第 2 个中断响应周期的 $\overline{INTA}$ 负脉冲期间，被响应的外设（或接口芯片）应立即把中断源的中断类型号送到数据总线的低 8 位 $AD_7 \sim AD_0$ 上。CPU 把它读入后，则可从中断向量表中找到该设备的中断服务程序的入口地址，从而转入中断服务。

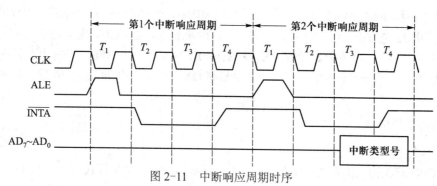

图 2-11 中断响应周期时序

需要注意的是，8086 CPU 要求中断请求信号 INTR 是一个高电平信号，而且必须维持 2 个时钟周期的宽度。否则，在 CPU 执行完一条指令后，若总线接口单元正在执行总线周期，则会使中断请求得不到响应而去执行其他的总线周期。另外，8086 CPU 还有软件中断和非屏蔽 NMI 中断，CPU 响应这两种中断的总线时序和 CPU 响应可屏蔽 INTR 中断的总线时序基本相同，仅有一点差别，那就是响应该两种中断时，并不从外部设备读取中断类型号。

4. I/O 总线周期

8086 CPU 与外设通信，即从外设输入数据或把数据输出到外设的时序，与 CPU 同存储器通信的时序几乎完全相同，要注意其中几个具体信号的差别：一是 $M/\overline{IO}$ 线在规定有效的 4 个 T 周期中将呈低电平；二是输入/输出设备的寻址空间为 64 KB，其高 4 位地址线输出为 "0"。同时在处理字节与字读/写时，也与存储器一样，要利用 $\overline{BHE}$ 和 A_0 的状态组合。

最后还要指出，输入/输出设备对数据的读/写有时比较慢，可能要在总线周期中加入适量的 T_w 周期，以满足要求。

5. 空闲周期

只有在 8086 CPU 与存储器或外设传送指令或操作数时，才执行上述有关总线周期。若 CPU 不执行总线周期，则总线接口执行空闲周期（Idle Cycle，即一系列的 T_i 状态）。

2.2　80x86 系列微处理器

2.2.1　80286 微处理器

1982 年，Intel 公司推出 16 位微处理器 80286。80286 CPU 采用 68 引线四列双插式封装，不再使用分时复用地址、数据线。该处理器集成了 14.3 万只晶体管，时钟频率由 6 MHz 逐步提高到 20 MHz，内部和外部数据总线均为 16 位，地址总线为 24 位，主存储器容量为 16 MB。80286 CPU 工作方式有实地址方式和虚拟地址方式。在虚拟地址下，80286 CPU 提供了存储管理、保护机制和多任务管理的硬件支持，使微型计算机系统的性能得到极大提高。

2.2.2　80386 微处理器

1985 年 10 月，Intel 公司推出了 32 位微处理器 80386。80386 CPU 在一个芯片上集成了 27.5 万个晶体管，采用 32 位数据总线、32 位地址总线，直接寻址能力达 4 GB，虚拟地址空间则为 64 TB。

谈到 80386 时，一般是指 80386 DX。80386 DX 是标准的 80386，它对内、外的数据和地址总线都是 32 位。而 80386 SX 内部结构和 80386 DX 一样，但地址线为 24 根，对外的数据线为 16 根。

1. 工作模式和特点

（1）工作模式

80386 CPU 有 3 种工作模式：实模式（real address mode）、保护模式（protected virtual address mode）和虚拟 8086 模式（virtual 8086 mode）。

① 实模式（实地址模式）。实模式下的工作原理和 8086 CPU 相同，寻址空间为 1 MB，逻辑地址就是物理地址，可以处理 32 位数据。

② 保护模式。在保护模式下，80386 CPU 可以访问 2^{32} B（4 GB）物理空间。引入虚拟存储器以扩大编程的地址空间，该模式下具有保护功能。

③ 虚拟 8086 模式。此模式既有保护功能又能执行 8086 代码，运行程序就像在 8086 CPU 上一样。

（2）特点

和 8086 CPU 相比，80386 CPU 有以下 5 个主要特点。

① 支持多任务。80386 CPU 能同时运行两个或两个以上的程序。用一条指令可以进行任务转换，转换时间为 17 μs（机器时钟频率为 16 MHz）。

② 支持存储器的段式管理和页式管理，易于实现虚拟存储系统。

③ 具有保护功能，包括存储器保护、任务特权级保护和任务之间的保护。80386 CPU 将任务分成 4 个等级，称为特权级，分别是 0、1、2 和 3 级，其中 0 级最高，3 级最低。一般 0 级

用于操作系统，3 级用于应用程序，而 1、2 级保留或用于对操作系统的扩充。

④ 硬件支持调试功能。80386 CPU 内部含有调试寄存器，调试起来比较方便。

⑤ 采用了流水线技术。这一技术大大地加快了指令重叠执行速度，加大了信息流量。80386 CPU 在 16 MHz 时钟下，每秒可执行 $3×10^6$～$4×10^6$ 条指令，总线接口的信息流量可达 32 MB/s。

2. 80386 CPU 的内部结构

80386 CPU 主要由以下 6 个部件组成。

① 总线接口单元（BIU）。

② 指令预取单元（Instruction Prefetch Unit，IPU）。

③ 指令译码单元（Instruction Decode Unit，IDU）。

④ 执行单元（EU）。

执行单元可进一步分为控制部件、保护测试部件和数据处理部件三部分。

⑤ 段管理单元（SU）。

⑥ 页管理单元（PU）。

为了方便分析，图 2-12 用虚线分成总线接口单元（BIU）、中央处理部件（CPU）和存储管理单元（Memory Management Unit，MMU）三大部分。

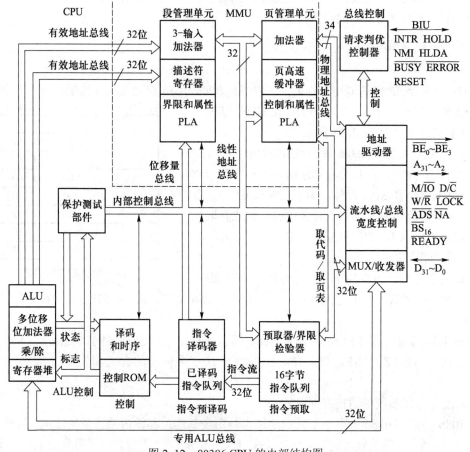

图 2-12　80386 CPU 的内部结构图

指令预取部件将存储器中的指令按顺序取到长度为 16 B 的预取指令队列中，以便在 CPU 执行当前指令时，指令译码部件对下一条指令进行译码。只要指令队列向指令译码单元输送一条指令，使指令队列有部分空字节，指令预取单元就会向总线接口单元发出总线请求。如果总线接口单元此时处于空闲状态，就会响应此请求，从存储器取指令填充指令预取队列。

指令译码单元中除了指令译码器外，还有译码指令队列，此队列能容纳 3 条已译码的指令。只要译码指令队列有剩余空间，指令译码单元就会从指令预取队列取出下一条指令进行译码。

在 Intel 80386 中，为了加快 CPU 的速度，采用指令重叠执行技术。具体地讲，就是将访问存储器的一条指令和前一条指令的执行重叠起来，使两条指令并行执行，指令预取队列和译码指令队列为这种功能的实现提供了前提。

执行单元包括运算 ALU、8 个 32 位的通用寄存器和 1 个 64 位的多位移位加法器，它们共同执行各种数据处理和运算。

总线接口单元（BIU）是 80386 和外界之间的高速接口。在 80386 内部，指令预取部件从存储器取指令时，执行部件在执行指令过程中访问存储器和外设以读/写数据时，都会发出总线周期请求，总线接口部件会根据优先级对这些请求进行仲裁，从而有条不紊地服务于多个请求，并产生相应总线操作所需要的信号，包括地址信号和读/写控制信号等。此外，总线接口部件也实现 80386 和协处理器之间的协调控制。

3. 80386 CPU 寄存器组织

（1）通用寄存器

80386 有 8 个 32 位的通用寄存器，它们都是 8086 中 16 位通用寄存器的扩展，分别命名为 EAX、EBX、ECX、EDX、ESI、EDI、EBP 和 ESP，用来存放数据或地址，如图 2-13 所示。

为了与 8086 兼容，80386 每个通用寄存器的低 16 位可以独立存取，此时，它们的名称分别为 AX、BX、CX、DX、SI、DI、BP 和 SP。此外，为了与 8 位 CPU 兼容，80386 前 4 个寄存器的低 8 位和高 8 位也可独立存取，分别称为 AL、BL、CL、DL 和 AH、BH、CH、DH。

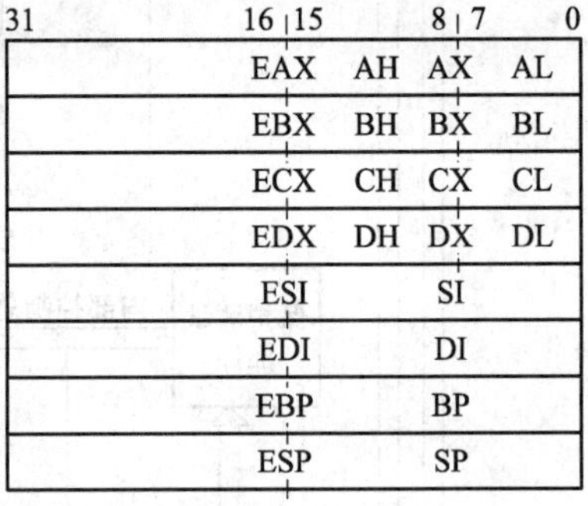

（2）指令指针寄存器和标志寄存器

32 位的指令指针寄存器 EIP 用来存放下一条要执行

图 2-13　80386 CPU 的通用寄存器

的指令的地址偏移量，寻址范围为 4 GB。为了与 8086 兼容，80386 EIP 的低 16 位可作为独立指针，称为 IP。

32 位的标志寄存器 EFLAGS 是在 8086 标志寄存器基础上扩展的，如图 2-14 所示。其中，CF、PF、AF、ZF、SF、TF、IF、DF 和 OF 这 9 个标志的含义和作用同 8086 中的标志寄存 FLAGS。

（3）段寄存器和段描述符寄存器

和 8086 类似，80386 中存储单元的地址也是由段基地址和段内偏移量构成的。为此，80386 内部设置了 6 个 16 位的段寄存 CS、SS、DS、ES、FS 和 GS。不过，为了得到更大的存储空间，

80386 采用了比 8086 更加巧妙的办法来得到段基址和段内偏移量。在这里，段寄存器作为进入存储器中的一张表的变址寄存器，根据段寄存器的值可以从这表中找到一个项。这张表是由操作系统建立的，称为描述符表，表中的项称为描述符，每个描述符对应一个段。描述符中含有对应段的起始地址即段基地址，另外还含有一些其他信息。

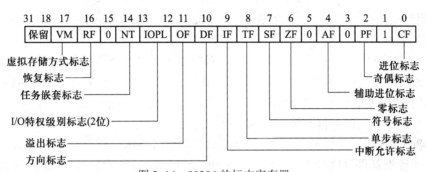

图 2-14　80386 的标志寄存器

（4）控制寄存器

80386 内部有 3 个 32 位的控制寄存器 CR_0、CR_2 和 CR_3，用来保存机器的各种全局性状态，这些状态影响系统所有任务的运行。它们主要是供操作系统使用的，因此操作系统设计人员需要熟悉这些寄存器。

CR_0 的低 5 位称为机器状态字（Machine Status Word，MSW）。图 2-15 是 CR_0 的结构。

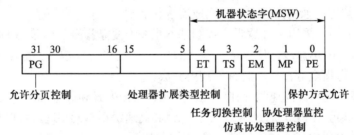

图 2-15　80386 的控制寄存器 CR_0 的结构

（5）系统地址寄存器

系统地址寄存器有 4 个，即 GDTR（Global Descriptor Table Register，全局描述符表寄存器）、IDTR（Interrupt Descriptor Table Register，中断描述符表寄存器）、TR（Task State Register，任务状态寄存器）和 LDTR（Local Descriptor Table Register，局部描述符表寄存器）。

（6）调试寄存器

80386 有 8 个调试寄存器 $DR_7 \sim DR_0$，用于设置断点和进行调试。可在实地址方式下用 MOV 指令访问这些寄存器。

2.2.3　80486 微处理器

Intel 公司于 1989 年推出了 32 位微处理器 80486。80486 CPU 采用 CMOS 工艺，集成了 120 万个晶体管，是 80386 CPU 的 4 倍以上。它具有 168 个引脚，PGA 封瓷。从结构组织上看，80486 CPU

相当于以 80386 CPU 为核心，增加了高速缓存（Cache）和相当于片外 80387 的片内浮点协处理器（Floating-point coProcessing Unit，FPU），以及增加了面向多处理机的机构。80486 CPU 的最低工作频率为 25 MHz，最高工作频率可达 132 MHz。

1. 80486 CPU 的主要结构特点

① 采用精简指令系统计算机（Reduced Instruction System Computer，RISC）技术，缩短了指令的执行周期。

② 内含 8 KB 的高速缓存（Cache），用于对频繁访问的指令和数据实现快速的混合存放。

③ 80486 芯片内包含 80387 协处理器，称作浮点运算部件（FPU）。在 80486 内部，CPU 和 FPU 之间的数据通道是 64 位，80486 内部数据总线宽度为 64 位，而且 CPU 和 Cache 之间以及 Cache 与 Cache 之间的数据通道均为 128 位。

④ 80486 CPU 采用了猝发式总线（burst bus）的总线技术，系统取得一个地址后，与该地址相关的一组数据都可以进行输入/输出，有效地解决了 CPU 与存储器之间的数据交换问题。

⑤ 80486 CPU 与 Intel 公司提供的 86 系列 CPU（8086/8088，80186/80188，80286，80386）在目标代码一级完全保持了向上的兼容性。

⑥ 80486 CPU 支持多处理器系统，可以使用 n 个 80486 CPU 构成多处理机的结构。

2. 80486 CPU 内部结构

内部结构保留了 80386 CPU 的 6 个功能部件外，还新增加了高速缓存管理单元和浮点运算单元两个部分。其中，预取指令、指令译码、内存管理单元（MMU，即段管理单元和页面管理单元）以及 ALU 都可以独立并行工作，构成流水作业。

① 在控制单元中，采用硬件逻辑来控制基本指令，复杂指令仍然采用 80386 CPU 的微代码方式处理，内含 128 位总线，使得寄存器间的加减法/逻辑运算指令、寄存器以及寄存器（高速缓存）之间的传送指令等在一个时钟周期内完成。

② 8 KB 的高速缓存。高速缓存在实地址方式、保护方式和虚拟 8086 方式都是可用的。

③ 浮点运算单元（FPU）通过两组 32 位总线和高速缓存单元相连，可以将双精度（64 位）数据从高速缓存一次传送到浮点运算单元的寄存器中。

④ 扩充标志寄存器（EFLAGS）的变动。80486 和 80386 相比，扩充标志寄存器只在位 18 新定义了一位，称为 AC 位（Alignment Check，定位检查）。

⑤ 控制寄存器 CR_0 的变动。与 80386 相比，由于 80486 内含 FPU，可将 ET 位（位 4）变成恒为 1。

⑥ 控制寄存器 CR_3 的变动。

CR_3 中的位 3 和位 4 有了新定义，如图 2-16 所示。

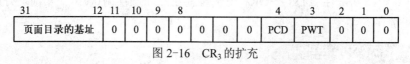

31	12	11	10	9	8		4	3	2	1	0
页面目录的基址		0	0	0	0	0 0 0	PCD	PWT	0	0	0

图 2-16　CR_3 的扩充

PWT（Page Write-Through）：页写直达控制位。

PCD（Page Cache Enable）：页高速缓存允许控制位。

2.3 微处理器的最新发展

2.3.1 Pentium 系列微处理器

1. Pentium

1993 年 3 月，Intel 推出了 Pentium 微处理器，即"奔腾"芯片。Pentium 微处理器采用亚微米级的 CMOS，实现了 0.8 μm 技术，一方面使器件的尺寸进一步减小，另一方面使芯片上集成的晶体管数达到 310 万个。

在 Pentium 微处理器的体系结构上，采用了许多过去在大型计算机中才采用的技术，迎合了高性能微型计算机系统的需要。Pentium 微处理器体系结构如图 2-17 所示。

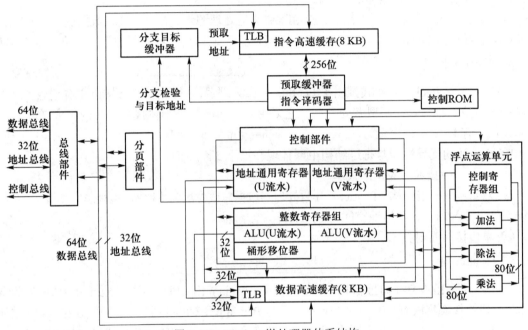

图 2-17　Pentium 微处理器体系结构

Pentium 微处理器采用的先进技术主要体现在超标量流水线设计、双高速缓存、分支预测、改善浮点运算等方面。

超标量流水线设计是 Pentium 处理器的核心。它由 U 和 V 两条指令流水线构成，每一流水线都拥有自己的 ALU、地址生成电路和与数据缓存的接口。Pentium 微处理器采用双高速缓存结构，每个缓存为 8 KB，数据宽度为 32 位。

2. Pentium Pro

Intel 公司于 1995 年底推出 Pentium Pro 微处理器，Pentium Pro 微处理器比普通 Pentium 微处理器增加了 8 条指令，与 x86 微处理器完全向下兼容。Pentium Pro 微处理器具有 64 位数据

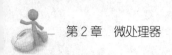

线和 36 位地址线。197 mm^2 的芯片上集成了 550 万个晶体管。

Pentium Pro 微处理器主要有三大特点：动态执行技术、片内二级缓存（L2 Cache）和支持多处理器系统。

3. Pentium MMX

Intel 公司于 1997 年 1 月推出了 Pentium MMX 微处理器，"MMX"是"Multi Media eXtension"的缩写，意为"多媒体扩展"。Pentium MMX 处理器增加了 4 种新的数据类型、8 个 64 位寄存器和 57 条新指令来提高计算机处理多媒体数据和通信的能力。

MMX 技术是 Intel 80x86 微处理器体系结构的重大革新，增加的新技术主要有：

① 引入了新的数据类型。MMX 定义了 4 种新的 64 位数据类型及其紧缩（又称"压缩"）表示，它们是紧缩字节、紧缩字、紧缩双字和紧缩 4 字。

② 采用饱和运算。在饱和运算中，上溢和下溢的结果均被截取为该数据类型的最大值和最小值。这种运算在图形处理中很有用。

③ 具有积和运算能力。向量点积和矩阵乘法是处理图像、音频、视频数据的基本算法，用 MMX 技术的 PMADDWD 指令（积和指令）可以大大地提高向量点积的运算速度。

4. Pentium II

1997 年 5 月 Intel 公司正式推出了 Pentium II 微处理器。它是 Pentium Pro 的先进性与 MMX 多媒体增强技术相结合的新型微处理器。它采用 0.35 μm 的半导体技术，片内集成 750 万个半导体元件，有 L1 Cache 容量为 32 KB，L2 Cache 容量为 512 KB。

Pentium II 的优异性能与先进结构主要体现在以下 3 个方面：

① 动态执行技术与 MMX 技术。

② 双重独立总线结构。Pentium II 微处理器数据总线宽度为 64 位，地址总线宽度为 36 位，寻址空间为 64 GB，虚拟地址空间为 64 TB。

③ 单边接触对封技术。

5. Pentium III

Intel 公司于 1999 年 1 月推出 Pentium III CPU。Pentium III CPU 采用 0.25 μm 的 CMOS 半导体技术，处理器核心集成有 950 万个晶体管。它与 Pentium II CPU 的最大不同之处在于以下 3 点：

① Pentium III CPU 采用前端总线的时钟频率至少为 100 MHz，CPU 核心与 L2 Cache 之间专用的后端总线时钟频率是主频的一半或与主频同速。

② Pentium III CPU 首次采用了 Intel 公司自行开发的流式单指令多数据扩展（Streaming SIMD Extension，SSE），SSE 技术使得 Pentium III CPU 在三维图像处理、语言识别、视频实时压缩等方面都有很大进步。

③ Pentium III CPU 首次设置了处理器序列号（Processor Serial Number，PSN）。PSN 是一个 96 位的二进制数，制造芯片时它被编入处理器晶片的核心代码中，可以用软件读取但不能修改。

6. Pentium 4

2000 年 11 月 Intel 公司推出了 Pentium 4 CPU，它内部集成了 4 200 万个晶体管，工作主频目前已达到 2.7 GHz（起点为 1.4 GHz）。

Pentium 4 的主要特点：

① 支持 400 MHz 或 533 MHz 系统总线（system bus）。

② 超流水线技术（hyper pipelined technology）。

③ 快速执行引擎（rapid execution engine）。

④ 更先进的分支预测技术（advanced prediction and branching）。

⑤ 加强型浮点运算功能（enhanced float point）。

⑥ 数据流 SIMD 扩充指令集 2（stream SIMD extension 2）。

⑦ L1 执行轨迹 Cache（Level 1 execution trace cache）。

⑧ 512 KB 或 256 KB L2 先进的传输。

7. Pentium M

2003 年 3 月，Intel 公司发布了以迅驰技术 Banias 为核心的 Pentium M 微处理器，用于移动计算的便携式计算机。迅驰（Centrino）是指迅驰移动技术（Centtrino mobile technology）。

采用 Banias 核心的 Pentium M 微处理器，线宽工艺为 0.13 μm，主频有 1.6 GHz、1.5 GHz、1.4 GHz、1.3 GHz、1.1 GHz、900 MHz。Pentium M 微处理器采用了以下技术：

① 适合于移动微处理器的流水线。

② 大容量的 L2 Cache。

③ 电源优化的处理器系统总线（power optimized processor system bus）。

④ 高级分支预测技术（advanced branch prediction）。

⑤ 专用堆栈管理器（dedicated stack manager）。

⑥ 增强型的 Speedstep 技术（enhanced Speedstep）。

⑦ 微指令操作融合（micro-op fusion）。

⑧ 嵌入双频无线连接功能。

8. Pentium D 和 Pentium Extreme Edition

2005 年 Intel 推出的双核心 CPU 有 Pentium D 和 Pentium Extreme Edition，同时推出 945/955/965/975 芯片组来支持新推出的双核心 CPU。

Pentium D CPU 继续沿用 Prescott 架构及 90 nm 生产技术生产，Pentium D 内核实际上由两个独立的 Prescott 核心组成。

双核心 Pentium Extreme Edition CPU 能够模拟出另外两个逻辑处理器，可以被系统认成四核心系统。Pentium EE 系列都采用 4 位数字的方式来标注，形式是 Pentium EE8xx 或 9xx，如 Pentium EE840 等，数字越大，表示规格越高或支持的特性越多。

2.3.2 Core 系列微处理器

1. Core 2 Duo

2006 年 7 月，Intel 公司发布 Core 2（酷睿 2）微处理器，酷睿 2 CPU 是一个跨平台的构架体系，被统一应用于服务器、桌面和移动平台上。

酷睿 2 CPU 的 Core 微架构是 Intel 的以色列设计团队在 Yonah 微架构基础之上改进而来的新一代 Intel 架构。为了提高两个核心的内部数据交换效率，采取共享式二级缓存设计，2 个核心共享高达 4 MB 的二级缓存。继 LGA 775 接口之后，Intel 首先推出了 LGA 1366 平台，定位高端旗舰系列。

2. Core i3、i5 和 i7

Intel Core i7 是一款 45 nm 原生四核 CPU，CPU 拥有 8 MB 三级缓存，支持三通道 DDR 3 内存。CPU 采用 LGA 1366 针脚设计，支持第 2 代超线程技术，能以八线程运行。

Core i7 的能力是 Core 2 extreme qx9770（3.2 GHz）的 3 倍左右。

Core i5 是一款基于 Nehalem 架构的四核 CPU，采用整合内存控制器，三级缓存模式，L3 达到 8 MB，支持 Turbo Boost 等技术的新处理器电脑配置。它和 Core i7（Bloomfield）的主要区别在于总线不采用 QPI，采用的是成熟的 DMI（Direct Media Interface），并且只支持双通道的 DDR3 内存，结构上用的是 LGA1156 接口。i5 有睿频技术，可以在一定情况下超频。

Core i3 可看作是 Core i5 的进一步精简版，有 32 nm 工艺版本（研发代号为 Clarkdale）。Core i3 最大的特点是整合 GPU（图形处理器）。Core i3 和 i5 区别最大之处是 i3 没有睿频技术。

2010 年 6 月，Intel 再次发布第 2 代 Core i3/i5/i7。第 2 代 Core i3/i5/i7 隶属于第 2 代智能酷睿家族，全部基于全新的 Sandy Bridge 微架构，相比第 1 代产品主要带来以下 5 点重要革新：

① 采用全新 32 nm 的 Sandy Bridge 微架构，更低功耗、更强性能。

② 内置高性能核芯显卡（GPU），视频编码、图形性能更强。

③ 睿频加速技术 2.0，更智能、更高效能。

④ 引入全新环形架构，带来更高带宽与更低延迟。

⑤ 全新的 AVX、AES 指令集，加强浮点运算与加密、解密运算。

本章小结

16 位 8086 CPU 内部结构分为两大部分：总线接口单元（BIU）和执行单元（EU）。总线接口单元（BIU）是 8086 CPU 同存储器和输入/输出设备之间的接口部件，负责针对全部引脚的操作。执行单元（EU）解释和执行所有指令，同时管理上述有关的寄存器。

8086 CPU 可在两种模式下工作（最小模式和最大模式）。所谓最小模式，是指系统中只有一个 8086 CPU，直接产生所有的总线控制信号，系统所需的其他总线控制逻辑部件最少。所谓最大模式，是指系统中常含有两个或多个微处理器，其中一个为主处理器 8086 CPU，控制信号是通过 8288 总线控制器提供的。

8086 CPU 有 20 条地址线，能直接访问 1 MB（2^{20} B）的存储空间，其物理地址范围是 00000H～0FFFFFH。物理地址是指 CPU 和存储器进行数据交换时实际所使用的地址，而逻辑地址是程序使用的地址。它由两部分组成：段基值（段起始地址高 16 位）和偏移地址。

典型的总线周期有存储器读周期、存储器写周期、输入/输出设备的输入周期、输入/输出设备的输出周期、中断响应周期、空闲周期等。

16 位字长的 80286 CPU 不再使用分时复用地址、数据线。

32 位微处理器 80386 采用 32 位数据总线，32 位地址总线，直接寻址能力达 4 GB。80386 CPU 主要由以下 6 个部件组成：总线接口单元（BIU）、指令预取单元（IPU）、指令译码单元（IDU）、执行单元（EU）、段管理单元（SU）和页管理单元（PU）。

32 位微处理器 80486 增加了高速缓存（Cache）和片内浮点协处理器（FPU），以及增加了面向多处理机的机构。

Pentium 系列 CPU 经历了以下发展阶段：Pentium、Pentium Pro、Pentium MMX、Pentium Ⅱ、Pentium Ⅲ、Pentium 4、Pentium M、Pentium D 和 Pentium Extreme Edition。

Core 系列 CPU 经历了以下发展阶段：Core 2 Duo、Core i3、i5 和 i7。

 习题与思考题

1. 8086/8088 CPU 由哪几个部件构成？简述各部件的功能。
2. 8086/8088 的两种工作模式各有何特点？
3. 8086 的 $\overline{\text{BHE}}$ 引脚有何作用？为什么 8088 无此引脚？
4. 8086 与 8088 有何不同之处？
5. 什么是总线周期？什么是指令周期？
6. 8086/8088 系统中，读存储器与读 I/O 端口时 CPU 哪个引脚上的信号不一样？
7. 8086/8088 系统中，CPU 在什么情况下需要插入等待周期 T_W？
8. 8086/8088 系统中，CPU 的哪个引脚用于与慢速外设的同步？
9. 8086/8088 CPU 的 ALE 引脚有何用途？
10. 8086/8088 系统中，为何需要地址锁存？用何种芯片实现？
11. 8086/8088 系统中，为何需要数据收发器？用何种芯片实现？需用 CPU 的哪些引脚配合？
12. 8086/8088 CPU 工作在最大模式下时，8288 总线控制器有何作用？
13. MMX 技术主要包括哪些内容？
14. 相对 80486 CPU，Pentium CPU 采用了哪些新技术？
15. Intel 公司最新的微处理器主要包括哪几个？
16. Pentium Pro CPU 中采用了哪些新技术？
17. Pentium 4 CPU 有哪些主要特点？
18. 80386 CPU 的寄存器结构有哪些特点？
19. 简述 80386 CPU 的总线周期和内部时序的特点。
20. 简述 80386 CPU 的工作模式及各自的特点。
21. Pentium M CPU 有什么特点？
22. Core 系列 CPU 有哪些主要类型？

第 3 章
总线技术与存储器接口

学习目标

本章主要学习总线技术和存储器接口，通过本章的学习，应该做到：

■ 掌握总线的概念，包括总线的定义、总线的分类和使用总线的优点。

■ 掌握各类系统总线的使用场合、主要特点，包括 PC 总线、ISA 总线、EISA 总线、STD 总线、PCI 总线和 PCMCIA 总线。

■ 掌握各类外部总线的使用场合、主要特点，了解其技术规范，包括 SCSI 总线、SATA 总线、USB 总线、Fire Wire（IEEE-1394）总线、I^2C 总线和 SPI 总线。

■ 掌握 I/O 端口的概念及端口地址的编址方式。

■ 掌握固定式端口地址译码、开关式可选端口地址译码不同的实现方法。重点掌握一般的地址译码原则和端口地址范围的计算。

■ 了解 GAL 器件的特点以及在地址译码电路中的应用。

■ 掌握典型的 SRAM、DRAM、EPROM 与 CPU 的连接方式，重点掌握三总线的连接，不同连接方法时地址范围的计算。

建议本章教学安排 8 学时。

3.1　总线技术

3.1.1　总线概述

1. 总线概念

总线是连接计算机有关部件的一组信号线，是计算机中用来传送数据的公共通道，用于在多个模块（设备或子系统）间传送信息，实现信息共享与交换。总线由传输信息的物理介质以及一套管理信息传输的通用规则（协议）构成。

总线不仅是一组传输线，它还包括与信息代码传送有关的控制逻辑。在计算机系统中，总线堪称一个独立的部件。

采用标准的总线结构，是微型计算机系统结构上的突出特点，它可使不同厂家生产的但遵守同一总线标准的部件或设备方便地实现互连。

2. 总线分类

（1）按总线所在位置分类，可以把总线分为片内总线、内部总线和外部总线 3 大类。

① 片内总线：就是连接集成电路芯片内部各功能单元的信息通路。

② 内部总线：又称为系统总线或微型计算机总线。用于微机系统内各模块之间的通信，是微型计算机的重要组成部分。常见的系统总线标准有 ISA、EISA、PCI 总线等。

③ 外部总线：又称为通信总线，它是微型计算机与微型计算机、微型计算机与其他仪器仪表或设备之间的连线。

（2）按信息传送形式分类，总线可以分为并行总线和串行总线。

① 并行总线：计算机中的信息一般都是由多位二进制码表示的，传输这些信息时，可以让它们固定地占用多条线，即用多条线同时传送所有二进制位。并行总线内各条连线之间实行有序排列，并实行统一编号。这样对于一个连接多个部件的总线来说，可以起到防止差错的作用。

② 串行总线：这是一种与并行总线不同的总线类型，它以多位二进制信息共用一条线进行传输的方式工作。既然是共用，就只能让信息位按一定的次序排队，按时间先后依次通过总线。很显然，如果所传送的信息有 m 位，串行方法传送所需的时间至少是并行方法的 m 倍。这种总线形式具有结构简单的优点，适合当所需连接的部件距离比较远时的情况。

3. 总线标准

总线标准是国际正式公布或推荐的互连各个模块的标准，是把各种不同的模块组成计算机系统（或计算机应用系统）时必须遵守的规范，为计算机系统中各模块的互连提供一个标准界面，该界面对界面两侧的模块来说是透明的，任何一侧的模块只需根据总线标准的要求来实现接口的功能即可，而不必考虑另一侧的接口方式。按总线标准设计的接口为通用接口。

为了充分发挥总线的作用，每个总线标准都必须有详细且明确的规范说明，其内容包括以下部分。

① 机械结构规范：确定模块尺寸、总线插头和边沿连接器等的规格及位置。

② 功能规范：确定各引脚信号的名称、定义、功能与逻辑关系，对相互作用的协议进行必要的说明。

③ 电气规范：规定信号工作时的高低电平、动态转换时间、负载能力以及最大额定值。

通常总线标准的制定通常有两条途径：

① 某计算机公司在开发自己的微型计算机系统时所采用的一种总线，被 OEM 厂商普遍接受，OEM 厂商纷纷按此总线规范开发相应的配套产品，进而形成一种为国际工业界广泛认可的实用总线标准。

② 由专家组在标准化组织的有力支持下，从事开发和制订总线标准的工作。标准一经推出，由厂家和用户遵照使用。

3.1.2 系统总线

1. PC 总线

微型计算机的系统总线用于连接 I/O 接插件，它以通道的形式经过扩充和驱动连到扩充插槽上，扩充插槽有 62 个引脚，各种 I/O 接口模块（板）均插在扩充槽上，以实现与微处理器之间的信息交换。IBM 公司对插槽上的信号名称、性质、方向、时序和引脚排列等都做了明确规定。这种规定称为 IBM PC 总线，简称 PC 总线。

2. ISA 总线

随着微型计算机技术的发展，在 20 世纪 80 年代中期，利用兼容的方式将原来的 8 位 PC 总线扩展成 16 位的 AT 总线，设计制造出了 PC/AT 微型计算机。

AT 总线又称为 ISA（Industry Standard Architecture，工业标准体系结构）总线，它保持了 PC 总线的全部 62 个引脚，以便与原 PC 总线插件板兼容，同时它又在底板上增加了一个 36 个引脚的插槽，以便增加新的功能。

ISA 插槽是基于 ISA 总线的扩展插槽，其颜色一般为黑色，比 PCI 接口插槽要长些，位于主板的最下端。其工作频率为 8 MHz 左右，为 16 位插槽，最大传输速率为 16 MB/s，可插接显卡，声卡，网卡以及所谓的多功能接口卡等扩展插卡。其缺点是，CPU 资源占用太高，数据传输带宽太小，是已经被淘汰的插槽接口。

为了充分发挥优良性能，同时又要最大限度地与 PC/AT 总线兼容，ISA 总线在原 XT 总线的基础上又增加了一个 36 脚的扩展槽，将数据总线扩展为 16 位，地址总线扩展为 24 位，中断的数目从 8 个扩充到 15 个，并提供了中断共享功能，而且 DMA 通道也由 4 个扩充到 8 个。

（1）引脚分配

ISA 总线中新增加的 36 个引脚信号的分配见表 3-1。

（2）信号说明

$A_{23} \sim A_{20}$：4 条高位地址线，使寻址范围由原来的 1 MB 扩展到 16 MB。同时，将 PC 总线上的 $A_{19} \sim A_{17}$ 从复用引脚分离出来，以便提高传输速率。

表 3-1　ISA 总线 36 个引脚信号的分配表

元件面			焊接面		
引脚号	信号名	说　明	引脚号	信号名	说　明
C_1	$\overline{\text{SBHE}}$	高字节允许，双向	D_1	$\overline{\text{MEMCS}_{16}}$	存储器 16 位片选信号，输入
C_2	A_{23}		D_2	$\overline{\text{IOCS}_{16}}$	接口 16 位片选信号，输入
C_3	A_{22}		D_3	IRQ_{10}	
C_4	A_{21}		D_4	IRQ_{11}	
C_5	A_{20}	高位地址	D_5	IRQ_{12}	中断请求，输入
C_6	A_{19}		D_6	IRQ_{14}	
C_7	A_{18}		D_7	IRQ_{15}	
C_8	A_{17}		D_8	$\overline{\text{DACK}_0}$	
C_9	$\overline{\text{SMEMR}}$	存储器读，输出	D_9	DRQ_0	
C_{10}	$\overline{\text{SMEMW}}$	存储器写，输出	D_{10}	$\overline{\text{DACK}_5}$	
C_{11}	D_8		D_{11}	DRQ_5	DMA 请求与响应信号，前者输入，后者输出
C_{12}	D_9		D_{12}	$\overline{\text{DACK}_6}$	
C_{13}	D_{10}		D_{13}	DRQ_6	
C_{14}	D_{11}	数据总线高字节，双向	D_{14}	$\overline{\text{DACK}_7}$	
C_{15}	D_{12}		D_{15}	DRQ_7	
C_{16}	D_{13}		D_{16}	+5V	+5V 电源，输入
C_{17}	D_{14}		D_{17}	$\overline{\text{MASTER}}$	主控，输入
C_{18}	D_{15}		D_{18}	GND	地

$D_{15} \sim D_8$：8 条高位数据线。

$\overline{\text{SBHE}}$：数据总线高位字节允许信号，双向，低电平有效。该信号与其他信号一起实现对存储器的高字节或字的操作。

$IRQ_{10} \sim IRQ_{15}$：中断请求输入信号。由于 AT 总线增加了外中断的数量，在底板上用两片中断控制器 8259 级联实现中断优先级。

$DRQ_7 \sim DRQ_5, DRQ_0$：DMA 请求信号，为增加 AT 总线 DMA 传输能力，在底板上用两片 DMA 控制器 8237 级联。

$\overline{\text{DACK}_7} \sim \overline{\text{DACK}_5}$，$\overline{\text{DACK}_0}$：DMA 响应信号，输出，低电平有效。

$\overline{\text{SMEMR}}$：存储器读，输出，低电平有效。在 16 MB 寻址范围内均有效。而 PC 总线中 $\overline{\text{MEMR}}$ 只有在存储器寻址范围小于 1 MB 才有效。

$\overline{\text{SMEMW}}$：存储器写，输出，低电平有效。在 16 MB 寻址范围内均有效。

$\overline{\text{MASTER}}$：主控信号，输入，低电平有效。利用该信号，可以使总线插板上设备变为主控器，用来控制总线上的各种操作。

$\overline{\text{MEMCS}_{16}}$：16 位存储器片选信号，输入，低电平有效。如果总线上的某一存储器要传送 16 位数据，则必须产生一个有效的 $\overline{\text{MEMCS}_{16}}$ 信号来通知主板，实现 16 位数据传送。

$\overline{\text{I/OCS}_{16}}$：16 位 I/O 端口片选信号，输入，低电平有效。该信号用来通知主板实现 16 位端口数据传送。

3. EISA 总线

当出现了 32 位外部总线的 386DX 处理器之后，ISA 总线的宽度就已经成为了严重的瓶颈，并影响到处理器性能的发挥。因此在 1988 年，康柏、惠普等 9 个厂商协同把 ISA 扩展到 32 位，这就是 EISA（Extended ISA，扩展 ISA）总线。

EISA 总线是 32 位输入/输出总线，是一种具有对 ISA 总线向上兼容的总线结构，不但使 ISA 的 16 位输入/输出能力提高到 32 位，而且在 ISA 总线基础上提供了多主控功能，使一般微型计算机的单处理器环境升级到多处理器工作状态。

（1）EISA 总线的主要特点

① 支持 CPU、DMA、总线主控器 32 位寻址能力和 16 位数据传输能力，具有数据宽度变换功能。

② 扩展及增加 DMA 仲裁能力，使得 DMA 的传输速率最高可达 33 MB/s。

③ 程序可以采用边沿或电平方式控制中断的触发。

④ 能够通过软件实现系统板和扩展板的自动配置功能。

⑤ 规定总线裁决采用集中方式进行，使得 EISA 总线有效地支持构成多微处理器系统。

⑥ 它与 PC/XT 总线相兼容，这就使得已大量开发的 PC/XT 总线的插件卡方便地在 EISA 总线上运行。

（2）附加的主要信号

为了构成 EISA 总线，在 AT 总线上附加了以下主要信号：

$\overline{\text{BE}_3} \sim \overline{\text{BE}_0}$：字节允许信号。它们分别用来表示 32 位数据总线上的哪个字节与当前总线周期有关。

$\text{M}/\overline{\text{IO}}$：存储器或接口指示。用该信号的不同电平来区分 EISA 总线上是内存周期还是 I/O 接口周期。

$\overline{\text{START}}$：起始信号。用来表示 EISA 总线周期开始。

$\overline{\text{CMD}}$：定时控制信号。在 EISA 总线周期中提供定时控制。

$\text{LA}_{31}\sim\text{LA}_2$：地址总线信号。它们与 $\overline{\text{BE}_3} \sim \overline{\text{BE}_0}$ 一起，共同决定 32 位地址的寻址空间，其范围可达 4GB。

$\text{D}_{31}\sim\text{D}_{16}$：高 16 位数据总线。它们与原来 AT 总线上定义的 $\text{D}_{15}\sim\text{D}_0$ 共同构成 32 位数据总线。

MIREQn：主控器请求信号。总线上主控器希望得到总线时，发出该信号，用于请求得到总线控制权。

$\overline{\text{MAK}_\text{n}}$：总线控制器指示信号，利用该信号表示第几个总线主控器已获得总线控制权。

由于 EISA 总线性能优良，使得多数 386、486 微型计算机系统都采用了 EISA 总线。

4. PCI 总线

（1）PCI 总线的主要特性

PCI 总线是一种高性能的局部总线，克服了 VL 总线（VISL 总线）的各种不足之处。PCI

总线支持 64 位 Pentium 系统，传输速率可为 132MB/s～264 MB/s。PCI 比 VL 传输速率快的原因是 PCI 总线支持无限读/写方式，且 PCI 总线上的外设可与 CPU 并发工作。

PCI 支持总线主控技术，允许智能外设在需要的时候取得控制权，以加速数据的传送，数据能以线性猝发的形式输送到其他外设 I/O 插接卡。

（2）PCI 总线的定义

PCI 总线分 A、B 面，每面为 60 条引脚，分前 49 条和后 11 条，分界处的几何尺寸占两条引脚，在 PCI 插槽上有一个限位缺口与之对应。其引脚如图 3-1 所示，功能见表 3-2。

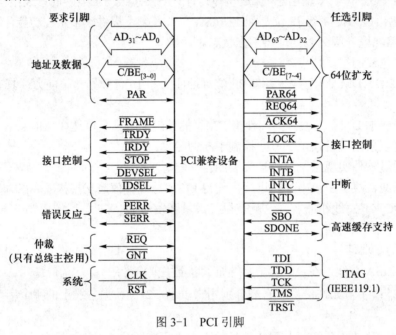

图 3-1　PCI 引脚

表 3-2　PCI 信号线及其功能

类别	信号名	类型	功 能 说 明
必有类信号	CLK	in	总线时钟线，提供同步时序基准，2.0 版为 33.3MHz 方波信号
	$\overline{RST}$	in	复位信号线，强制所有 PCI 寄存器、排序器和信号到初始态
	$AD_{[31\sim0]}$	t/s	地址和数据复用线
	$\overline{C/BE}_{[3\sim0]}$	t/s	总线命令和字节有效复用线，地址期载 4 位总线命令，数据期指示各字节有效与否
	PAR	t/s	奇偶校验位线，对 $AD_{[31\sim0]}$ 和 $\overline{C/BE}_{[3\sim0]}$ 实施偶校验
	$\overline{FRAME}$	s/t/s	帧信号，当前主方驱动它有效以指示一个总线业务的开始，并一直持续，直到目标方对最后一次数据传送就绪而撤退
	$\overline{IRDY}$	s/t/s	当前主方就绪信号，表明写时数据已在 AD 线上，读时主方已准备好接收数据
	$\overline{TRDY}$	s/t/s	目标方就绪信号，表明写时目标方已准备好接收数据，读时有效数据已在 AD 线上
	$\overline{STOP}$	s/t/s	停止信号，目标方要求主方中止当前总线业务
	$\overline{LOCK}$	s/t/s	锁定信号，指示总线业务的不可分割性

续表

类别	信号名	类型	功 能 说 明
必有类信号	$\overline{\text{DEVSEL}}$	s/t/s	设备选择信号。当目标设备经地址译码被选中时驱动此信号。另外也作为输入线，表明在总线上某个设备被选中
	$\overline{\text{IDSEL}}$	in	初始化设备选择，读/写配置空间时用作芯片选择（此时不需地址译码）
	$\overline{\text{REQ}}$	t/s	总线请求信号，潜在主方送往中央仲裁器
	$\overline{\text{GNT}}$	t/s	总线授权信号，中央仲裁器送往主设备作为下一总线主方
	$\overline{\text{PERR}}$	s/t/s	奇偶错报告信号
	$\overline{\text{SERR}}$	o/d	系统错误报告信号，包括地址奇偶错和其他非奇偶错的系统严重错误
可选类信号	$\text{AD}_{[63\sim32]}$	t/s	用于扩充到 64 位的地址、数据复用信号线
	$\text{C/BE}_{[7\sim4]}$	t/s	总线命令和高 4 字节使能复用信号线
	$\overline{\text{REQ64}}$	s/t/s	用于请求 64 位传送
	$\overline{\text{ACK64}}$	s/t/s	目标方准许 64 位传送
	$\overline{\text{PAR64}}$	t/s	对扩充的 AD 线和 C/BE 线提供偶校验
	$\overline{\text{SBO}}$	in/out	指出对修改行的监听命中
	SDONE	in/out	指出监听结束
	$\overline{\text{INTA}}$	o/d	中断请求信号
	$\overline{\text{INTB}}$	o/d	中断请求信号（仅用于多功能设备）
	$\overline{\text{INTC}}$	o/d	中断请求信号（仅用于多功能设备）
	$\overline{\text{INTD}}$	o/d	中断请求信号（仅用于多功能设备）
	TCK	in	测试时钟
	TDI	in	测试输入
	TDD	out	测试输出
	TMS	in	测试模式选择
	$\overline{\text{TRST}}$	in	测试复位

注：in 表示输入线，out 表示输出线，t/s 表示双向三态信号线，s/t/s 表示一次只被一个拥有者驱动的抑制三态信号线，o/d 表示开路驱动，允许多个设备以线或方式共享此线。

微型机上使用的内部 PCI 总线，将外部设备直接连接到 CPU，没有通过锁存延时等电路，因此具有 PCI 总线的系统的运行速度非常快。

5. STD 总线

STD 总线是 1987 年推出的用于工业控制微型计算机的标准系统总线。自它问世以来，以其优越的性能和强大的生命力在工业领域得到了广泛的应用和迅速的发展。

STD 总线起初是针对 8 位微型计算机而推出的，随着新技术的发展和实际应用的需要，STD 总线经过修改和改进，利用复用技术，在保证同原有的 I/O 插件板兼容的条件下，提供了全 16 位的数据传送能力。在原定义的 56 个总线信号之下，支持 20 位地址，实现了 1 MB 内存空间的直接寻址。20 世纪 80 年代末，STD 总线也由 56 个信号发展到了 114 个信号，现阶段已有 136 个信号的 32 位 STD 总线标准推出。为高档的 STD 微型计算机系统的发展提供了有利的条件。下面以国内最流行的 56 个信号的 STD 总线引脚的分配为例加以说明。

STD 总线共有 56 个引脚，按功能分为 5 组，各组的引脚表示为：引脚 1～6 为逻辑电源总线；引脚 7～14 为数据总线；引脚 15～30 为地址总线；引脚 31～52 为控制总线；引脚 53～56 为辅助电源总线，见表 3-3，表中信号流向以现行主设备为参考点。

表 3-3　STD 总线信号分配表　（元件面）

元　件　面				
名　　称	引　　脚	信　号　名	信　号　流　向	说　　明
逻辑电源总线	1	V_{CC}	输入	逻辑电源+5V
	3	GND	输入	逻辑接地
	5	$V_{BB.1}/V_{BAT}$	输入	逻辑偏置.1/电池
数据总线	7	D_3/A_{19}	输入/输出	数据总线/地址扩展总线
	9	D_2/A_{18}	输入/输出	
	11	D_1/A_{17}	输入/输出	
	13	D_0/A_{16}	输入/输出	
地址总线	15	A_7	输出	地址总线
	17	A_6	输出	
	19	A_5	输出	
	21	A_4	输出	
	23	A_3	输出	
	25	A_2	输出	
	27	A_1	输出	
	29	A_0	输出	
控制总线	31	$\overline{WR}$	输出	写
	33	$\overline{IORQ}$	输出	I/O 地址选择
	35	$\overline{IOEXP}$	输入/输出	I/O 扩展
	37	$\overline{REFRESH}$	输出	刷新定时
	39	$\overline{STATUS1}$	输出	CPU 状态
	41	$\overline{BUSAK}$	输出	总线响应
	43	$\overline{INTAK}$	输出	中断响应
	45	$\overline{WAITRQ}$	输入	等待请求
	47	$\overline{SYSRESET}$	输出	系统复位
	49	$\overline{CLOCK}$	输出	处理器时钟
	51	PCO	输出	优先级链输出
辅助电源总线	53	AUXGND	输入	辅助接地
	55	AUX+V	输入	辅助电源+12V

6. PCMCIA 总线

随着便携式计算机系统（含便携式计算机、掌上型计算机）的广泛应用，对便携式扩展设备的需求越来越迫切。为此，由 Intel、AMD、IBM、Compaq 和 TI 等公司联合，于 1989 年成立了 PCMCIA（Personal Computer Memory Card International Association，个人计算机存储卡国际协会），并制定了 PCMCIA 总线标准，对便携式计算机的发展起了重要的作用。

PCMCIA 标准刚开始时，主要是针对内存卡，后来逐渐超越内存卡，变成面向微机系统主板的各种扩展卡，而成为"PC 卡"的国际标准。

（1）Type I、II 和 III PC 卡

当前有 3 种 PC 卡标准，它们的长度都是 85.6 mm×54 mm，但厚度不一样。Type I 是最早的 3.3 mm 厚卡，Type II 将厚度增至 5.0 mm，Type III 则进一步增大厚度为 10.5 mm。Type III 卡主要用于微型硬盘驱动器，这种驱动器已变得越来越普遍。

（2）PCMCIA 总线支持的 PC 卡

PCMCIA 标准已出至第 3 版。最早的版本是 1.0，建立的标准主要面向类似目前的 RAM 卡那样的内存卡。2.0 到 2.1 版增加了卡和插槽服务（Card and Socket Service）软件规范、ATA 和 AIMS 规范（ATA 是 AT 附件的简称；AIMS 则是自动索引海量存储（Automatic Index Massive Storage）的简称）。3.0 版 PCMCIA 叫做 PC 卡规格（PC Card Specification），允许用 3.3 V 的逻辑电压涉及 PC 卡和系统。

（3）PCMCIA 总线的发展

PCMCIA 在 1991 年颁布了用于内存卡的 68 针 PC 卡标准的基础上，又在 1995 年新制定了 CardBus 和 ZV 两种接口标准，如高速网卡、视频捕捉/视讯会议卡、SCSI 卡等。

3.1.3 外部总线

1. IEEE-488 总线

IEEE-488 是一个并行的外部总线，它主要用于仪表之间的连接以及计算机与仪表之间的互相连接。1975 年，IEEE-488 作为标准接口总线的国际标准。

IEEE-488 总线标准的别名有很多，如 HP-IB（Hewlett-Packard Interface Bus）、GP-IB（General Purpose Interface Bus）、IEC-IB（IEC Interface Bus）、PLUS-BUS（SOLARTRON 公司使用的名称）等。

该标准的主要电气性能有：总线上只能连接 15 个设备；数据传输速率必须小于或等于 1 Mb/s；总的传输距离不超过 20 m 或 2 m 乘以设备的数目。上述两种限制可选一种数值较小的，所有的数据交换都是通过数字化的信号。

总线上共有 24 条线：16 条信号线（其中有 8 条数据线、3 条握手线、5 条管理线）、7 条地线和 1 条机壳接地线。

总线上所挂接的设备可以具有不同的功能，但从逻辑上讲分为 3 种，即控制器、发话器（者）和收听器（者）。

① 发话器（者）：是指系统中向其他设备发送数据的信息源。系统中允许有多个发话器（者）存在，但是在同一时刻只能有一个发话器工作。

② 收听器（者）：是指那些可以接收数据的设备。在一个系统中可以有多个收听器（者）同时工作。

③ 控制器：是指能对挂在总线上的各个设备指定地址或发出命令的设备。在系统中用来控制信息的发送和接收，即对总线的工作情况进行控制。

图 3-2 所示为 1 个 IEEE-488 总线系统的示意图。

（1）IEEE-488 总线信号功能

$DIO_8 \sim DIO_1$：双向数据总线，用于传送数据、地址、设备命令及状态信息。

3 条握手信号线，也称联络信号。

$\overline{DAV}$：由讲者（发话器）控制的数据有效信号线，低电平有效。该信号变为低电平时，表示它发送到数据总线上的数据有效，总线上的所有听者（收听器）可以读取它。

NRFD：由听者（收听器）控制的未接收完数据的信号线，当全部的接收器都准备好接收数据时，该信号为高电平，否则该信号为低电平。

NDAC：听者（收听器）控制的未接收到数据的标志线。收听器在未接收完数据时，该信号为低电平；收听器接收数据完毕，该信号为高电平。可见数据的传输速率取决于速度最慢的听者。

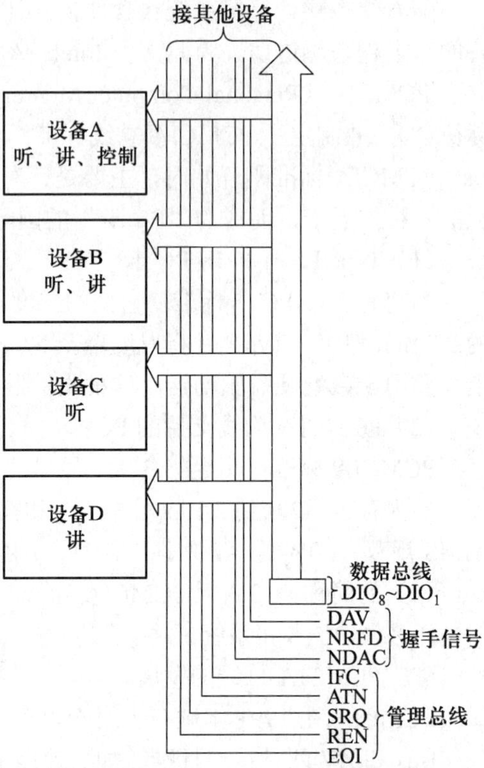

5 条管理接口线如下：

图 3-2 IEEE-488 总线系统

ATN：由控制者驱动的注意信号线，用此信号对数据总线上的 8 位信息进行解释，引起听者和讲者的注意，当该信号为高电平时，表示数据总线将传送数据信息，此时讲者和听者才能使数据总线发送和接收数据。该信号为低电平时，表示数据总线上的信息是接口信息（接口地址和命令），此时只有控制者才可以发送信息，听者、讲者只能接收控制者发来的信息。

EOI：结束或识别信号线。此线与 ATN 信号线一起用来指示数据传送的结束，或用来识别一个具体的设备。当数据传送结束的最后一个字节使 EOI 信号有效，而 ATN 无效，表示数据传送结束。作为识别信号线时，首先 ATN 有效，表示数据总线上传送的是地址，即对讲者和听者的命令分配；EOI 也为有效时，表示传来的是识别信息，并与数据总线给出的事先设置的字节进行比较，可以得知是哪个设备请求服务，而不需要串行查询。

IFC：接口清除线，由控制者建立此线的状态以控制总线的设备。当 IFC 信号为低电平时，整个总线停止操作，即所有的讲者停止发送，所有的听者不再被访问。

SRQ：将通过总线连接的各个设备的服务请求线用或逻辑连接后形成一条服务请求线，当其为低电平时，表示有设备请求服务。

REN：远程控制线。当为低电平时，系统的所有设备处于远程状态，即设备受远地程控数据的控制。该信号为高电平时，为本地控制方式，则远程控制不起作用。

（2）IEEE-488 的接口功能

连接在 IEEE-488 总线上的各种设备，不管是发话器、收听器，还是控制器，它们都有 3 种类型的功能，即接口功能、设备功能和信息逻辑编码功能。

① 接口功能：是设备与总线接口之间的信息交互能力，是由设备的接口电路完成。主要包括发送控制信号、检测各种控制信号以及收发数据等功能。

② 设备功能：是指设备自身具有的功能，同时还包括了对一些命令的响应能力，即哪些命令使设备响应并产生某种响应操作。

③ 信息逻辑编码功能：是指设备在发送或接收远端信息时，对远端信息的编码与解码能力。

2. SCSI 总线

SCSI（Small Computer System Interface，小型计算机系统接口）总线主要用于计算机与磁带机、软磁盘机、硬磁盘机、光盘机、打印机等设备的连接。

SCSI 总线的主要特点：

① SCSI 总线是一种低成本、高效率的外部总线。在异步传送方式时，速率达到了 1.5 MB/s，而在同步方式传送时，速率可达 4 MB/s。

② SCSI 总线上最多可挂接 8 台总线设备。但在任何时刻，只允许有两台设备进行通信。

③ 当使用单端驱动器和单端接收器进行传送时，允许电缆长度不超过 6 m；当使用差动驱动器和差动接收器时，传输距离可达到 25 m。

④ SCSI 总线还在不断改进和发展，已由原来的 8 位数据线扩展到了 32 位，同时数据传输速率也由原来的 4 MB/s 提高到了 40 MB/s。另外，还增加了其他一些功能。

3. IDE 总线

IDE（Integrated Device Electronics）总线是由 Compaq 和 WD 公司联合推出的一种硬盘接口标准，这种接口只支持硬盘驱动器。1993 年，WD 公司又推出增强型的 IDE 接口，也称为 EIDE 接口或 ATA 接口。EIDE 接口不仅支持硬盘驱动器，还支持磁带机和 CD-ROM 驱动器。现在新问世的多功能卡基本上都支持 EIDE 接口。

ISA、EISA 总线支持的 EIDE 接口的数据传输速率为 4.1 Mb/s，而 VESA 总线上多采用 FAST EIDE 接口，它的数据传输速率为 11Mb/s～13 Mb/s。容量为 850 MB 以上的硬盘要采用 FAST EIDE-2 接口，其数据传输速率为 16.6 Mb/s。

IDE 总线连接器采用 40 芯引脚，引脚信号分配见表 3-4。

表 3-4　IDE 总线的信号分配表

引　　脚	信 号 名 称	说　　明	引　　脚	信 号 名 称	说　　明
1	$\overline{RESET}$	复位，单向	5	DD_6	D_6，双向
2	GND	地	6	DD_9	D_9，双向
3	DD_7	D_7，双向	7	DD_5	D_5，双向
4	DD_8	D_8，双向	8	DD_{10}	D_{10}，双向

续表

引　脚	信号名称	说　明	引　脚	信号名称	说　明
9	DD_4	D_4，双向	25	IRQR	中断请求
10	DD_{11}	D_{11}，双向	26	$\overline{I/OCS_{16}}$	I/O 片选 16
11	DD_3	D_3，双向	27	DA_1	地址 1
12	DD_{12}	D_{12}，双向	28	NC	未用
13	DD_2	D_2，双向	29	DD_1	D_1，双向
14	DD_{13}	D_{13}，双向	30	DD_{14}	D_{14}，双向
15	N/C	未用	31	DD_0	D_0，双向
16	GND	地	32	DD_{15}	D_{15}，双向
17	$\overline{IOW}$	写	33	GND	地
18	GND	地	34	KEY	键
19	$\overline{IOR}$	读	35	DA_0	地址 0
20	GND	地	36	DA_2	地址 2
21	IO_CH_RDY	I/O 就绪	37	$\overline{IDECS_0}$	1F0～1F7
22	ALE	地址锁存允许	38	$\overline{IDECS_1}$	3F6～3F7
23	N/C	未用	39	$\overline{ACTIVE}$	灯驱动
24	GND	地	40	GND	地

4. ATA 总线

随着 IDE/EIDE 日益广泛的应用，全球标准化协议组织将 IDE 接口以来使用的技术规范归纳成为全球硬盘标准，这样就产生了 ATA（Advanced Technology Attachment）接口。ATA 发展至今经过多次修改和升级，保持着向后兼容性。

ATA-1 在主板上有一个插口，支持一个主设备和一个从设备，每个设备的最大容量为504 MB。

ATA-2 是对 ATA-1 的扩展，也称为 EIDE（Enhanced IDE）或 Fast ATA。它增加了 2 种 PIO和 2 种 DMA 模式（PIO-3），将硬盘的最高传输率提高到 16.6 MB/s，支持容量最高达 8.1 GB的硬盘。

ATA-3 在电源管理方案方面进行了修改，引入了自监测、分析和报告技术（Self-Monitoring Analysis and Reporting Technology，SMART）。

ATA-4 为 Ultra DMA 33 或 ATA 33。首次在 ATA 接口中采用了双倍数据传输（Double Data Rate，DDR）技术，引入了冗余校验计术（Cyclic Redundancy Check，CRC）。

ATA-5 就是 Ultra DMA 66（ATA 66），是建立在 Ultra DMA 33 硬盘接口的 UDMA 技术。

ATA 100 接口和数据线与 ATA 66 一样，使用 40 针 80 芯的数据传输电缆，并且 ATA 100接口完全向下兼容。

ATA-7 是 ATA 接口的最后一个版本，也叫 ATA 133。迈拓是唯一一家推出这种接口标准硬盘的制造商，而其他 IDE 硬盘厂商则停止了对 IDE 接口的开发，转而生产 Serial ATA 接口标准的硬盘。

5. SATA 总线

ATA 接口分为并行 ATA（Parallel ATA，PATA）和串行 ATA（Serial ATA，SATA）。

PATA 硬盘仅能支持 ATA/100 和 ATA/133 两种数据传输规范，传输速率最高只能达到 100 MB/s 或 133 MB/s。

2001 年，由 Intel、APT、Dell、IBM、Seagate、Maxtor 几大厂商组成的 Serial ATA 委员会正式确立了 Serial ATA 1.0 规范，当年 Seagate 宣布了 Serial ATA 1.0 标准，正式宣告了 SATA 规范的确立，2007 年制定了 SATA 2 及 SATA 2.5 标准，SATA 已成为通用的存储界面标准。

（1）SATA 的优缺点

SATA 是一种完全不同于 PATA 的新型硬盘接口，SATA 总线使用嵌入式时钟信号，具备了更强的纠错能力。SATA 接口需要硬件芯片的支持，如 Intel ICH5(R)、VIA VT 8237、nVIDIA 的 MCP RAID 和 SiS 964，如果主板南桥芯片不能直接支持的话，就需要选择第三方的芯片。SATA 接口线和主板上的 SATA 接口如图 3-3 和图 3-4 所示。

图 3-3　SATA 接口线

图 3-4　主板上的 SATA 接口

SATA 的优点：

① 数据传输速率高，传输数据可靠。SATA 既对命令进行 CRC 校验，又对数据分组进行 CRC 校验，提高了总线传输的可靠性。

② SATA 采用非排针脚设计的接口，支持热插拔，连线简单。在数据线方面，PATA 采用 80 针的排线，SATA 由于采用点对点方式传输数据，只需 4 条线路即可完成发送和接收功能，加上另外的 3 条地线，一共 7 条物理连线就可满足数据传输的需要。

③ 由于传输数据线较少，使得 SATA 在物理线路电气性能方面的干扰大大减小，保证了磁盘传输率进一步的提升。

④ 与 PATA 相比，SATA 的数据线更细小，使得机箱内部的连线比较容易整理，有助于机箱内部空气的流通，使得机箱内部的散热更好。

SATA 的缺点：SATA 类型的硬盘对外频要求要比并行规格硬盘高。

（2）SATA 的数据传输率

SATA 1.0 定义的数据传输率可达 150 MB/s，SATA 2.0 的数据传输率将达到 300 MB/s，SATA 3.0 实现了 600 MB/s 的最高数据传输率。

SATA 1.0（SATA 一代）的数据传输率是 1.5 Gb/s，SATA 2.0（SATA 二代）的传输率是 3.0 Gb/s。SATA 接口采用一套确保数据流特性的编码机制，将原本每字节包含的 8 位数据（1 Byte=8 bit）编码成 10 位数据，SATA 接口的每字节串行数据流就包含了 10 位数据，经过编码后的 SATA 传输速率就相应地变为 SATA 实际传输速率的十分之一，所以 1.5 Gb/s=150 MB/s，3.0 Gb/s=300 MB/s。

（3）SATA 中的技术

① 原生命令队列（Native Command Queuing，NCQ）

在 SATA 2.0 扩展规范中，硬盘执行某一命令的同时，队列中可以加入新的命令并排在等待执行的作业中。原生命令队列的排序算法既考虑目标数据的线性位置，也考虑其角度位置，并且还要对线性位置和角度位置进行优化，以使总线的服务时间最小，这个过程也称作基于寻道和旋转优化的命令重新排序。

② 端口选择器（Port Selector）

SATA 2.0 扩展规范具备端口选择器功能。端口选择器是一种数据冗余保护方案，使用端口选择器可使 Host（主）端口的两个独立 SATA Port 连接至同一设备，以建立连接设备端的备份路径。

③ 端口倍增器（Port Multiplier）

在 SATA 2.0 中，端口倍增器是一种可以在一个控制器上扩展多个 SATA 设备的技术，采用 4 位宽度的端口倍增器端口字段，其中控制端口占用 1 个地址，最多能输出 15 个设备连接。

（4）eSATA

eSATA（external Serial ATA）的接口形状与 SATA 的接口形状不一样，连接线的最大长度为 2 m，支持热插拔，传输速率可以达到 USB 2.0 的传输速率的 2 倍以上。

eSATA 数据线接口连接处加装了金属弹片来保证物理连接的牢固性，SATA 是采用 L 形插头区别接口方向，而 eSATA 是通过插头上下端不同的厚度及凹槽来防止误插。

与 USB 2.0 和 IEEE 1394 两种常见外置接口相比，eSATA 最大的优势就是强大的数据传输能力。eSATA 的理论传输速度可达到 1.5 Gb/s 或 3 Gb/s，远远高于 USB 2.0 的 480 Mb/s 和 IEEE 1394 的 400 Mb/s。

6. USB 总线

通用串行总线（Universal Serial Bus，USB）基于通用连接技术，实现外设的简单快速连接，达到方便用户、降低成本、扩展 PC 连接外设范围的目的。它可以为外设提供电源，而不像普通的使用串、并口的设备需要单独的供电系统。

目前，USB 总线分为 USB 3.0、USB 2.0 和 USB 1.1 标准。

（1）USB 1.1 的物理接口和电气特性

① 接口信号线

USB 1.1 只有 4 根线，如图 3-5 所示。其中 D^+、D^- 为信号线，负责传送信号，这是一对双绞线。V_{BUS} 是电源线，提供电源。相应的 USB 接口插头也比较简单，只有 4 芯。在全速传输时外接电阻的连接如图 3-6 所示。

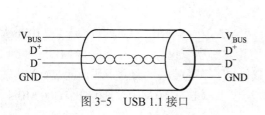

图 3-5　USB 1.1 接口

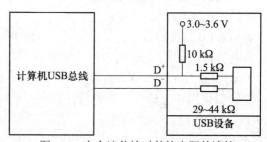

图 3-6　在全速传输时外接电阻的连接

② 电气特性

USB 主机或根 Hub（Root Hub）对设备提供的电源电压为 4.75 V～5.25 V，设备能吸入的最大电流为 500 mA。USB 设备的电源供给有两种方式：自给方式和总线供给方式。USB Hub 是前一种方式。

USB 的优点：

① 可以热插拔。

② 携带方便。

③ 标准统一。

④ 可以连接多个设备。

（2）USB 2.0

USB 2.0 技术规范是由 Compaq、Hewlett Packard、Intel、Lucent、Microsoft、NEC、Philips 等公司共同制定、发布的。

1996 年制定的 USB 1.0 标准为 USB 2.0 的低速（Low-speed）版本，理论传输速度为 1.5 Mb/s，即 0.1875 MB/s，采用这种标准的 USB 设备比较少见。

1998 年制定的 USB 1.1 标准为 USB 2.0 的全速（Full-speed）版本，理论传输速度为 12 Mb/s，即 1.5 MB/s，采用这种标准的 USB 设备比较常见。

2000 年制定的 USB 2.0 标准是真正的 USB 2.0，被称为 USB 2.0 的高速（High-speed）版本，理论传输速度为 480 Mb/s，即 60 MB/s，但实际传输速度一般不超过 30 MB/s，采用这种标准的 USB 设备也比较多。

USB 2.0 基于半双工二线制总线，只能提供单向数据流传输。

USB 2.0 的接口电路图、USB 2.0 常见的主板接口如图 3-7 和图 3-8 所示。

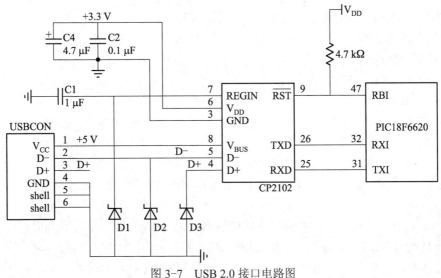

图 3-7 USB 2.0 接口电路图

（3）USB 3.0

2008 年 11 月，由英特尔、微软、惠普、德州仪器、NEC、ST-NXP 等公司组成的 Promoter

Group 组织负责制定的新一代 USB 3.0 标准，制定完成的 USB 3.0 标准移交给该规范的管理组织 USB Implementers Forum（简称 USB-IF）并公开发布。

图 3-8　USB 2.0 主板接口

USB 3.0 是最新的 USB 规范，USB 3.0 的最大传输带宽高达 5.0 Gb/s（即 640 MB/s，理论传输值），原因是 USB 3.0 采用了对偶单纯形四线制差分信号线，支持双向并发数据流传输，有时称为 SuperSpeed USB。

USB 3.0 采用了 9 针脚设计，其中 4 个针脚和 USB 2.0 的形状、定义均完全相同，另外 5 根是专门为 USB 3.0 准备的。

USB 3.0 的优点：

① 提供了更高的 5 Gb/s 传输速度。

② 对需要更大电力支持的设备提供了更好的支撑。

③ 增加了新的电源管理职能。

④ 全双工数据通信，提供了更快的传输速度。

⑤ 向下兼容 USB 2.0、USB 1.1 设备。

USB 3.0 的标准规范：

① 传输速率，USB 3.0 接口的实际传输速率大约是 3.2 Gb/s（即 409.6 MB/s），理论上的最高速率是 5.0 Gb/s（即 640 MB/s）。

② 数据传输，USB 3.0 引入全双工数据传输。5 线中 2 条用来发送数据，另 2 条用来接收数据，1 条地线。USB 3.0 同步全速地进行读/写操作，而以前的 USB 版本并不支持全双工数据传输。

③ 电源，USB 3.0 标准要求 USB 3.0 接口供电能力为 1 A，而 USB 2.0 为 0.5 A。

④ 电源管理，USB 3.0 并没有采用设备轮询，而是采用中断驱动协议。因此，在有中断请求数据传输之前，待机设备并不耗电。USB 3.0 支持待机、休眠和暂停等状态。

⑤ 物理外观，USB 3.0 的线缆会更"厚"，因为 USB 3.0 的数据线比 2.0 的多了 4 根内部线。

⑥ 支持系统，Windows 8、Windows Vista、Windows 7 SP1、LinuxMac book air 和 Mac book pro 都支持 USB 3.0。对于 Windows XP 系统，USB 3.0 可以使用，但只有 USB 2.0 的速率。

⑦ 外观特点，USB 插口中间的塑料片颜色来区分，USB 3.0 是蓝色，USB 2.0 是黑色。

（4）USB 3.0 接口外形

Mini USB 3.0 接口分为 A、B 两种公口（Plug）。母口（Receptacle）有 AB 和 B 两种。从形状上来看，AB 母口可兼容 A 和 B 两种公口，3.0 版公口的针脚是 9 针。USB 3.0 主板接口和 USB 3.0 接口线 Standard AB 分别如图 3-9 和图 3-10 所示。

图 3-9　USB 3.0 主板接口

图 3-10　USB 3.0 接口线 Standard AB

7. Fire Wire 串行总线（IEEE-1394）

IEEE-1394（火线）是用于传送动画数据的高速总线接口标准，具有 100 Mb/s、200 Mb/s 和 400 Mb/s 这 3 种传输速率，最高可达 1 Gb/s 以上的传输速率。IEEE-1394 最多可以把 63 个外设以雏菊链的形式连接到同一系统中。IEEE-1394 由 Apple 公司于 1987 年发布的 Fire Wire（火线）高速串行通信接口发展而来，1992 年被 IEEE 认可。

（1）IEEE-1394 性能特点

随着 CPU 速度达到 GHz 级，存储器容量达到 GB 级，以及计算机、工作站、服务器对快速输入/输出的强烈需求，工业界期望能有一种速度更高、连接更方便的 I/O 接口。Apple 公司公布了一种高速串行接口，希望取代并行 SCSI 接口。IEEE 接管了这项工作，在此基础上制定了 IEEE-1394 标准。

IEEE-1394 串行接口与 SCSI 等并行接口相比，有以下 3 个显著特点。

① 数据传输的高速性。

IEEE-1394 串行接口的数据传输速率分为 100 Mb/s、200 Mb/s 和 400 Mb/s 这 3 档。而 SCSI-2 的数据传输速率只有 320 Mb/s。这样的高速特性特别适合于新型的高速硬盘及多媒体数据传送。

IEEE-1394 串行接口之所以达到高速，一是串行传送比并行传送更易于提高数据传送时钟频率；二是采用了 DS-Link 编码技术，把时钟信号的变化转变为选通信号的变化，即使在高的时钟速率下也不易引起信号失真。

② 数据传送的实时性

实时性可保证图像和声音不会出现时断时续的现象，因此对多媒体数据的传送特别重要。

IEEE-1394 串行接口之所以做到实时性，原因有两个：一是除了异步传送外，还提供了一种等步传送方式，数据以一系列固定长度的包规整、间隔地连续发送，端到端既有最大延时限制，又有最小延时限制；二是总线仲裁除优先权仲裁之外，还有均等仲裁和紧急仲裁方式。

③ 体积小易安装，连接方便

IEEE-1394 标准使用 6 芯电缆，直径约为 6 mm，插座小。而 SCSI 使用 50 芯或 68 芯电缆，插座体积大。在当前个人计算机要连接的设备越来越多、主机箱的体积越显窄小的情况下，电缆细、插座小的 IEEE-1394 接口是很有吸引力的，尤其对便携式计算机一类的机器。

IEEE-1394 的电缆不需要同电缆阻抗相匹配的终端，而且电缆上的设备随时可以拔出或插入，即具有热插拔能力。这对于用户安装和使用 IEEE-1394 设备极为有利。

（2）IEEE-1394 配置结构

IEEE-1394 接口采用菊花链式配置，但也允许以树形结构配置。事实上，菊花链结构是树形结构的一种特殊情况。

IEEE-1394 接口也需要一个主适配器和系统总线相连。该主适配器的功能逻辑在高档 Pentium 系列微型计算机中集成在主板的核心芯片组的 PCI 总线到 ISA 总线的桥芯片中。机箱的背面只能看到主适配器的外接端口插座。

（3）IEEE-1394 协议集

IEEE-1394 标准的一个重要特色是：规范了一个 3 层协议集，将串行总线与各外围设备的交互动作标准化。这 3 层协议集可分为协议层、链路层和和物理层。

3.1.4　I^2C 和 SPI 总线

1. I^2C 总线

I^2C（Inter IC）串行总线是飞利浦公司开发的可连接多个主设备及具有不同速度的设备的串行总线，它只使用两根双向信号线——串行数据线 SDA 和串行时钟线 SCL 来完成集成电路之间的通信。I^2C 总线是处理各集成电路或模块之间的主从控制或平行被控关系的简洁、有效的一种总线。各个设备使用开漏或开集极电路通过上拉电阻与这两根信号线相连，这是一种线与逻辑，任意一台设备输出低电平都会使相应的信号线变为低电平。数据传输速率达 100 Kb/s，总线的长度可达 4 m。连接的设备数量仅要求总线电容量不超过 400 pF。数据的传送采用主从结构。具备主控能力的设备既可作为主设备，也可作为从设备，各个设备既可以作为发送数据的发送器，也可作为接收数据的接收器。

多台主设备同时工作时，每台主设备都向 SCL 线发送自己的时钟，因此需要时钟同步。I^2C 利用总线是线与的特点进行时钟同步。SCL 线的低电平时间决定于时钟的同步化。时钟同步机制还被用来使不同速度的设备都能在 I^2C 总线上工作。

总线仲裁则是利用 SDA 线来实现。各个主设备在其时钟低电平时间将数据发到 SDA 线，并在 SCL 为高电平时检测 SDA 线上的数据，若与自己发送的数据相异，则失去仲裁，应放弃总线控制权。仲裁从地址字节开始，一位一位地进行。若请求总线的各个主设备要访问同一地址，则要到下一字节才能结束仲裁。

2. SPI 总线

SPI（Serial Peripheral Interface，串行外设接口）总线是摩托罗拉公司推出的一种串行外围设备接口，允许主控制器与各种外围设备以串行方式通信。SPI 总线只需要 3～5 位的数据线和控制线即可在软件的控制下实现扩展外围设备、数据交换等功能。传输速度快，结构简单，可以进行全双工通信。外围设备接口器件包括简单的 TTL 移位寄存器（用作并行输入或输出）、A/D 转换器或 D/A 转换器、实时时钟（RTO）、存储器以及 LCD 和 LED 显示驱动器等。SPI 系统可与各个厂家生产的多种标准 SPI 外围器件直接接口，它使用 4 条线：串行时钟线（SCK），主设备输入/从设备输出数据线（MISO），主设备输出/从设备输入数据线（MOSI）和低电平有效的从设备选通线（SS_N）。由于 SPI 系统总线只需 3～5 根数据线和控制线即可扩展具有 SPI 接口的各种 I/O 器件，而并行总线的扩展需 8 根数据线、8～16 位地址线和 2～3 位控制线，因而 SPI 总线的使用可以简化电路设计，提高设计的可靠性。

SPI 总线是一个众多微处理器、微控制器、外围设备都支持的全双工同步串行数据链路标准，它实现了微处理器和外设之间、微处理器之间的通信。利用 SPI 总线可以方便地实现多个外围设备与微处理器之间的直接接口。

3.2 I/O 端口

3.2.1 I/O 端口概述

对于 I/O 通道扩展电路或 I/O 接口电路的设计者而言，I/O 接口的端口读/写是主机与扩展电路或外设接口之间交换数据的基本方式。一些控制功能往往也利用 I/O 端口读/写方式来实现，而对一些指标不是很高但功能很完整的 I/O 接口电路板，通常利用端口读/写方式就可以有效地解决问题。因此，对于端口地址译码和端口读/写技术的研究是接口技术要涉及的首要问题。

I/O 端口是微处理器与输入/输出设备直接通信的寄存器或某些特定的器件。在实际应用中，通常把 I/O 接口电路中能被 CPU 直接访问的寄存器或特定器件称为端口。CPU 通过这些端口发送命令、读取状态和传送数据，因此，一个接口可有多个端口，如命令端口、状态端口和数据端口等。有的接口所包括的端口多（如 8255 并行接口芯片有 4 个端口，8237A 芯片内有 16 个端口），有的接口所包括的端口少（8251、8259A 芯片内只有 2 个端口）。对端口的操作也有所不同，有的端口只能写或只能读，有的既可以写也可以读。通常一个端口只能写入或读出一种信息，但也有多种信息共用一个端口，如 8255 的一个命令口可接收 2 种不同的命令，8259A 的一个命令口可接收 4 种不同的命令，等等。

从编程的角度来看，供给系统和专用程序调用的 ROM BIOS 中断功能及对应的各个软件中断例程实际上都是对指定的 I/O 接口实施控制。尤其是当用户想绕过操作系统或 ROM BIOS 直接对硬件设备编程以达到高效运行的目的时，就必然会涉及对指定的 I/O 接口进行控制，也就是要对 I/O 接口的端口完成读/写操作。如何实现对这些端口的访问，就是所谓的 I/O 端口寻址问题。有两种寻址方式：一种方式是端口地址与存储器地址统一编址，即存储器映射方式。另一种是端口地址和存储器地址分开独立编址，即 I/O 映射方式。

3.2.2 I/O 端口编址方式

1. 统一编址

这种编址方式是从存储空间划出一部分地址空间给输入/输出设备，把 I/O 接口中的端口当作存储器单元进行访问，不设置专门的 I/O 指令，凡可对存储器使用的指令均可用于端口。摩托罗拉的 M68K 系列计算机就采用这种方式。

统一编址方式由于对输入/输出设备的访问是使用访问存储器的指令，指令类型繁多，功能齐全，这不仅使访问输入/输出设备端口实现输入和输出操作更加灵活、方便，而且还可以对端口内容进行算术逻辑、移位运算等。此外，能够给端口有较大的编址空间，这对大型控制系统和数据通信系统是很有积极意义的。这种编址方式的缺点是端口占用了存储器的地址空间，使存储器空间有所减小，另外，指令的长度比专门的 I/O 指令要长，因而执行时间较长。

2. 独立编址

独立编址方式不占用存储器空间，微处理器设置专门的输入/输出指令来访问端口，产生专用的访问检测信号，与地址线相结合，形成一个独立的 I/O 空间。如 x86、Z-80 系列机和大型计算机都采用这种方式。其最主要的优点是：I/O 指令和访问存储器指令存在明显的区别，可使程序结构清晰，便于理解；使用专门的控制信号 $\overline{IOR}$ 和 $\overline{IOW}$。因此，这种方式要求 CPU 设置两组读/写控制信号，即存储器读/写和 I/O 读/写。例如，8086/8088 最小模式下要用 M/$\overline{IO}$ 引脚和 $\overline{RD}$/$\overline{WR}$ 构成两组控制信号；而在最大模式下，由于引脚不够用，未能直接输出 M/$\overline{IO}$、$\overline{RD}$ 和 $\overline{WR}$ 这些对外设和存储器进行读/写操作的控制信号，而是由 S_2、S_1、S_0 输出 3 个总线周期状态信号送至总线控制器 8288，经其解读后，再生成存储器读/写（$\overline{MEMR}$ 和 $\overline{MRMW}$）和 I/O 读/写（$\overline{IOR}$ 和 $\overline{IOW}$）两组控制信号。独立编址方式的缺点是：I/O 指令的类型少，只能对端口进行数据传送操作。

3.2.3 I/O 端口访问指令

80x86 CPU 构成的计算机，其 CPU 外围接口芯片及 I/O 接口部件皆采用独立编址方式，采用 IN 和 OUT 指令实现数据的输入/输出操作。以 8086/8088 为例，其 I/O 地址空间为 64 KB，即 0000H～0FFFFH（A_{15}～A_0），但在 IBM-PC/XT 型计算机中，仅使用了 A_9～A_0 地址线，可构成 1 KB 的 I/O 地址空间。其中 A_9 有特殊意义：A_9 为 0 的地址是系统板上 CPU 辅助接口芯片的 512 个端口地址；A_9 为 1 的地址是 I/O 通道上的 512 个端口地址。

① 8086/8088 采用 I/O 端口与累加器传送数据。在 I/O 指令中，可以采用单字节地址或双字节地址的寻址方式。若用单字节地址，最多可以访问 256 个端口。系统主机板上的 I/O 端口采用单字节地址，并且是直接寻址方式，其指令格式为：

输入：

```
IN      AX,PORT              ;输入 16 位数据
IN      AL,PORT              ;输入 8 位数据
```

输出：

```
OUT   PORT,AX              ;输出 16 位数据
OUT   PORT,AL              ;输出 8 位数据
```

这里的 PORT 是一个 8 位的单字节地址。

若用双字节地址作为端口地址，最多可以访问 64K 个端口。扩展的 I/O 接口控制卡采用双

字节地址，并且是寄存器间接寻址方式，端口地址放在寄存器 DX 中。其指令格式为：

输入：

```
MOV    DX,XXXXH
IN         AX,DX              ;16 位传送
或
IN         AL,DX              ;8 位传送
```

输出：

```
MOV    DX,XXXXH
OUT    DX,AX              ;16 位传送
或
OUT    DX,AL              ;8 位传送
```

这里，XXXXH 为 16 位的双字节地址。

② 80286 和 80386 还支持 I/O 端口直接与 RAM 之间传送数据。

输入：

```
MOV    DX,PORT
LES     DI,BUFFER_IN
INSB                          ;8 位传送
(INSW)                        ;16 位传送
```

输出：

```
MOV    DX,PORT
LDS     SI,BUFFER_OUT
OUTSB                         ;8 位传送
(OUTSW)                       ;16 位传送
```

这里的输入和输出是针对 RAM 而言的。输入时，用 ES:DI 指向目标缓冲区 BUFFER_IN；输出时，用 DS:SI 指向源缓冲区 BUFFER_OUT。在 INS 和 OUTS 指令的前面加上重复前缀 REP，则可实现输入/输出设备与 RAM 之间成批数据的传输。

在微型计算机中，不仅汇编语言支持端口的读/写操作，C 语言、BASIC 语言等同样支持端口的读/写操作。

③ C 语言中的端口读/写函数。在微型计算机上运行的几种 C 语言版本都支持端口的输入和输出操作，C 语言中的几个库函数就是为端口读/写而设置的。这些库函数实际上是调用了汇编语言的 IN/OUT 指令。这些函数已经存在于 C 语言的库函数中，由于 Turbo C 提供了程序库支持，使用户可在 Turbo C 集成化的操作环境下，从编辑源程序，到编译、连接、执行及调试皆一气呵成，大大提高了程序设计效率。在 I/O 接口设计中，常用的 Turbo C 函数有：inportb( )，outport( )，clrscr( )，getch( )，kbhit( )，delay( )，sound( )。

【例 3-1】 利用 inportb( )函数从指定的输入端口 2F0H 读取一个字节的数据，并将其显示在屏幕上。

inportb( )函数的原型为：

inport(int port);

涉及的头文件为 dos.h。相关程序代码如下：

```
main( )
{  unsigned  char  c；
  c=inport(0x2f0)；
  printf("data=%0x",c)；  }
```

【例 3-2】 将一个字节数据输出到输出端口 360H。

outport( )函数的原型为：

void   outportb(int port,unsigned char value);

涉及的头文件为 dos.h。相关程序代码如下：

```
main( )
{
     outport(0x360,0x55)；
}
```

④ 运行于 Windows 7 环境下的 Visual C++程序中，对 I/O 端口的访问有两种方法。第一种方法是在 C 源程序中嵌入汇编代码，例如：

```
…
_asm
{ mov dx，264h
mov al，100
out dx，al
}
…
```

第 2 种方法是调用函数_inp 和_outp，前者用来读取字节型端口的数据，后者将数据输出到字节型端口。

⑤ 在 Windows 7 环境下，其安全机制以及对多种硬件平台的支持，使得用户不能直接访问计算机的硬件资源，如果要和端口打交道，必须编写相应的设备驱动程序。安装编写好的设备驱动程序后，在 Visual C++源程序中对 I/O 端口最直接的访问是调用控制 I/O 操作的 API 函数，称其为设备输入/输出控制。Visual Basic 本身不支持对 I/O 端口的访问，可以编写动态链接库的方法，使其能实现对 I/O 端口的访问。

3.2.4 I/O 端口地址分配

不同的微型计算机系统对 I/O 端口地址的分配是不同的。例如，PC 系列微型计算机把 I/O 端口地址空间分成两部分，即系统主板上的 I/O 芯片和 I/O 扩展槽上的接口控制卡的端口地址。

PC/XT 和 PC/AT 计算机系统提供了 $A_9 \sim A_0$ 这 10 位地址线作为 I/O 端口地址，总共 1 024 个端口。其中，前 256 个端口（000H～0FFH）供系统主板上的 I/O 接口芯片使用，见表 3-5；后 768 个端口（100H～3FFH）供 I/O 扩展槽上的接口控制卡使用，见表 3-6。表 3-5 和表 3-6 中列出的是端口的地址范围，实际使用时，有的 I/O 接口可能仅用到其中的前几个地址。

表 3-5　系统主板 I/O 接口芯片的端口地址

I/O 接口名称	PC/XT	PC/AT
DMA 控制器 1	000~00FH	000~01FH
DMA 控制器 2	—	0C0~0DFH
DMA 页面控制器	080~083H	080~09FH
中断控制器 1	020~021H	020~03FH
中断控制器 2	—	0A0~0BFH
定时器	040~043H	040~05FH
并行接口芯片	060~063H	—
键盘控制器	—	060~06FH
RT/CMOS RAM	—	070~07FH
NMI 屏蔽寄存器	0A0H	—
协处理器		0F0~0FFH

表 3-6　I/O 扩展槽上接口控制卡的端口地址

I/O 接口名称	PC/XT	PC/AT
游戏控制卡	200H~20FH	200H~20FH
扩展器/接收器	210H~21FH	—
并行口控制卡 1	370H~37FH	370H~37FH
并行口控制卡 2	270H~27FH	270H~27FH
串行口控制卡 1	3F8H~3FFH	3F8H~3FFH
串行口控制卡 2	2F0H~2FFH	2F0H~2FFH
原型插件板	300H~31FH	300H~31FH
同步通信卡 1	3A0H~3AFH	3A0H~3AFH
同步通信卡 2	380H~38FH	380H~38FH
单显 MDA	3B0H~3BFH	3B0H~3BFH
彩显 CGA	3D0H~3DFH	3D0H~3DFH
彩显 EGA/VGA	3C0H~3CFH	3C0H~3CFH
硬驱控制卡	320H~32FH	1F0H~1FFH
软驱控制卡	3F0H~3F7H	3F0H~3F7H

只要设计 I/O 接口电路，就必然要使用 I/O 端口地址。在选定 I/O 端口地址时要注意：

① 凡是已被系统配置所占用的地址一律不能使用。

② 原则上讲，用户可以使用未被占用的地址，但不要使用计算机厂家声明保留的地址，否则，会发生 I/O 端口地址的重叠和冲突，造成用户开发的产品与系统不兼容，从而失去使用价值。

③ 用户可以使用 300H～31FH 的地址，这是 IBM-PC 系列微型计算机留作实验卡用的。在用户可用的 I/O 地址范围内，为了避免与其他用户开发的插板发生地址冲突，最好采用地址开关。

3.3　I/O 端口地址译码

3.3.1　I/O 端口地址译码方法

每当 CPU 执行 IN 或 OUT 指令时，就进入了 I/O 端口的读/写周期，此时首先是端口地址有效，然后是 I/O 读/写控制信号 $\overline{\text{IOR}}$ 或 $\overline{\text{IOW}}$ 有效，把对端口地址译码而产生的译码信号同 $\overline{\text{IOR}}$ 或 $\overline{\text{IOW}}$ 结合起来，共同控制对 I/O 端口的读/写操作。但是 CPU 所支持的端口地址数目很多，每次端口操作是针对哪个端口呢？这就要根据对端口地址译码所产生的地址选择信号来选择指定的端口，然后由 $\overline{\text{IOR}}$ 或 $\overline{\text{IOW}}$ 控制其读/写操作。未被选中的端口不产生任何动作。

按照上述分析，似乎就可以进行 I/O 端口的选通与读/写操作了。但是，实际上 I/O 地址译码电路不仅与地址信号有关，而且还与控制信号有关，它把地址和控制信号进行组合，产生针对芯片的选择信号。因此，I/O 地址译码电路除了要顾及 $A_9 \sim A_0$ 这 10 根地址线所限定的地址范围外，还要考虑一些特殊的控制信号。例如，利用 $\overline{\text{IOR}}$、$\overline{\text{IOW}}$ 信号控制对 I/O 端口的读/写；用 AEN 信号控制非 DMA 数据传送；用 $\overline{\text{IOCS}}_{16}$ 信号控制是 8 位还是 16 位的 I/O 端口；用 $\overline{\text{BHE}}$ 信号控制端口的奇偶地址。

由以上分析可知，在设计地址译码电路时，除了要精心选择地址范围之外，还要根据 CPU 与 I/O 端口交换数据时的数据流向（读/写）、数据宽度（8 位/16 位）以及是否采用奇偶地址的要求来引入相应的控制信号，从而形成地址译码电路。

微型计算机中包括许多不同的 I/O 接口，如串行接口、并行接口、磁盘接口、显示器接口等，但任何时刻都只有一种装置与 CPU 通信，各种外设均通过数据总线与计算机进行信息交换，各个数据总线是并接在一起的。那么，系统是如何区分选择要通信的外设呢？各个外设本身都有一个控制信号，如片选信号 $\overline{\text{CS}}$（CHIP SELECT），低电平有效。例如，要选取外设 1 做数据传送，则令外设 1 的控制信号有效，外设 1 的内部数据总线就会打开，而其他外设因为控制信号无效，于是内部呈现高阻抗状态，自然与系统数据总线隔离开来。外设的控制信号就是通过 I/O 地址译码电路产生的。也就是说，给不同的外设分配不同的端口地址，而端口地址通过地址译码电路产生控制信号以选择外设。当 CPU 与某外设进行数据的传送时，只要在地址总线上送出其相应的端口地址，就能选中目标外设，再配合其他控制信号，就可以完成数据的传送。

以 PC/XT 型计算机为例，8088 对外部 I/O 接口芯片或部件的译码是使用地址线 $A_9 \sim A_0$，结合 $\overline{\text{IOR}}$、$\overline{\text{IOW}}$、AEN 等控制信号线来完成的。其中 AEN 信号线必须使用。当 AEN=0 时，即非 DMA 操作时地址译码才有效；当 AEN=1 时，即 DMA 操作时，地址译码无效，避免在 DMA 周期内影响对外设的数据传送。

地址译码电路在整个 I/O 接口电路的设计中占有重要的地位。地址译码电路的输出信号通常是低电平有效，高电平无效。

3.3.2 固定式端口地址译码

I/O 端口地址译码的方法灵活多样，通常可由地址信号和控制信号的不同组合来选择端口。与存储器的地址单元类似，一般是把地址信号分为两部分：一部分是高位地址线与 CPU 或总线的控制信号组合，经过地址译码电路产生一个片选信号 $\overline{CS}$ 去选择某个 I/O 接口芯片，从而实现接口芯片的片间寻址；另一部分是低位地址线直接连到 I/O 接口芯片，经过接口芯片内部的地址译码电路来选择某个寄存器端口，即实现接口芯片的片内寻址。

所谓固定式端口地址译码是指接口中用到的端口地址不能更改。一般的接口卡大都采用固定式端口地址译码。

（1）用门电路进行端口地址译码

这是一种最基本、最简单的端口地址译码方法，一般采用与门、与非门、反相器及或非门等实现，如 74LS08、74LS32、74LS30 等。图 3-11 所示为可译出 2F8H 读操作端口地址的译码电路。图 3-11 中的 AEN 参加译码，它对端口地址译码进行控制，从而避免了在 DMA 周期，由 DMA 控制器对这些 I/O 端口地址的非 DMA 传送方式的外部设备进行读操作。

如果接口电路中需要两个端口地址，一个用于输入，一个用于输出。地址译码输出可用 $\overline{IOR}$ 和 $\overline{IOW}$ 信号进行控制，以分别实现读和写操作，此时的一个端口地址等效于两个端口地址。图 3-12 所示为其控制电路。

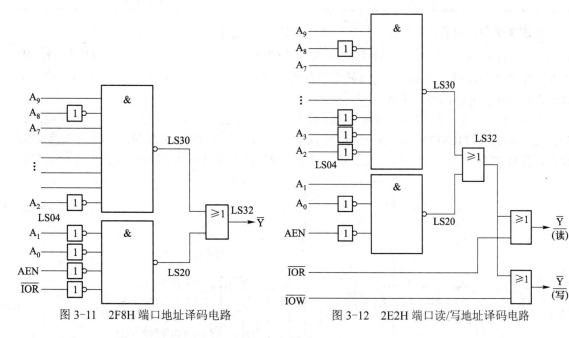

图 3-11 2F8H 端口地址译码电路　　　　图 3-12 2E2H 端口读/写地址译码电路

（2）用译码器进行端口地址译码

若接口电路中需要使用多个端口地址，则采用译码器进行译码会比较方便。译码器的型号很多，如 3-8 译码器 74LS138、4-16 译码器 74LS154、双 2-4 译码器 74LS139 和 74LS155 等。3-8 译码器 74LS138 是最常见的译码电路之一，可以从输入的 3 个电平组合（A、B、

C）中译出 8 个输出（$\overline{Y_7} \sim \overline{Y_0}$）。其 3 个输入控制端是 G_1、$\overline{G_{2A}}$、$\overline{G_{2B}}$，只有在 G_1=1，$\overline{G_{2A}} = \overline{G_{2B}}$=0 时，才允许对输入端 A、B、C 进行译码。74LS138 译码器的输入/输出真值表见表 3-7。

表 3-7 74LS138 译码器的输入/输出真值表

输　　入						输　　出							
G_1	$\overline{G_{2A}}$	$\overline{G_{2B}}$	C	B	A	$\overline{Y_7}$	$\overline{Y_6}$	$\overline{Y_5}$	$\overline{Y_4}$	$\overline{Y_3}$	$\overline{Y_2}$	$\overline{Y_1}$	$\overline{Y_0}$
1	0	0	0	0	0	1	1	1	1	1	1	1	0
1	0	0	0	0	1	1	1	1	1	1	1	0	1
1	0	0	0	1	0	1	1	1	1	1	0	1	1
1	0	0	0	1	1	1	1	1	1	0	1	1	1
1	0	0	1	0	0	1	1	1	0	1	1	1	1
1	0	0	1	0	1	1	1	0	1	1	1	1	1
1	0	0	1	1	0	1	0	1	1	1	1	1	1
1	0	0	1	1	1	0	1	1	1	1	1	1	1
0	×	×	×	×	×	1	1	1	1	1	1	1	1
×	1	×	×	×	×	1	1	1	1	1	1	1	1
×	×	1	×	×	×	1	1	1	1	1	1	1	1

从表 3-7 中可以看出，当满足控制电平，即把 G_1 接高电平，$\overline{G_{2A}}$ 和 $\overline{G_{2B}}$ 接低电平时，输出状态由 C、B、A 这 3 个输入信号的编码来决定。当 CBA=000 时，$\overline{Y_0}$=0；当 CBA=111 时，$\overline{Y_7}$=0，由此可得到 8 个译码选通输出信号（低电平有效）。当控制电平不满足时，输出全为 1，不产生译码选通输出信号，即译码无效。

图 3-13 所示电路是 PC/XT 系统主板上的接口电路的端口地址译码电路。其中地址线的高 5 位 $A_9 \sim A_5$ 经过 74LS138 译码器分别产生 DMAC 8237、中断控制器 8259、定时/计数器 8253 和并行接口 8255 等接口芯片的片选信号，而地址线的低 5 位 $A_4 \sim A_0$ 则作为接口芯片内部寄存

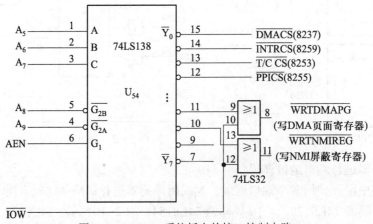

图 3-13 PC/XT 系统板上的接口控制电路

器的访问地址。从 74LS138 译码器的输入/输出真值表可知，当地址是 000H～01xH 时，便有 $\overline{\text{DMACS}}$ 输出为低电平，选中 8237，由于 $A_3\sim A_0$ 未接 8237，故 8237 的端口地址是 000H～01FH。其他芯片的端口地址范围也易于看出，如 8259 的片选地址范围是 02xH～03xH，端口地址范围是 020H～03FH。

3.3.3 开关式可选端口地址译码

如果用户要求接口卡的端口地址能适应不同的地址分配场合，或者为系统的扩充留有余地，则可使用开关式可选端口地址译码。这种地址译码方式可以通过开关使接口卡的 I/O 端口地址根据要求加以改变而无须更改电路，其电路结构有以下几种形式。

（1）用比较器和地址开关进行地址译码

在接口地址的译码中，可以采用比较器将地址总线上送来的地址或某些地址范围与预设的地址或地址范围进行比较。若两者相等，表示地址总线传来的端口地址是接口地址或接口所用到的端口地址范围，于是便可以启动接口执行预定的操作。

常用的比较器有 4 位比较器 74LS85 和 8 位比较器 74LS688。对于 74LS688，它将输入的 8 位数据 $P_7\sim P_0$ 与另外 8 位数据 $Q_7\sim Q_0$ 的对应位进行比较，关系可以是大于、小于或等于。在地址译码中仅使用比较"相等"的功能，大于、小于关系则不予以考虑。在图 3-14 所示的译码电路中，$P_7\sim P_0$ 连接有关的地址线和控制线，$Q_7\sim Q_0$ 连接地址开关，而输出端 P=Q 接至译码器 74LS138 的控制端 $\overline{G_{2A}}$ 上。根据比较器的特性，当输入端 $P_7\sim P_0$ 的地址与输入端 $Q_7\sim Q_0$ 的开关状态一致时，输出为低电平，可使译码器进行译码。因此，在使用时可预置 DIP 地址开关为某个值，得到一组所要求的一组端口地址。图 3-14 中让 $\overline{\text{IOR}}$ 和 $\overline{\text{IOW}}$ 参加译码，分别产生 8 个读/写端口地址，并且仅当 $A_9=1$、AEN=0 时译码才有效。

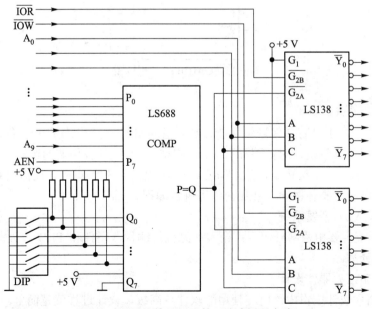

图 3-14 用比较器组成的可选式译码电路

（2）使用跳线的可选式译码电路

如果根据需要，要改变译码器的译出地址，可以用跳线或跳接开关对译码器的输入地址进行反相或不反相的选择。如果要改变跳线的连接方向，则有多达 1 024 种选择。

3.3.4　GAL 器件在 I/O 地址译码电路中的应用

应用较多的 PLD 器件有 GAL（Generic Array Logic，通用阵列逻辑）器件、EPLD（Erasable Programmable Logic Device，可擦除可编程逻辑器件）器件和 FPGA（Field Programmable Gate Array，现场可编程门阵列）器件。由于 PLD 器件的优越性能，GAL、EPLD 和 FPGA 在 I/O 端口控制与地址译码中得到广泛的应用。

1. GAL 的基本结构

GAL 主要是由可编程的与阵列、固定（不可编程）的或阵列、可编程的输出逻辑宏单元（OLMC）3 部分电路组成。

GAL 是利用 EEPROM 浮栅技术制成的器件。目前常用的 GAL 器件中，普通型器件 GAL16V8 使用得最多。GAL16V8 是 20 脚 DIP 封装，如图 3-15 所示。而 GAL20V8 是 24 脚封装，除了容量与 GAL16V8 有所不同外，结构上并没有太大差别。

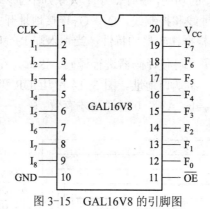

图 3-15　GAL16V8 的引脚图

2. GAL 器件开发系统及应用

空白的 GAL 芯片不具有任何逻辑功能，必须借助 GAL 的开发软件和硬件（编程写入器，统称为编程器）以及计算机，对其编程写入后，GAL 芯片才具有预期的逻辑功能。

由 GAL 本身的阵列结构决定，除了需要对 GAL 的与阵列编程外，还需要对其结构控制字阵列、用户标签阵列、整体擦除位和加密位等进行编程。

（1）PLD（GAL）开发系统

PLD 开发系统主要由两部分组成：个人计算机及编程器硬件和 PLD 开发软件（程序设计语言和相应的编译程序）。

（2）PLD（GAL）器件设计

在用 PLD 器件设计逻辑电路时，使用的软件越高级，设计过程就越简单。常用的 HDL 语言（Hardware Description Language，硬件描述语言）有 ABEL、VHDL 等。

下面以图 3-16 中对端口 2F0H 的读/写控制端口的地址译码为例，说明 GAL 器件在端口地址译码中的应用。

【例 3-3】 利用 GAL 设计一个 I/O 端口地址译码电路，实现对端口 2F0H 的读/写控制。

根据题意，地址译码电路的输入包括 10 条地址线 $A_9 \sim A_0$ 和 3 条控制线 $\overline{IOR}$、$\overline{IOW}$、AEN，即共 13 条输入信号线。地址译码电路的输出为端口 2F0H 的读控制信号 R_{2F0} 和端口 2F0H 的写控制信号 W_{2F0}，即两条输出信号线。

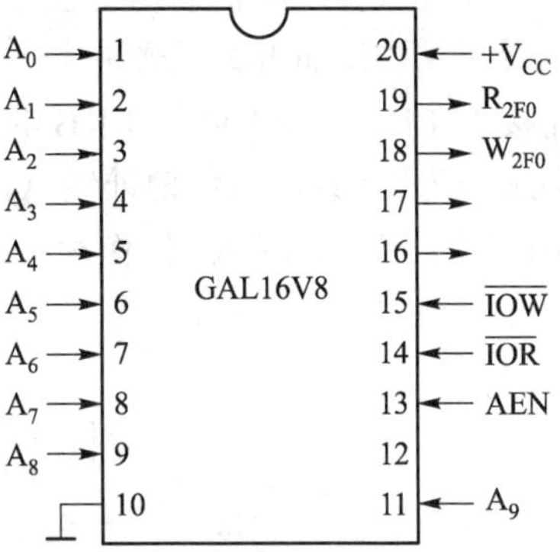

根据上述分析，选用 GAL16V8 即可，GAL16V8 的引脚定义如图 3-15 所示。在本例中，R_{2F0}、W_{2F0} 的逻辑表达式可描述如下：

$$R_{2F0} = A_9.A_8.A_7.A_6.A_5.A_4.A_3.A_2.A_1.A_0.IOR.AEN$$
$$W_{2F0} = A_9.A_8.A_7.A_6.A_5.A_4.A_3.A_2.A_1.A_0.IOW.AEN$$

根据 ABEL 语言的语法规则和文件结构，便可写出对 2F0H 端口的读/写控制的 ABEL 源文件。

图 3-16 端口 2F0H 地址译码的 GAL16V8 引脚

3.4 半导体存储器接口

3.4.1 半导体存储器接口的基本技术

存储器与 CPU 的连接可以从以下几个方面考虑。

1. 信号线连接要求

存储器芯片的外部引脚分为数据线、地址线和控制线。CPU 对存储器的读/写操作首先是向地址线发送信号，然后向控制线发读/写信号，最后在数据线上传送数据信息。同时，每一个存储器芯片的地址线、数据线和控制线都必须正确地和 CPU 建立连接，才能进行正确的操作。

CPU 与存储器的连接就是指地址线、数据线和控制线的连接。

数据线的连接：通常系统的数据总线与存储器的数据线相连。

地址线的连接：存储器与 CPU 地址总线的连接必须满足对芯片所分配的地址范围的要求。CPU 发出的地址信号必须实现两种选择。首先是对存储器芯片的选择，使相关芯片的片选端 $\overline{CS}$ 有效，称为片选；然后在选中芯片的内部再选择某一存储单元，称为字选。片选信号和字选信号均由 CPU 发出的地址信号经译码电路产生。字选信号由存储器芯片的内部译码电路产生，此译码电路无须用户设计。

控制线的连接：系统控制线的读/写控制需要与存储器芯片的控制线相连。

下面介绍外部译码电路的 3 种译码方法。

（1）线性选择法

这种方法直接用 CPU 地址总线中的某一高位线作为存储器芯片的片选信号，简称为线性选择法。

线性选择法的优点是连接方式简单，片选信号的产生不需要复杂的逻辑电路，只用一条地址线与 $\overline{MREQ}$ 简单组合就可以产生有效的片选信号。例如，某台计算机共有 16 条地址线，只需接入 1 KB 的 RAM 和 1 KB 的 ROM。因此可以断定，当地址范围的要求如图 3-17 所示时，字选线为 10 条，可用地址线 $A_9 \sim A_0$。若用 A_{10} 位作片选，则 RAM 和 ROM 的地址为图 3-17 中的第 1 组；若用 A_{11} 位作片选，地址范围如图 3-17 中的第 2 组。

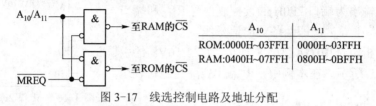

图 3-17　线选控制电路及地址分配

由图 3-17 可知，用 A_{11} 作片选时，RAM 和 ROM 的地址是不连续的。同理，用 $A_{15} \sim A_{12}$ 中的任意一条作片选时，RAM 和 ROM 的地址间隙更大。图 3-17 中用 A_{11} 片选时，RAM 和 ROM 的地址不连续，其地址范围是将 A_{10} 作为 0 来考虑时给出的，当 A_{10} 为 1 时也应寻址到这些 RAM 和 ROM。另外，当 $A_{15} \sim A_{12}$ 的取值非全 0 时，如果地址译码电路未对这些高位地址线进行有效的管理，将出现其他多组地址，这种情况称为地址的多义性。

由以上分析可知，当采用线性选择法时，若低位地址线用作字选，高位地址线用作线选，且高位地址未全部用完而又未对其实施控制时，出现地址的不连续和多义性，这是线性选择法的两大缺点。线性选择法还有另一层局限，就是即使所有的高位地址线都用作线选，其可寻址的存储空间也大为缩减。线性选择法只适应于寻址能力有限的存储器系统。

（2）部分译码法

用部分高位地址进行译码产生片选信号。如图 3-18 所示是采用 6116 存储器芯片（2 K×8 位）以部分译码法实现的 8 KB 存储器。只用 A_{12} 和 A_{11} 的高位地址来译码实现对 4 个芯片的选择。要选中 0 号芯片时，则应使 A_{12} 和 A_{11} 保持低电平，译码器的 $\overline{Y_0}$ 有效，这时 0 号芯片的片选信号有效（选中）。其地址分配和有效地址位对照表见表 3-8。

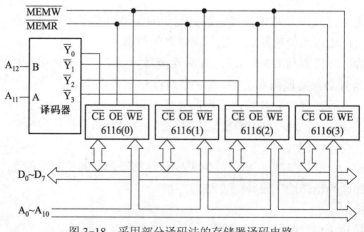

图 3-18　采用部分译码法的存储器译码电路

表 3-8　地址分配和有效地址对照表

A_{12}	A_{11}	有 效 芯 片	地 址 范 围
0	0	0 号	0000H～07FFH
0	1	1 号	0800H～0FFFH
1	0	2 号	1000H～17FFH
1	1	3 号	1800H～1FFFH

线性选择法和部分译码法都存在地址的多义性。因此，为避免地址的不连续性和多义性，加强系统存储器的扩展能力，应采用另一种译码方法——全译码法。

（3）全译码法

全译码法将高位地址全部作为译码器的输入，用译码器的输出作为片选信号。在这种寻址方法中，低位地址用于字选，与芯片的地址输入端直接相连。高位地址线全部与译码电路相连，用来生成片选信号。这样，所有的地址线均参与片内或片外的地址译码，不会产生地址的多义性和不连续性。全译码法的存储器系统电路如图 3-19 所示。

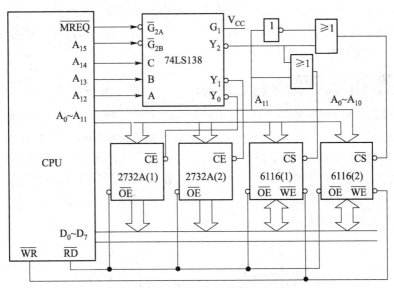

图 3-19　全译码法的存储器系统电路

图 3-19 中存储器系统的大小为 12 KB 存储系统，其中低 8 KB 为 EPROM，由两片 2732A（4 K×8 位）芯片组成，地址范围为 0000H～1FFFH（其中，2732A（1）为 0000H～0FFFH，2732A（2）为 1000H～1FFFH）；高 4 KB 为 RAM，由两片 6116（2 K×8 位）芯片组成，地址范围为 2000H～2FFFH（其中，6116（1）为 2000H～27FFH，6116（2）为 2800H～2FFFH）。CPU 为 8 位机型（如 MCS-51），16 根地址线 A_{15}～A_0 全部参加译码。其中，每片 EPROM 容量为 4 KB，A_{11}～A_0 用作片内字选，A_{15}～A_{12} 用作片选；每片 RAM 的容量为 2 KB，A_{10}～A_0 用于片内字选，A_{15}～A_{11} 用于片选。$\overline{WR}$ 为写控制信号，$\overline{RD}$ 为读控制信号，$\overline{MREQ}$ 为存储器选通信号，这 3 条信号线均为 CPU 输出，低电平有效。从图 3-19 可见，地址线全部参加译码，故不会出现地址的多义性。

2. 地址分配要求

系统内存通常分为 ROM 和 RAM 两部分。其中 ROM 用于存放系统监控程序等固化程序及常数，RAM 可分为系统区和用户区两个部分。系统区是监控程序或操作系统存放数据的区域；用户区分为程序区和数据区两个部分，分别用于存放用户程序和数据。因此，内存分配是一项重要的工作。就目前的情况而言，单片的存储器芯片容量有限，计算机的内存系统需要由多个芯片组成。因此，针对存储器地址的分配，要知道哪些地址区域需要 ROM，哪些区域需要 RAM，即在具体电路中需要明确地址译码与片选信号的产生。以 Intel 8086 CPU 为例，根据 Intel 8086 CPU 的特性，高地址区域应该是 ROM 区域，因为 Intel 8086 CPU 复位后执行的第 1 条指令一定在该区域中；而低地址区域必须连接 RAM 芯片作为 RAM 系统区，因为低地址区域是 CPU 存放中断向量表等信息的系统区。

3. 驱动能力

在 CPU 的设计中，输出线的直流负载能力一般为带一个 TTL 负载，而在连接时，CPU 的每一根地址线或数据线都有可能连接多个存储器芯片。所以，在存储器芯片与 CPU 的连接过程中，要充分考虑 CPU 外接存储器芯片的数量以及 CPU 与存储器芯片间的物理距离等客观因素。现在的存储器芯片都采用 CMOS 电路，直流负载很小，主要的负载是电容负载，因此在小型计算机系统中，CPU 可以与存储器芯片直接相连。在较大的计算机系统中，则要考虑 CPU 是否需要加缓冲器，由缓冲器的输出带负载。

3.4.2 静态 RAM 与 CPU 的连接

SRAM（静态 RAM）有多种型号，6264 是一个典型的 8 K×8 位的 SRAM 芯片，有 8 位数据线 $D_7 \sim D_0$，13 位地址线 $A_{12} \sim A_0$，内部主要包括 256×256 的存储器矩阵、行列地址译码器以及数据输入/输出控制逻辑电路。在存储器的读周期内，选中单元的 8 位数据经 I/O 控制电路输出；在存储器的写周期内，外部的 8 位数据经输入数据控制电路写到所选中的存储单元中。当片选信号无效时，芯片的数据线呈高阻状态。图 3-20 是 6264 芯片的引脚图，表 3-9 提供了 6264 芯片引脚与芯片工作状态间的关系。

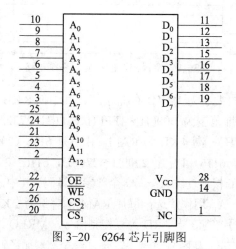

图 3-20　6264 芯片引脚图

表 3-9　6264 引脚功能与芯片工作状态

片　　选	输　出　控　制	写　信　号	工　作　状　态
0	0	1	存储器读
0	1	0	存储器写
1	×	×	未选中

通常一个存储器芯片的存储容量不可能正好是 CPU 的内存寻址范围。当单片 RAM 不能满足存储容量的要求时，可以把多个单片 RAM 进行组合，扩展成大容量存储器。多个存储芯片的组合，既可能是为了满足 CPU 数据线宽度的需要，也可能是为了给 CPU 提供更大的存储空间。前者是对数据线的扩展，后者是对地址线的扩展。在实际应用中，常常需要对这两方面同时进行扩展。

1. 位扩展

图 3-21 所示为 1 K×1 位的存储器芯片与 8 位 CPU 的连接。由于每片存储芯片只有 1 位数据线，因此需要 8 个存储器芯片，才能满足 CPU 的 8 位数据线的要求。每个存储器芯片连接 1 位数据线。

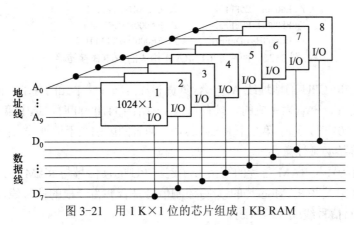

图 3-21　用 1 K×1 位的芯片组成 1 KB RAM

在这种结构中，每个存储器芯片除了数据线要连至 CPU 不同位的数据线外，地址线和控制线的连接都是相同的，因为 8 片芯片构成一组，一旦被选中，则同时工作，或者输入或者输出。

2. 字扩展

图 3-22 所示是由两片 6264 SRAM 构成的 16 KB 存储器。低位地址线 $A_{12} \sim A_0$ 直接连至每个 6264 芯片的地址输入端；高位地址线经译码以后产生片选信号，分别连接到两个 6264 的片选输入端。地址译码器 74LS138 是一个常用的 3-8 译码器，当地址 $A_{19} \sim A_{16} = 1110$ 时，该译码器被选中，也就是说，该译码器 $\overline{Y_7} \sim \overline{Y_0}$ 输出的地址范围为 0E0000H～0EFFFFH。其中，当 $A_{15} \sim A_{13} = 000$ 时，$\overline{Y_0}$ 输出有效，其地址范围为 0E0000H～0E1FFFH；当 $A_{15} \sim A_{13} = 001$ 时，$\overline{Y_1}$ 输出有效，其地址范围为 0E2000H～0E3FFFH。6264 存储器芯片的数据线和控制线直接与 CPU 的数据线及对应控制线相连接即可。

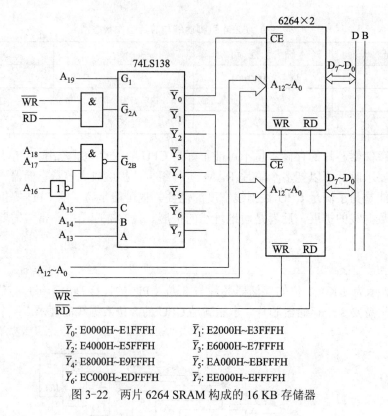

$\overline{Y_0}$: E0000H~E1FFFH　　$\overline{Y_1}$: E2000H~E3FFFH

$\overline{Y_2}$: E4000H~E5FFFH　　$\overline{Y_3}$: E6000H~E7FFFH

$\overline{Y_4}$: E8000H~E9FFFH　　$\overline{Y_5}$: EA000H~EBFFFH

$\overline{Y_6}$: EC000H~EDFFFH　　$\overline{Y_7}$: EE000H~EFFFFH

图 3-22　两片 6264 SRAM 构成的 16 KB 存储器

从图 3-22 可知，CPU 的地址线 A_{12}~A_0 负责芯片内部存储单元的寻址，而不同存储芯片的选择则是由地址线 A_{19}~A_{13} 来完成的。只有当 A_{19}~A_{13} = 1110000 时，选中第 1 个 RAM 芯片。当 A_{19}~A_{13} = 1110001 时，选中第 2 个 RAM 芯片。两者的区别在于地址线 A_{13} = 0 或 A_{13} = 1。

控制信号的连接必须注意：

① CPU 的写信号与 RAM 芯片的写信号相连，CPU 的读信号与 RAM 芯片的读信号或输出控制信号相连。如果某些 RAM 芯片的读/写控制信号是合并为一根的信号线，则可根据其电平要求连接 CPU 的写信号线或读信号线。

② 为了区别于输入/输出访问，保证只有在存储器的读/写操作期间才能访问到存储器芯片，CPU 与存储器的接口电路中要体现存储器访问这一性质，例如使 M/$\overline{\text{IO}}$ 信号参与控制用于片选的地址译码器，以保证只有在存储器访问期间地址译码器才会工作。

3.4.3　动态 RAM 与 CPU 的连接

4164 就是一个 64 K×1 位的 DRAM（动态 RAM）芯片，外部有 8 位地址输入线（提供行地址和列地址）、一位数据输入线和一位数据输出线以及行列地址选通信号线等。图 3-23 是 4164 芯片的外部引脚。

64 KB 的存储体是由 4 个 128×128 存储矩阵构成的，通过最高位的行地址和列地址选择不同的存储矩阵。每个 128×128 存储矩阵有 7 位行地址和 7 位列地址参与选择。7 位行地址线经过译码产生 128 条选择线，分别选择 128 行。7 位列地址经过译码后也产生 128 条选择线，分别选择 128 列。

4164 芯片的外部引脚功能如图 3-23 所示。

$A_7 \sim A_0$：地址输入。

D_{IN}：数据输入线。

D_{OUT}：数据输出线。

$\overline{RAS}$：行地址选通，该信号有效时，地址线输入行地址。

$\overline{CAS}$：列地址选通，该信号有效时，地址线输入列地址。

$\overline{WE}$：写允许信号。当芯片被选中时，低电平表示写状态，高电平表示读状态。

图 3-24 所示是 4164 芯片的内部结构图。

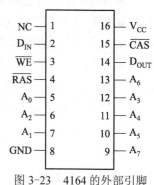

图 3-23　4164 的外部引脚

4164 的内部结构如图 3-24 所示。由于 DRAM 的结构特性，特别是外部引脚与 SRAM 有所不同，与 CPU 的连接要求也不同。在与 CPU 相连构成 DRAM 存储器系统时，有两方面问题必须考虑：

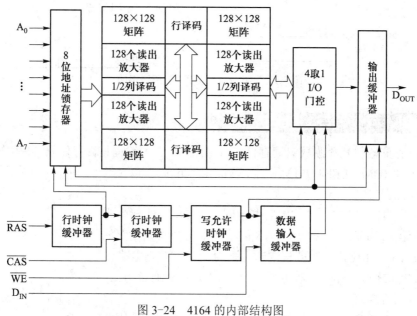

图 3-24　4164 的内部结构图

① DRAM 芯片的地址是行地址、列地址分时输入的。

② DRAM 有刷新要求。

因此，针对 DRAM，除了在 SRAM 连接中所要考虑的数据线的连接要求、地址线译码要求等方面外，还要考虑如何提供地址以及在何时提供地址。由于 DRAM 的地址输入是分行、分列进行的，因此不能直接将 CPU 的低位地址线连至存储器的地址线输入端，而需要将这部分地址一分为二，按行、列地址分时输入存储器。

与此同时，由于 DRAM 有刷新要求，既需要刷新控制信号，也需要为 DRAM 提供刷新地址。因此，作为 DRAM 的连接，还需要有一个产生刷新地址的电路，并通过选择电路，在需要刷新时将刷新地址送入 DRAM。

图 3-25 所示为 DRAM 与 CPU 的接口电路。其中行地址由地址总线中的 $A_7 \sim A_0$ 提供，并且刷新计数器的 7 位地址 $RA_6 \sim RA_0$ 通过一个多路开关（刷新多路器）送到行/列多路器。刷新控制信号控制刷新多路器只有在刷新操作时才选通刷新地址输出，否则输出行地址。列地址由地址总线中的 $A_{15} \sim A_8$ 提供，且到行/列多路器。由多路控制信号控制行/列多路器输出的是行地址或列地址，并送到存储器的地址线 $A_7 \sim A_0$，由行列选通信号 $\overline{RAS}$ 和 $\overline{CAS}$ 选通送到行地址锁存器和列地址锁存器，在 $\overline{WE}$ 信号的作用下对所寻址的存储单元实现读/写操作。

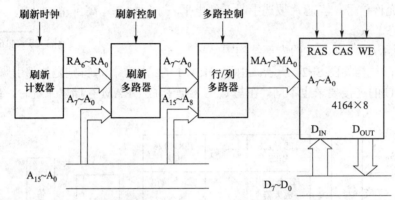

图 3-25 DRAM 与 CPU 的接口电路

3.4.4 ROM 存储器与 CPU 的连接

非易失性存储器包括掩膜式只读存储器（MROM）、可编程只读存储器（PROM）、可擦写只读存储器（EPROM，EEPROM）、闪存（Flash Memory）以及铁电随机存取存储器（FRAM）等。

EPROM 的内部结构与 SRAM 基本相同。27128 的外部引脚如图 3-26 所示。27128 是一种 16 K×8 的紫外线可擦写只读存储器芯片，与 SRAM 相比，具有编程逻辑电路而没有写控制电路。

EPROM 27128 可工作于多种方式，主要的工作方式有读方式、编程方式和备用方式。

由于常用的 EPROM 芯片的外部引脚与静态 RAM 相似，因此 CPU 与 EPROM 的连接也与 SRAM 的连接相似，数据线直接相连，CPU 的高位地址部分用于片选，低位地址部分连至 EPROM 的地址线输入端。对于控制线，由于 CPU 对 EPROM 不存在写操作，因此只需考虑存储器读操作控制信号。针对 EPROM，要注意编程控制信号和编程电压的引脚输入，如 EPROM 27128 与 CPU 的连接，通常编程控制信号 $\overline{PGM}$ 输入高电平无效，V_{PP} 接+5V 电源。

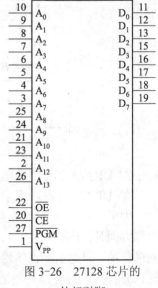

图 3-26 27128 芯片的
外部引脚

图 3-27 所示为 PC/XT 的 ROM 系统控制电路图，系统板上 40 KB 的 ROM 信息存放在两个 ROM 芯片中，一个是 8 KB 的 ROM 芯片，另一个是 32 KB 的 ROM 芯片。

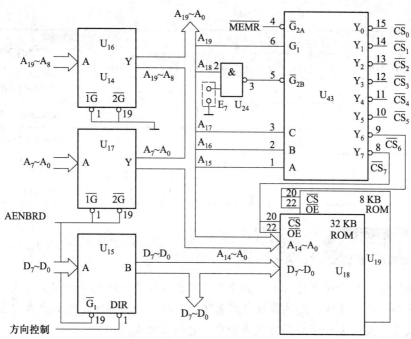

图 3-27 PC/XT 的 ROM 系统控制电路图

系统地址总线 $A_{19} \sim A_0$，经过 U_{17}、U_{16}、U_{14} 缓冲，形成 ROM 子系统中的地址总线，其中 $A_{14} \sim A_0$（32 KB 地址）直接与 ROM 芯片的地址线 $A_{14} \sim A_0$ 相连（8 KB ROM 芯片地址线为 $A_{12} \sim A_0$），高位地址线与控制信号一起作为 ROM 芯片的片选信号。系统数据总线 $D_7 \sim D_0$ 经过 U_{15} 的缓冲，直接与两个 ROM 芯片的 $D_7 \sim D_0$ 相连。

片选信号由 3-8 译码器 74LS138（U_{43}）产生，它的允许工作控制端 G_1 直接连至 A_{19}，$\overline{G_{2A}}$ 直接连至系统的存储器读控制信号 $\overline{MEMR}$，$\overline{G_{2B}}$ 同与非门 U_{24} 相连。U_{24} 的两个输入端一个是 A_{18}，另一个是跨接线 E_7，通常情况下 E_7 断开，U_{24} 的输出就是 A_{18} 的反相信号。因此，U_{43} 能正常工作的条件是在存储器的读周期内，且 $A_{19}=1$、$A_{18}=1$。若跨接线 E_7 接地，则 U_{24} 的输出为高电平，禁止 U_{43} 工作，也就是禁止系统板上的基本 ROM 工作，用户可自己编写 BIOS，插入 I/O 通道工作。

U_{43} 的译码输入端 A、B、C 分别连至地址总线 A_{15}、A_{16}、A_{17}。U_{43} 译码输出 $\overline{CS_6}$ 的地址范围是 0F0000H～0F7FFFH，连至 8 KB ROM 的 $\overline{CS}$ 和 $\overline{OE}$ 端；$\overline{CS_7}$ 的地址范围是 0F8000H～0FFFFFH，连至 32 KB ROM 的 $\overline{CS}$ 和 $\overline{OE}$ 端。

图 3-27 中的 ROM 子系统中译码器管理的存储器地址见表 3-10。

表 3-10 ROM 子系统中译码器管理的存储器地址

片选信号	条件						管理的存储区域
	$\overline{MEMR}$	A_{19}	A_{18}	A_{17}	A_{16}	A_{15}	
$\overline{CS_0}$	0	1	1	0	0	0	0C0000H～0C7FFFH
$\overline{CS_1}$	0	1	1	0	0	1	0C8000H～0CFFFFH
$\overline{CS_2}$	0	1	1	0	1	0	0D0000H～0D7FFFH

续表

片选信号	条件						管理的存储区域
	$\overline{\text{MEMR}}$	A_{19}	A_{18}	A_{17}	A_{16}	A_{15}	
$\overline{\text{CS}_3}$	0	1	1	0	1	1	0D8000H～0DFFFFH
$\overline{\text{CS}_4}$	0	1	1	1	0	0	0E0000H～0E7FFFH
$\overline{\text{CS}_5}$	0	1	1	1	0	1	0E8000H～0EFFFFH
$\overline{\text{CS}_6}$	0	1	1	1	1	0	0F0000H～0F7FFFH
$\overline{\text{CS}_7}$	0	1	1	1	1	1	0F8000H～0FFFFFH

本章小结

总线由传输信息的物理介质以及一套管理信息传输的通用规则（协议）构成。它是连接计算机有关部件的一组信号线，是计算机中用来传送数据的公共通道。可分为片内总线、内部总线和外部总线 3 大类，又可分为并行总线和串行总线 2 大类。

系统总线分为 IBM PC 总线、ISA 总线（AT 总线）、EISA 总线、PCI 总线、STD 总线和 PCMCIA 总线。

外部总线包括 IEEE-488、SCSI、IDE、SATA、USB（USB3.0、USB2.0）、IEEE-1394、I^2C 和 SPI。

通常把 I/O 接口电路中能被 CPU 直接访问的寄存器或某些特定器件称为端口。

I/O 端口有两种寻址方式：存储器映射方式和 I/O 映射方式。I/O 端口编址方式有统一编址和独立编址。

I/O 端口地址译码的方法有固定式端口地址译码、开关式端口地址译码和利用 GAL 等器件端口地址译码。

存储器与 CPU 的连接可以从以下几个方面考虑，信号线连接要求、地址分配要求、驱动能力考虑。CPU 与存储器的连接就是指地址线、数据线和控制线的连接。

外部译码电路有线性选择法、部分地址译码法和全译码法 3 种译码方法。

静态 RAM 与 CPU 的连接，根据需要进行位扩展和字扩展。

动态 RAM 与 CPU 的连接除了在静态 RAM 连接中所要考虑的数据线的连接要求，地址线的译码要求等方面外，还要考虑到如何提供地址以及在什么时候提供地址、刷新控制信号和刷新地址。

CPU 与 EPROM 的连接也与静态 RAM 的连接相似，数据线直接相连，CPU 的地址线高位部分用于片选，低位部分连至 EPROM 的地址线输入端。对于控制线，由于 CPU 对 EPROM 不存在写操作，因此只须考虑存储器读控制信号。

习题与思考题

1. 总线是如何定义的？总线分为哪几类？

2. 为什么在组织计算机时使用总线结构？

3. STD 总线的主要特点是什么？

4. 简述 PC 总线、ISA 总线和 EISA 总线的特点。

5. 简述 IEEE-488 具有的特点。

6. SCSI 总线主要用来连接什么设备？它具有哪些特点？

7. IDE 总线的应用场合是什么？

8. 简述 USB 2.0、3.0 总线的结构及主要特点。

9. 简述 SATA 总线的主要性能特点。

10. 简述 I^2C 和 SPI 总线的特点。

11. 简述 PCMCIA 总线的主要特点和性能。

12. I/O 口地址译码电路中常设置 AEN=0，这样做有何意义？

13. 根据图 3-13，写出 DMAC 8237、8255、8253，以及 8259 的地址范围。

14. 试用门电路设计端口地址为 2E8H 的译码电路。

15. 试用比较器和地址开关设计 8 个读/写端口地址的译码电路，要求在 A_9=1、AEN=0 时译码有效。

16. 使用 GAL 器件进行 I/O 地址译码有何优点？

17. CPU 与存储器连接时的一般原则有哪些？

18. 静态 RAM 和动态 RAM 的主要区别是什么？

19. 下列 RAM 各需要多少条地址线进行寻址？各需要多少条数据输入/输出线？

（1）512 K×8　　（2）1 K×4　　（3）16 K×8　　（4）64 K×1

20. 若用 4 K×1 的 RAM 芯片组成 8 KB 的存储器，需要多少个芯片？A_{19}～A_0 地址线中的哪些参与片内寻址？哪些用作芯片组的片选信号？

21. 设有一个具有 16 位地址和 8 位数据的存储器，问：

（1）该存储器能存储多少字节的信息？

（2）如果存储器由 8 K×4 RAM 芯片组成，需要多少芯片？

（3）需要多少位地址作芯片选择？

22. 已知某微机控制系统中的 RAM 容量为 8 KB，首地址为 2000H，求最后一个单元的地址。

23. 计算机在什么情况下需要扩展内存？扩展内存需要注意哪些问题？

24. 试设计一个容量为 12 KB 的存储系统，其中低 8 KB 为 ROM 区域（地址范围为 4000H～5FFFH），采用 EPROM 2732 芯片构成。高 4 KB 为 RAM 区域（地址范围为 6000H～6FFFH），采用 6116 芯片构成。

第 4 章
输入/输出技术

学习目标

本章重点介绍中断及 DMA 方式。通过本章的学习，应该做到：

■ 掌握 CPU 与外设数据传送方式的特点及适用场合。

■ 熟练掌握中断基本知识和 8086/8088 CPU 中断的分类及特点。

■ 理解中断控制器 8259A 的外部特性、内部结构及基本编程。

■ 掌握 DMA 基本知识。

■ 理解 8237A 的引脚功能、内部结构及初始化编程。

建议本章教学安排 10 学时。

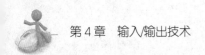

4.1 输入/输出的基本方法

4.1.1 输入/输出接口的概念及基本结构

1. 接口电路的概念

计算机通过外部设备同外部世界通信或交换数据称为"输入/输出"。在微型计算机系统中，常用的外部设备有键盘、鼠标、打印机、显示器等。通常，除了 CPU 和主存外，计算机系统的其他部分都属于外部设备。

外部设备的品种繁多，有机械式、电动式、电子式以及光电式等。外部设备所处理的信息多种多样，它们的输入信号有数字信号、模拟信号、开关信号、电压信号和电流信号等。从工作速度看，不同外部设备处理信息的速度相差悬殊。

计算机要对性能各异的外设进行控制，与它们交换信息，必须在主机与外设间设置一组电路界面，将 CPU 发出的控制信号和数字信号转换成外设所能识别和执行的具体命令；而将外设发送给 CPU 的数据和状态信息转换成 CPU 所能接受的信息。位于主机与外设间并用来协助完成数据传送和控制任务的逻辑电路称为输入/输出（简称 I/O）接口电路，通过接口电路对输入/输出过程起一个缓冲和联络的作用。CPU 对各种外围设备的电路连接及管理驱动程序就是输入/输出技术。

2. 接口电路的分类

各种接口电路总是以解决不同信息之间的交换为目的，从不同角度出发，可以将接口电路分为多种类型。

（1）按接口电路的通用性

按照接口电路的通用性，可以将它们分为专用接口和通用接口。

专用接口是指针对某一种具体外设而设计的接口电路。例如，CRT 显示适配器、键盘控制器、硬盘控制器等。

通用接口是可供多种外设使用的标准接口，它可以连接多种不同的外设。例如，并行输入/输出接口 8255A、中断控制器 8259A 等。

（2）按数据传送格式

按照数据的传送格式，可以将接口电路分为并行接口和串行接口。

并行接口是指接口与系统总线之间、接口与外围设备之间，都按并行方式传送数据。

串行接口是指接口与外围设备之间用串行方式传送数据，但接口与系统总线之间仍按并行方式传送数据。

（3）按接口是否可编程

根据接口是否可以编程，可以分为可编程接口和不可编程接口。

可编程接口是指在不改变接口硬件的情况下，可通过编程修改接口的操作参数，改变接口的工作方式和工作状态，从而提高接口功能的灵活性。

不可编程接口是指接口的工作方式和工作状态完全由接口硬件电路决定，用户不可通过编程加以修改。

（4）按时序控制方式

根据接口的时序控制方式，可以将接口分为同步接口和异步接口。

同步接口是指接口与系统总线之间信息的传送，由统一的时序信号同步控制。接口与外围设备之间可以采取其他时序控制方式。

异步接口是指接口与系统总线之间、接口与外围设备之间的信息传送不受统一的时序信号控制，由异步应答方式传送。

（5）按数据传送速度

所谓的高速、低速是相对于 CPU 读/写速度而言的，根据接口的数据传送速度，可以将接口分为高速接口和低速接口。

3. 接口电路的基本功能

① 数据缓冲功能，通常情况下，外围设备传送信息的速度与 CPU 的工作速度有较大的差异，为了匹配这种差异，接口就要具有数据缓冲功能，在接口电路中设置缓冲器/锁存器，协调两者之间的数据交换以取得同步。

② 转换信息格式，如串并转换、并串转换、配备校验位等。

③ 提供数据传送的控制状态联络信号，一方面，接口电路应能接收 CPU 发来的控制命令，将它转换为外围设备所需的操作命令；另一方面，CPU 应能根据外围设备的不同状态情况，采取相应的措施。

④ 具有译码寻址功能，在具有多台外设的系统中，外设接口必须提供地址译码以及选择设备的功能。为此，接口应具有相应的译码寻址功能。

⑤ 实现电平转换，为使微型计算机系统同外设匹配，接口电路必须提供电平转换和驱动功能。

⑥ 具备时序控制，有的接口电路具有自己的时钟发生器，以满足微型计算机和各种外设在时序方面的要求。

⑦ 具有可编程能力，可编程是指在不改变接口硬件的情况下，通过编程修改接口的参数，改变接口的工作方式和状态，以适应具体的工作要求。

4. 接口电路的基本结构

要使接口电路实现上述功能，接口电路内部一般应设置地址译码器、数据缓冲器、命令寄存器、状态寄存器、简单的控制逻辑，有些接口电路中还可以设置中断控制逻辑或 DMA 控制逻辑。图 4-1 所示是一个简单的外设接口示意图。

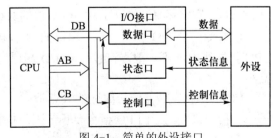

图 4-1　简单的外设接口

CPU 和外设进行数据传输时，各类信息在接口中进入不同的寄存器，因此通常把 I/O 接口电路中能被 CPU 直接访问的寄存器或某些特定器件称为端口。CPU 通过这些端口发送命令，读取状态和传送数据，通常一个接口可有几个端口，如控制端口、状态端口和数据端口。每个端口都

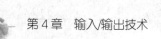

有一个端口地址。接口电路中一般有 3 类端口。

① 数据端口。对来自 CPU 和内存的数据或者送往 CPU 和内存的数据起缓冲作用的数据寄存器。数据输出寄存器锁存 CPU 发出的数据信息，提供给外设；数据输入寄存器暂存由外设传递给主机的数据信息。根据不同的需要，在接口电路中还可以设置不同的数据寄存器，从一个到几十个不等。

② 状态端口。存放外围设备或者接口部件本身的状态的状态寄存器。外设通过状态寄存器存放向 CPU 提供的可查询的外设状态信息，CPU 可通过数据线读回，并根据外设的状态信息采取相应措施。

③ 控制端口。存放 CPU 发出的命令，以便控制接口和设备动作的命令寄存器。命令寄存器接收来自 CPU 的控制命令字，并将它们转换为外设可识别的操作命令。

4.1.2 外设接口的编址方式

CPU 对外设的访问实质上是对外设接口电路中相应的端口进行访问，I/O 端口的编址方式有两种：I/O 端口和存储器统一编址、I/O 端口独立编址。

1. I/O 端口和存储器统一编址

I/O 端口和存储器统一编址方式的硬件结构及地址空间分配如图 4-2 所示。将 I/O 端口看作一个存储单元，和存储器统一编址，存储器和 I/O 端口共用统一的地址空间，I/O 端口占用存储器的一个地址号。

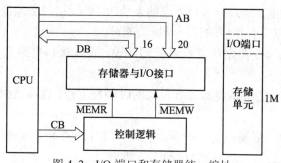

图 4-2 I/O 端口和存储器统一编址

I/O 端口和存储器统一编址的优点是：可以使用任何寻址方式的访存指令来访问 I/O 端口，不需另外设置专门的 I/O 指令。访存指令功能通常比较强，利用访存指令可以直接对 I/O 端口进行算术、逻辑运算，增强了对 I/O 端口的数据处理功能，从而使系统编程比较灵活。相应地，因为没有专门的 I/O 指令，I/O 端口的读/写操作同样由硬件信号 $\overline{\text{MEMR}}$ 和 $\overline{\text{MEMW}}$ 来实现，CPU 控制线中就不需要专门设置对 I/O 端口访问的控制信号 $\overline{\text{IOR}}$ 和 $\overline{\text{IOW}}$，从而使控制信号线减少。

I/O 端口和存储器统一编址的缺点是：I/O 端口占用了一部分内存单元，使内存空间减少。另外，指令长度比专门 I/O 指令要长，因而执行时间较长。

2. I/O 端口独立编址

存储器和 I/O 端口地址空间各自独立编址，即 I/O 端口与存储单元可以有重叠的地址号。

CPU 通过控制信号 $\overline{\text{IOR}}$ 和 $\overline{\text{IOW}}$ 访问 I/O 端口，通过控制信号 $\overline{\text{MEMR}}$ 和 $\overline{\text{MEMW}}$ 访问内存。如图 4-3 所示。对于这种编址方式而专门设置的 I/O 指令，完成端口与 CPU 或存储器之间的信息交换。

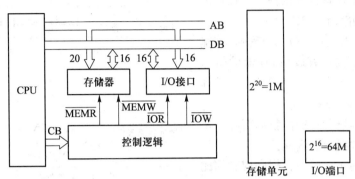

图 4-3 I/O 端口独立编址

Intel 系列机普遍采用 I/O 端口独立编址方式。8086 使用 IN 和 OUT 指令完成 I/O 端口与 CPU 间的数据传送，可支持 8 位或 16 位数据传送及直接或间接寻址的数据访问。

I/O 端口独立编址的优点是：I/O 端口的地址码较短，译码电路简单，输入/输出指令和访问存储器指令有明显的区别，可使程序编制清晰，便于理解；存储器和 I/O 端口的控制结构相互独立，可以分别设计。其缺点是：需要有专用的 I/O 指令，而这些 I/O 指令的功能一般不如存储器访问指令丰富，一般只能对端口进行传送操作，不能对端口进行其他运算处理操作，因此程序设计的灵活性较差。

4.2 CPU 与外设数据的传送方式

当 CPU 与外设进行信息传送时，为了保证传送的可靠性和提高工作效率，有几种不同的传送方式可供选择。按照传送控制方式的不同，通常分为无条件传送方式、程序查询方式、中断控制方式和直接存储器存取（Direct Memory Access，DMA）方式。

4.2.1 无条件传送方式

无条件传送是一种最简单的程序控制传送方式。当程序执行到输入/输出指令时，CPU 不需了解端口的状态，直接进行数据的传送。此方式优点是硬件和软件都最简单；缺点是外设必须随时处于待命状态，并且外设的处理速度必须跟上 CPU 的速度，否则就会出错。因此无条件传送方式只限于时序为已知且固定不变的低速 I/O 接口，或不需要等待时间的 I/O 设备。例如，让数码管显示输出代码时，数码管可随时接收 CPU 所传送的数据，并可立即显示。当 CPU 与外部设备交换数据时，总认为它们处于"就绪"状态，可随时进行数据传送。

无条件传送接口如图 4-4 所示。

在输入时，可认为来自外设的数据已输入至三态缓冲器，此时 CPU 执行 IN 指令，指定的端口地址经地址总线送至地址译码器，并和 M/$\overline{\text{IO}}$、$\overline{\text{RD}}$ 信号相"与"后，选通这个输入接口的三态缓冲器，将输入设备送入接口的数据经数据总线输入至 CPU。

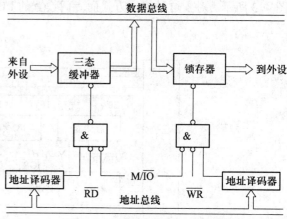

图 4-4　无条件传送接口示意图

在输出时，CPU 执行 OUT 指令，将输出数据经数据总线加到输出锁存器的输入端。指定端口的地址由地址总线送至地址译码器，并和 M/$\overline{\text{IO}}$、$\overline{\text{WR}}$ 信号相"与"，选通该输出接口的锁存器，将输出数据暂存于锁存器，再由它把数据输出到外设。

无条件传送的接口电路和程序控制都比较简单，但有它特殊的应用条件：输入时外设必须准备好数据，输出时接口锁存器必须为空，即接口和 I/O 设备在无条件传送时必须保持"就绪"状态。

4.2.2　程序查询方式

程序控制下的查询传送方式，又称条件传送方式或异步传送方式。它在执行输入/输出操作之前，需通过测试程序对外部设备的状态进行检查。在所选定的外设准备"就绪"后才开始进行输入/输出操作。

1. 查询式输入

在输入时，CPU 必须了解外设的状态，看外设是否准备好。接口部分除了有数据传送的端口以外，还必须有传送状态信号的端口，其电路如图 4-5 所示。

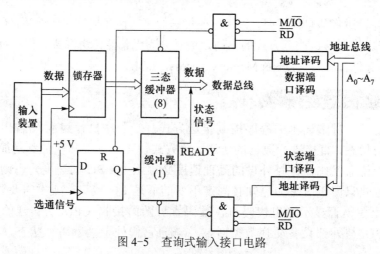

图 4-5　查询式输入接口电路

当输入设备的数据已准备好后，便发出一个选通信号，一边把数据送入锁存器，一边使 D 触发器为"1"，给出"准备好"（READY）的状态信号。数据信号与状态信号必须由不同的端口输至 CPU 数据总线。当 CPU 要由外设输入信息时，先输入状态信息，检查数据是否已准备好，确认准备就绪后，才输入数据，同时读入数据的指令使状态信息清"0"。

读入的数据是 8 位或 16 位的，而读入的状态信息往往是 1 位的，如图 4-6 所示。因此，不同外设的状态信息可以使用同一个端口，而只要使用不同的位就可以了。

查询输入方式的程序流程图如图 4-7 所示。

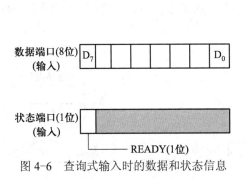

图 4-6 查询式输入时的数据和状态信息   图 4-7 查询式输入程序流程图

查询式输入的相应程序段为：

```
NEXTIN: IN      AL,STATUS_PORT    ; 从状态口输入状态信息
        TEST    AL,80H            ; 测试标志位是否为 1
        JZ      NEXTIN            ; 未就绪，继续查询
        IN      AL,DATA_PORT      ; 从数据端口输入数据
```

2. 查询式输出

当有信息输出时，与查询输入一样，CPU 必须了解外设此时的状态。若外设有空，则执行输出指令，否则就继续查询，直至有空为止。因此，查询式输出方式的接口电路同样必须包含状态信息端口。具体接口电路如图 4-8 所示。

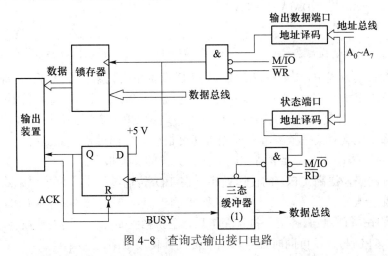

图 4-8 查询式输出接口电路

当输出设备将 CPU 要输出的数据输出后，会发出一个 ACK 信号，使 D 触发器翻转为 0，也

就是使 BUSY=0，当 CPU 查询到这个状态信息后，便知道外设空闲，可以执行输出指令，将新的输出数据发送到数据总线上，同时把数据口地址发送到地址总线上。由地址译码器产生的译码信号和 M/$\overline{\text{IO}}$ 及 $\overline{\text{WR}}$ 相"与"后，发出选通信号，将输出数据送至 8 位锁存器。同时，将 D 触发器置为 1，通知外设可以进行数据输出操作，同时告知 CPU 外设正在 BUSY=1，阻止 CPU 输出新的数据。

输出的数据为 8 位，而读入的状态信息为 1 位，其对应数据和状态信息如图 4-9 所示。与查询式输入一样，对多个外设可使用同一端口来存放状态信息，但使用的位不同。图 4-10 所示为查询式输出程序流程图。

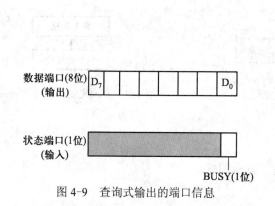

图 4-9　查询式输出的端口信息

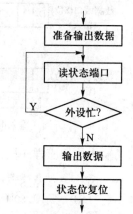

图 4-10　查询式输出程序流程图

查询式输出的相应程序段为：

```
NEXTOUT:    IN      AL,STATUS_PORT      ; 从状态口输入状态信息
            TEST    AL,01H              ; 测试标志位 D0
            JNZ     NEXTOUT             ; 未就绪，继续查询
            MOV     AL,BUF              ; 从缓冲区 BUF 取数据
            OUT     DATA_PORT,AL        ; 从数据端口输出
```

4.2.3　中断控制方式

在程序查询传送方式中，由于 CPU 要等待 I/O 设备完成数据传输任务，故在此期间，CPU 需要不断查询输入/输出设备的状态。若外设没准备好，CPU 就必须等待，且不能干其他工作，CPU 与外设之间是一种交替进行的串行工作方式。这对 CPU 资源的使用造成很大浪费，使整个系统性能下降。尤其对某些数据输入或输出速度很慢的外部设备，如键盘、打印机等更是如此。如果 CPU 对这些设备不需要等待，则可执行大量的其他指令。

为弥补这种缺陷，提高 CPU 的使用效率，在 I/O 传输过程中，可采用中断传输机制。即 CPU 平时可以忙于自己的事务，当外设有需要时可向 CPU 提出服务请求；CPU 响应后，转去执行中断服务程序；待中断服务程序执行完毕后，重新回到断点，继续处理被临时中断的事务。在这种情况下，CPU 与外设可同时工作，大大提高其使用效率。

图 4-11 所示为中断传送方式下的输入接口电路。图中的数据寄存器由 8 位锁存器与 8 位三

84

态缓冲器构成。当输入装置准备"就绪"后，发出选通信号，将数据存入锁存器，并使 D 触发器翻转为 1。若此时允许中断（中断允许触发器置为 1），则产生一个中断请求信号 INTR。CPU 响应此中断后，暂停现在的工作，转入中断服务程序，执行数据输入的指令，并将中断请求标志复位，待中断处理结束后，返回断点处继续执行原来的任务。

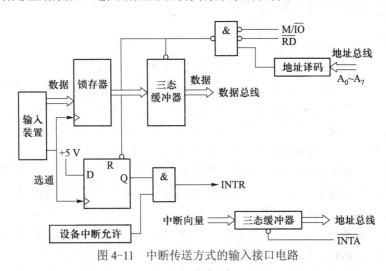

图 4-11　中断传送方式的输入接口电路

中断传送方式中 CPU 与 I/O 设备的关系是 I/O 主动，CPU 被动，即 I/O 操作由 I/O 设备启动。在这种传送方式中，中断服务程序必须是预先设计好的，且其程序入口地址已知，调用时间则由外部信号决定。中断传送的显著特点是：能节省大量的 CPU 时间，实现 CPU 与外设并行工作，提高计算机的使用效率，并使 I/O 设备的服务请求及时得到处理。可适应于计算机工作量饱满，且实时性要求又很高的系统。但这种控制方式的硬件比较复杂，软件开发与调试也相应比程序查询方式困难。

4.2.4　DMA 方式

在前几种传送方式中，所有传送均通过 CPU 执行 I/O 指令来完成，需要程序控制。而每条指令均需要取指时间和执行指令时间，无形当中降低了数据交换速度。况且 CPU 的指令系统仅支持 CPU 与存储器，或者 CPU 与外设间的数据传送，当外设与存储器交换数据时，需要利用 CPU 做中转，实际上这一步是不必要的。此外，由于传送多数是以数据块的形式进行的，这种传送还伴随着地址指针的改变，以及传送计数器的改变等附加操作，使得传输速度进一步降低。为解决这个问题，减少不必要的中间步骤，可采用 DMA 传送方式。

DMA 方式，即在外设与存储器间传送数据时，不需要通过 CPU 中转，由专门的硬件装置 DMA 控制器（DMAC）即可完成。由于这种传送是在硬件控制下完成，不需 CPU 的介入，故具有较高的工作效率。

与上述几种传送方式比较，DMA 方式的主要优点是传输速度高，适用于批量数据高速传输的外部设备，如硬盘和内存间交换数据。缺点是需要专门的 DMA 控制器，成本较高。

4.3　中断技术

4.3.1　中断的基本概念

1. 中断的定义

中断是 CPU 与外部设备交换信息的一种方式。计算机在执行正常程序的过程中，当出现某些异常事件或某种外部请求或由程序的预先安排时，处理器就暂时中断正在执行的正常程序，而转去执行对异常事件或某种外设请求的处理操作或为预先安排的事件服务的程序中去。当处理完毕后，CPU 再返回到被暂时中断的程序，接着往下继续执行，这个过程称为中断。

通常，中断是由外部设备通过 CPU 的中断请求线（如 INTR）向 CPU 提出的。在满足一定条件时，CPU 响应中断请求后，暂停原程序的执行，转至为外设服务的中断处理程序。中断处理程序可以按照所要完成的任务编写成与过程类似的子程序。在子程序最后执行一条中断返回指令（如 8086 的 IRET）返回主程序，继续执行被打断的原程序。

这种由外部设备请求引起的中断称为外部中断。此外，还有由内部引起的中断，如执行中断指令、除数为 0 的错误、算术运算溢出等，这些统称为内部中断。

中断是用以提高计算机工作效率的一种手段，能较好地发挥处理器的能力。通常，处理器的运算速度相当高，一条指令的平均执行时间均为微秒级，然而，外部设备的运行速度却较低，即使传送数据较快的磁盘，其平均查找时间也只能是毫秒级，因此，快速的 CPU 与慢速的外部设备在传送数据的速率上存在着矛盾。为了提高输入/输出数据的吞吐率，现代微型机均配有中断处理功能，这样，仅当外部设备完成一个输入/输出操作后才向 CPU 请求中断。CPU 在中断处理程序中完成外设请求的操作（如启动该外部设备工作）后，便返回原程序继续执行下去。与此同时，外部设备在接收到 CPU 自中断处理程序中发出的命令后，便依自己的控制规律执行相应的输入/输出操作，任务完成后会再次向 CPU 发出中断请求。所以采用中断技术后，CPU 在大部分时间内与外部设备并行工作，工作效率大大提高。正因为如此，中断处理功能在输入/输出技术中得到非常广泛的应用。如键盘的字符输入操作，打印机的字符输出操作及采集模拟量信号的 A/D 转换结果等都要用到中断。

中断技术对实时微机控制系统来说，是作为 CPU 实时控制外部设备的一种有效手段。例如，由于实时控制的要求，不仅需要时刻监测过程参数是否正常，而且要对生产过程进行有效的控制，这时便可采用中断技术，CPU 可周期性地进行过程参数监测、运算和控制输出。一旦某过程参数出现异常，便向 CPU 发出要求报警处理的中断请求信号，CPU 响应中断后就可进行紧急处理，从而达到实时处理的目的。

中断技术也广泛用来进行应急事件的处理，如电源掉电、硬件故障、传输错、存储错、运算错及操作面板控制等均需采用中断技术。

因此，计算机中断处理功能的强弱，是反映其性能好坏的一个主要指标。

2. 中断的处理过程

虽然不同微型计算机的中断系统有所不同，但实现中断时有一个相同的中断过程。中断的处理过程一般有以下几步：中断请求、中断响应、中断服务和中断返回。下面以 8086 CPU 为例介绍。

（1）中断请求

当外部设备要求 CPU 为其服务时，发出一个中断请求信号给 CPU 进行中断申请，CPU 在执行完每条指令后都要检测中断请求输入线，看是否有外部发来的中断请求信号，是否响应取决于 CPU 允许中断还是禁止中断。若允许中断，则用 STI 开中断指令打开中断触发器 IF；若禁止中断，则用 CLI 关中断指令关闭中断触发器 IF。有中断请求但未被允许称为中断屏蔽。这种用软件指令来控制中断的开和关，给程序的设计带来了很大方便，使重要的程序段不被外来的中断请求所打断。例如，在实时控制系统的数据采集程序过程中，不希望被外来的中断请求所打扰，可用一条 CLI 指令来禁止干扰。在完成数据采集之后，在程序后面写一条 STI 指令，允许 CPU 响应外部的中断请求。

（2）中断响应

当 CPU 检测到外部设备有中断请求时，即 INTR 高电平有效，CPU 又处于允许中断状态，则 CPU 就进入中断响应周期。在中断响应周期中，CPU 自动完成如下操作。

① 连续发出两个中断响应信号 $\overline{\text{INTA}}$，完成一个中断响应周期。

② 关中断。CPU 一旦响应中断，便要立即将 IF 位清零，以避免在中断过程中或进入中断服务程序后受到其他中断源的干扰，只有中断处理程序中出现开中断指令 STI 时，才允许 CPU 接收其他设备的中断请求。

③ 保护处理的现行状态，即保护现场。保护现场的工作包括将断点地址及程序状态字 PSW（即 FLAGS 内容）压入堆栈。所谓断点是指 CPU 响应中断前，指令指针 IP 及代码段寄存器 CS 中所保留的下一条指令的地址。程序状态字是现行程序运行结果产生的状态标志和控制标志，在执行中断处理程序前，通过内部硬件自动将断点地址及 PSW 压入堆栈保存起来，从而保证当中断处理程序执行完后能返回到原程序。

④ 在中断响应周期的第 2 个总线周期中，读取中断类型号，找到中断服务程序的入口地址，自动将程序转移到该中断源设备中断处理程序的首地址，即将中断处理程序所在段的段地址及第一条指令的有效地址分别装入 CS 及 IP，一旦装入完毕，中断处理程序就开始执行。

从 CPU 响应中断请求到中断现行程序，并将程序转移到中断处理程序首地址的过程称为中断响应过程。不同的计算机，在中断响应期间所完成的功能基本类似，但实现方法不尽相同。

（3）中断服务

所谓中断服务程序，就是为实现中断源所期望达到的功能而编写的程序。例如，有的中断源希望与 CPU 交换数据，则在中断服务程序中主要进行输入/输出操作；有的外设提出中断申请，是希望 CPU 给予控制，那么中断服务程序的主要内容是发出一系列控制信号。

中断服务程序一般由 4 个部分组成：保护现场、中断服务程序、恢复现场和中断返回。所谓保护现场，是因为有些寄存器可能在主程序被打断时存放有用的内容，为了返回后不破坏主程序在断点处的状态，应将有关寄存器的内容压入堆栈。当然，中断服务程序用不到的寄存器不必入栈保护。恢复现场是指中断服务程序完成后，把原压入堆栈的寄存器内容再弹回到 CPU

相应的寄存器中。有了保护现场和恢复现场的操作，就可保证在返回断点后，正确无误地继续执行原被打断的程序。中断服务程序是中断处理程序的核心部分，由于 CPU 在响应中断时自动关中断，若允许 CPU 响应新的更高级的中断请求，则在保护现场后或恢复现场后加一条开中断指令。有的在中断服务执行完后，还要发出中断结束（EOI）命令，中断处理程序的最后是一条中断返回指令（IRET）。

（4）中断返回

中断服务程序结束，执行中断返回指令 IRET，使原先压入堆栈的断点值及程序状态字弹回到 CS、IP 和 FLAGS 中去，继续执行原程序。

从上述过程可以看出，CPU 处理一个中断时，不论该中断是可屏蔽中断 INTR 或不可屏蔽中断 NMI，还是软件中断，其现场保护是一样的，并且都需要从中断向量表获取中断向量，也都需要执行中断返回等。

3. 中断源、中断识别及其优先级

所谓中断源，是指发出中断申请的外部设备或引起中断的内部原因。CPU 响应中断后，如何知道是哪一种中断源引起来的中断，即找到发出中断申请的中断源，这就是所谓的中断识别。中断识别的目的是要形成该中断源的中断服务程序的入口地址，以便 CPU 将该地址装入 CS 和 IP 寄存器中，从而实现程序的转移。CPU 识别中断或获取中断服务程序入口地址的方法有两种：向量中断和程序查询。

向量中断：CPU 响应中断时，发出中断响应信号 $\overline{\text{INTA}}$，由中断控制器（如 8259A）送出中断类型号，CPU 根据中断类型号从中断向量表中找到中断服务程序的入口地址，该中断称为向量中断。由于采用硬件结构提供中断向量，CPU 不需要花费时间去查询状态位，响应中断的速度较快，故目前采用此法处理较多。

查询中断：指采用软件查询方法来确定发出中断申请的中断源。采用此法时，用户首先应确定中断源的优先级，查询的次序即为优先权的次序。采用查询法的优点是硬件简单，程序层次分明，优先级高的先查询。主要缺点是，从 CPU 响应中断开始到将程序转移到相应外设服务程序的时间相对稍长。故此法一般用于中断源较少、实时性要求不是很高的场合。

当多个中断源共用一条中断请求线时，若多个中断源同时申请中断，CPU 究竟首先响应哪一个中断源的中断申请，这是一个响应次序的问题。一般来说多级中断的每条中断线（如 8086 的 INTR 和 NMI）具有固定的（系统规定的）优先权。而对于一条中断线上的不同中断源可由用户规定其优先级。因为在实际应用中，需要处理的中断事件的紧急程度是有区别的。例如电源出故障，就需要优先处理，又如对快速外部设备要比慢速外部设备优先处理。因此，把多个中断源根据轻重缓急，按优先处理权从高到低的顺序排列，这些高低级别排列被称为中断优先级。

CPU 处理中断的一般原则是：

① 不同优先级的中断同时发生时，按优先级别高低依次处理。

② 当 CPU 在处理优先级别低的中断过程中，又出现优先级别高的中断请求，应立即暂停低优先级中断的处理程序而去优先处理优先级高的中断。等优先级高的中断处理完毕后，

再返回接着处理低优先级的原来未处理完的程序。这种中断处理方式称为多重中断或中断嵌套。

③ 处理某一中断的过程中,若出现比其优先级别低的或同优先级的中断请求,则应处理完当前的中断后,再接着响应新的中断请求。

④ 中断优先级相同的不同设备同时请求中断时,则按事先规定的次序逐个处理。

4. 中断向量

（1）中断向量与中断向量表

CPU 响应中断后,中断源提供地址信息,由地址信息对程序的执行进行导向,引导到中断服务程序中去,故把该地址信息称为中断向量。因此,中断向量就是中断服务程序的入口地址,或者称为中断服务程序入口的实际内存地址。它包括中断服务程序的段基地址 CS 和偏移地址 IP。每一个中断服务程序都有一个唯一的确定的入口地址,人们把系统中所有的中断向量集中起来存放到存储器的某段区域内,这个存放中断向量的存储区就叫中断向量表。8086 CPU 以存储器的 00000H~003FFH 共 1 024 个单元作为中断向量存储区,由于每个中断向量占用 4 个字节存储单元,故这个中断向量表可存放 256 个中断类型的中断向量。也就是说,8086 CPU 的中断系统最多能处理 256 个中断源。

（2）中断向量指针与中断类型号

为了便于在中断向量表中找到中断向量（即中断服务程序的入口地址）,通常设置一种指针,用来指出中断向量存放在中断向量表的具体位置,它实际上就是中断向量的地址。这个指针在 x86 系列中断系统中是根据中断类型号而得到的,一般是将中断类型号 N 乘以 4,得到中断向量的最低字节（即存放 IP 的低 8 位）的指针,即向量地址= 000:N×4,从上述地址开始连续 4 个单元中存放中断向量。例如 INT 13H,它的中断向量为 0070H: 0FC9H,当处理中断时,CPU 根据中断类型号 13H 乘以 4 后得到中断向量的第 1 个字节的指针,即 13H×4 = 004CH。从 004CH 开始连续 4 个单元中用来存放 INT 13H 的中断向量,即（004CH）= C9H,（004DH）= 0FH,（004EH）= 70H,（004FH）= 00H。

（3）中断向量的装入

中断向量并非常驻内存,而是开机上电时,由程序装入指定的存储区内。BIOS 程序只负责中断类型号 00H~1FH 共 32 种中断的中断向量的装入。用户若想使用软中断,或者编写新的中断服务程序代替旧的中断服务程序,则要将新的中断服务程序入口地址装入中断向量指针所指定的中断向量表中。下面举例说明填写中断向量表常用的 3 种方法。

① 采用 MOV 指令填写中断向量表。例如,假设中断类型号为 60H,中断服务程序的段地址为 SEG_INT,偏移地址是 OFFSET_INT,则填写中断向量的程序段为:

```
CLI
CLD
MOV   AX,0
MOV   ES,AX
MOV   DI,4*60H            ; 中断向量指针—>DI
MOV   AX,OFFSET_INT       ; 中断服务程序偏移地址—>AX
STOSW                    ;AX—> [DI][DI+1], DI+2
```

```
MOV    AX,SEG_INT                    ; 中断服务程序的段基地址—>AX
STOSW                                ; AX—> [DI+2][DI+3]
STI
```

② 将中断服务程序的入口地址直接写入中断向量表中，其程序段为：

```
MOV    AX,0
MOV    ES,AX
MOV    BX,4*60H                      ; 中断类型号×4—>BX
MOV    AX,OFFSET_INT                 ; 中断服务程序偏移地址—>AX
MOV    ES:[BX],AX                    ; 装入偏移地址
MOV    AX,SEG_INT                    ; 中断服务程序的段基地址—>AX
MOV    ES:[BX+2],AX                  ; 装入段地址
```

③ 采用 DOS 功能调用 INT 21H，功能号 AH = 25H，装入中断向量，其程序段为：

```
MOV    AL,N                          ; 中断类型号为 N
MOV    AH,25H
MOV    DX,SEG_INT
MOV    DS,DX                         ; DS 存放中断服务程序段基地址
MOV    DX,OFFSET_INT                 ; DX 存放中断服务程序偏移地址
INT    21H
```

以上 3 种方式中，第 3 种方式比较简便、实用，在程序中大多数采用第 3 种方式来填写中断向量。

4.3.2 8086 中断系统

8086 CPU 有一个强有力的中断处理系统，能处理 256 种不同的中断类型，且处理方法简便、灵活。

1. 8086 的中断系统结构

（1）中断源的类型

8086 的 256 种中断源类型分为两大类：外部中断和内部中断。图 4-12 所示为 8086 的中断系统结构情况。

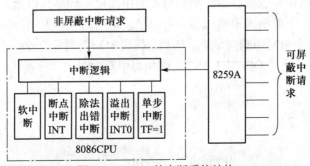

图 4-12 8086 的中断系统结构

外部中断是由外部硬件中断源引起的中断。共有两条外部中断请求线：INTR 和 NMI。

由 INTR 信号线请求的中断称为可屏蔽中断,它受 IF 标志位的影响和控制。当 IF 被软件(即 STI 指令)置 1 时,表明可屏蔽中断被允许,CPU 可以响应此中断;当 IF 被软件(即 CLI 指令)置 0 时,表明此中断被禁止,即 CPU 不响应可屏蔽中断。8086 系统中,可屏蔽中断源产生的中断请求信号,通常都通过 8259A 中断控制器进行优先权控制后,由 8259A 向 CPU 送中断请求信号 INTR 和中断类型号。

由 NMI 信号线请求的中断称为非屏蔽中断,它是不能被 IF 标志禁止的中断。通常用于处理应急事件,如电源掉电等。非屏蔽中断源产生的中断请求信号直接送 CPU 的 NMI 引脚。

内部中断也分两类,其一是在系统运行程序时,内部硬件出错(如内存奇偶校验错)或某些特殊事件发生(如除数为零、运算溢出或单步跟踪及断点设置等)引起的中断,称为内部硬件中断;其二是 CPU 执行软件中断指令 INT n 引起的中断,称为软中断。所有的内部中断都是非屏蔽的。

(2)PC/XT 的中断向量表

中断向量表如图 4-13 所示,也称中断指针表,用来按中断类型号顺序存放 256 种中断源对应的中断服务程序的首地址。每个中断类型号对应一个 4B 的存储区,用来存放 32 位的中断向量(中断服务程序首地址)。其中段基址 CS 值存放在高地址字中,而段内偏移地址存放在低地址字中。中断类型号乘以 4(即左移两位)即为相应中断类型号对应的向量地址。

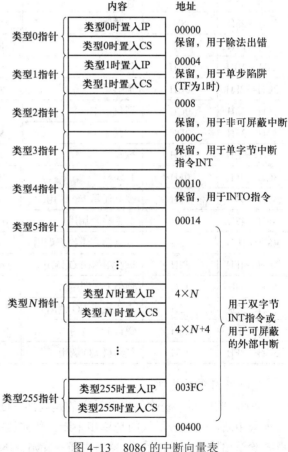

图 4-13 8086 的中断向量表

256 种中断类型,共有 256 个中断向量,需占用 1KB 的存储空间。通常,系统的内存最低端 00000H~003FFH 处设置一张中断向量表,专门用来存放 256 种中断所对应的中断向量。

中断向量表中,类型号为 0、1、3、4 的中断分别称为除法出错中断、单步中断、断点中断和溢出中断。它们都是内部硬件中断,且属专用中断,其中断指针(向量地址)是固定的,用户不得修改。类型 2 为非屏蔽中断,也属专用中断,类型 5 开始的 27 个中断指针,Intel 公司规定它们为保留的中断指针。类型 32~255 的 224 个中断指针可供用户使用。

对于 PC/XT 机,类型 8H~1FH 分配给 ROM BIOS 程序使用,其中类型 08H~0FH 为外部可屏蔽中断。类型 20H~F0H 分配给 BASIC 和 DOS 使用,其中类型 60H~67H 为用户可使用的软件中断。但实际上从类型 40H~7FH,PC/XT 机系统均未使用,故也可供用户作软件中断使用。IBM PC/XT 机的中断向量表见表 4-1。

表 4-1　PC/XT 的中断向量表

地　　址	类 型 号	中 断 名 称	地　　址	类 型 号	中 断 名 称
00H～03H	0H	除法出错	60H～63H	18H	常驻 BASIC 入口
04H～07H	1H	单步	64H～67H	19H	引导程序入口
08H～0BH	2H	不可屏蔽	68H～6BH	1AH	时间调用
0CH～0FH	3H	断点	6CH～6FH	1BH	键盘 CTRL-BREAK 控制
10H～13H	4H	溢出	70H～73H	1CH	定时器报时
14H～17H	5H	打印屏幕	74H～77H	1DH	显示器参数表
18H～1BH	6H	保留	78H～7BH	1EH	软盘参数表
1CH～1FH	7H	保留	7CH～7FH	1FH	字符点阵结构参数
20H～23H	8H	定时器	80H～83H	20H	程序结束，返回 DOS
24H～27H	9H	键盘	84H～87H	21H	系统功能调用
28H～2BH	0AH	保留	88H～8BH	22H	结束地址
2CH～2FH	0BH	通信口 2	8CH～8FH	23H	CTRL-BREAK 退出地址
30H～33H	0CH	通信口 1	90H～93H	24H	标准错误出口地址
34H～37H	0DH	硬盘	94H～97H	25H	绝对磁盘读
38H～3BH	0EH	软盘	98H～9BH	26H	绝对磁盘写
3CH～3FH	0FH	打印机	9CH～9FH	27H	程序结束，驻留内存
40H～43H	10H	视频显示 I/O 调用	A0H～FFH	28H～3FH	为 DOS 保留
44H～47H	11H	装置检查调用	100H～17FH	40H～5FH	保留
48H～4BH	12H	存储器容量检查调用	180H～19FH	60H～67H	为用户软中断保留
4CH～4FH	13H	软盘/硬盘/I/O 调用	1A0H～1FFH	68H～7FH	不用
50H～53H	14H	通信 I/O 调用	200H～217H	80H～85H	BASIC 使用
54H～57H	15H	盒式磁带 I/O 调用	218H～3C3H	86H～F0H	BASIC 运行时解释
58H～5BH	16H	键盘 I/O 调用	3C4H～3FFH	F1H～FFH	未用
5CH～5FH	17H	打印机 I/O 调用			

（3）中断的优先级

8086 的中断系统中优先级最高的是内部中断（单步中断除外），其次是外部非屏蔽中断和可屏蔽中断，优先级最低的是单步中断。优先级按从高到低的顺序排列为：

除法出错中断→INT n→溢出中断→NMI→INTR→单步中断

2. 内部中断

（1）内部硬件中断

如前所述，这类中断是在系统运行程序时硬件出错或某些特殊事件发生而引起的中断，它们均属专用中断，其类型号为 0、1、3、4。

① 0 号中断：除数零。当 CPU 执行 DIV 或 IDIV 除法指令时，若所得商大于规定的目

标操作数所能表示的数值范围，便产生 0 号中断，故此中断称为除法出错中断，或除数为 0 中断。

② 1 号中断：单步执行。只要 TF 标志置 1，8086 CPU 就处于单步工作方式，即每执行完一条指令后便产生一次 1 号中断，也称单步中断。在单步中断处理程序中，可安排显示或打印一条指令执行之后有关寄存器的内容、指令指针 IP 的内容、状态标志的情况及有关存储器变量的情况等。因而单步方式是作为进行调试目标代码程序的重要手段之一，能跟踪程序的具体执行过程，方便地找到出现故障之处。

③ 3 号中断：断点处理。它是由单字节中断指令（INT 3，简写为 INT）引起的中断。该单字节中断指令能方便地用来设置程序断点，即程序中凡是插入 INT 指令之处，便是程序断点。在遇到程序断点（INT 指令）时，CPU 便自动执行 3 号中断（即断点中断），转入相应的中断处理程序。须指出的是，系统并未提供断点中断服务程序，通常由实用软件支持，如 DEBUG 的 G 命令最多允许设置 10 个断点，以便在断点处进行寄存器内容及存储单元内容的显示、打印。这样程序员即可分析该断点之前一段程序执行得是否正确、是否要修改等。断点工作方式也是程序调试的重要手段之一。

④ 4 号中断：溢出中断。在算术运算指令之后加写一条 INTO 指令，即当算术运算之后有溢出（OF＝1）时便自动产生一次溢出中断。在溢出中断处理程序中可对溢出问题进行有效的处理。

（2）软件中断

软件中断即由中断指令 INT n 引起的中断。指令长度为双字节，第 1 个字节为指令操作码 CDH，第 2 个字节为指令操作数 n，称软中断号。256 级中断中大部分为这类中断，其中有些类型号已为系统软件（如 BIOS、BASIC 和 DOS）所用，并形成一系列可供用户调用的专用程序。另外还有相当一部分这类中断可供用户使用。用户可根据需要在程序适当地方插入 INT n 指令，以便将程序转入相应的处理程序，完成特定的操作后再返回原来的程序继续执行。

（3）内部中断的处理过程及特点

内部中断（包括内部硬件中断和软件中断）的处理过程如下。

① 程序状态字（标志寄存器内容）压入堆栈：

$(SP)-2\longrightarrow(SP)$
$(PSW)\longrightarrow((SP)+1,(SP))$

② 断点地址压入堆栈：

$(SP)-2\longrightarrow(SP)$
$(CS)\longrightarrow((SP)+1,(SP))$
$(SP)-2\longrightarrow(SP)$
$(IP)\longrightarrow((SP)+1,(SP))$

③ IF、TF 标志位清零，禁止可屏蔽中断和单步中断。

④ 根据中断类型号计算出中断向量地址，并从中断向量表找到相应的中断服务程序的入口地址：

$(4*N)\quad\longrightarrow(IP)$
$(4*N+2)\longrightarrow(CS)$

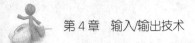

其中，N 为中断类型号。

⑤ 执行中断处理程序。这主要包括保护现场、中断服务和恢复现场等操作。

⑥ 执行中断返回指令 IRET，将程序返回断点处继续执行原程序。

$$((SP)+1,(SP))\longrightarrow(IP)$$
$$(SP)+2\longrightarrow(SP)$$
$$((SP)+1,(SP))\longrightarrow(CS)$$
$$(SP)+2\longrightarrow(SP)$$
$$((SP)+1,(SP))\longrightarrow(PSW)$$
$$(SP)+2\longrightarrow(SP)$$

综上所述，8086 系统的内部中断不需要 CPU 发出中断响应信号 $\overline{INTA}$，也不需要执行中断响应周期。它们的中断类型号要么由指令指定，要么是预先规定好的。除单步中断可由软件禁止，且中断优先级是最低外，其余内部中断都不可用软件禁止，且中断优先级都比外部中断高。

3. 外部中断

外部中断是由外部设备接口电路根据外部设备需要发出实时中断请求而引起的，分为不可屏蔽中断和可屏蔽中断两种。

（1）不可屏蔽中断

不可屏蔽中断为 2 号中断，在 NMI 引脚有一个从低到高的上升沿触发有效。它的特点是 CPU 不能用指令 CLI 来加以禁止的外部中断，而且一旦出现此中断请求，CPU 必须立即响应，转到服务程序中去。因此，它常用于紧急情况的故障处理，也属专用中断。在个人计算机中，RAM 奇偶校验出错、I/O 通道校验出错和协处理器 8087 运算出错都能够产生不可屏蔽中断 NMI。此中断的处理过程同内部中断。

（2）可屏蔽中断

可屏蔽中断是可以用软件禁止的中断，在 INTR 引脚上高电平有效。可用软件对中断控制器设置某些屏蔽参数禁止指定的某些中断；也可直接使用关中断指令 CLI 禁止 CPU 响应所有可屏蔽外部中断。

通常，外部设备及其接口电路产生的实时中断请求信号，按系统设置的优先级依次与中断控制器的中断请求线 $IR_0 \sim IR_7$ 相连。因而，硬件连接一旦确定，各中断源的优先级也就确定了，一般不必通过软件对其修改。

在 IBM 系列计算机中，规定中断类型号 08H～0FH 为外部可屏蔽中断。

可屏蔽中断的响应和处理过程如图 4-14 所示。

① CPU 要响应可屏蔽请求必须满足一定的条件，即中断允许标志位置 1（IF＝1），没有内部中断，没有不可屏蔽中断（NMI＝0），没有总线请求（HOLD＝0）。

② 当某一外部设备通过其接口电路向中断控制器 8259A 发出中断请求信号时，经 8259A 处理后，得到相应的中断类型号，并同时向 CPU 提出申请中断，即 INT＝1。

③ 如果现行指令不是 HLT 或 WAIT 指令，则 CPU 执行当前指令后便向 8259A 发出中断响应信号（$\overline{INTA}$＝0），表明 CPU 响应该可屏蔽中断请求。

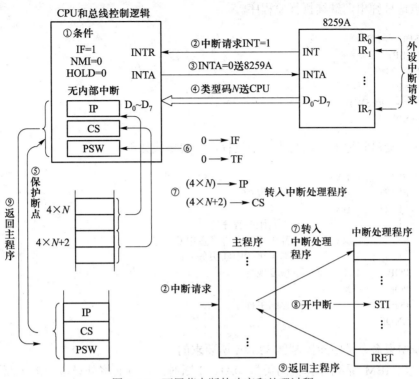

图 4-14　可屏蔽中断的响应和处理过程

④ CPU 发出两个 $\overline{\text{INTA}}$ 负脉冲，进入两个总线周期，8259A 在第 2 个总线周期中，即第 2 个负脉冲 $\overline{\text{INTA}}$ 期间，通过数据总线将中断类型号送 CPU。

⑤ 断点保护。将标志寄存器 PSW、当前段寄存器 CS 及指令指针 IP 的内容压入堆栈。

$(SP) -2 \longrightarrow (SP)$
$(PSW) \longrightarrow ((SP)+1,(SP))$
$(SP) -2 \longrightarrow (SP)$
$(CS) \longrightarrow ((SP)+1,(SP))$
$(SP) -2 \longrightarrow (SP)$
$(IP) \longrightarrow ((SP)+1,(SP))$

⑥ 清除 IF 及 TF 位（IF = 0，TF = 0），以便禁止响应可屏蔽中断和单步中断。

⑦ 根据 8259A 向 CPU 送来的中断类型号 N 求得中断向量，从中断向量表中获得相应中断处理程序的入口地址（段内偏移地址和段地址），并将其分别置入 IP 及 CS 寄存器中。

$(4*N) \longrightarrow (IP)$
$(4*N+2) \longrightarrow (CS)$

一旦中断处理程序的 32 位入口地址置入 IP 及 CS 中，程序就被转入并开始执行中断处理程序。

⑧ 与内部中断一样，中断处理程序一般包括保护现场、中断服务、恢复现场等部分。同时，为了能够处理多重中断，还可在中断处理程序的适当地方加入开中断指令 STI。

⑨ 中断处理程序执行完毕，最后执行一条中断返回指令 IRET，将原压入堆栈的标志寄存

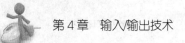

器内容及断点地址弹出，继续执行原程序。

```
((SP)+1,(SP))—>(IP)
(SP)+2—>(SP)
((SP)+1,(SP))—>(CS)
(SP)+2—>(SP)
((SP)+1,(SP))—>(PSW)
(SP)+2—>(SP)
```

可屏蔽中断处理程序通常编写为一个过程，一般格式如下：

```
INTR1   PROC    FAR
        PUSH    AX          ; 保护现场
        PUSH    BX
         ⋮                  ; 中断服务程序
        STI                 ; 开中断，允许多重中断
         ⋮                  ; 继续执行中断服务
        POP     BX          ; 恢复现场
        POP     AX
        IRET                ; 返回主程序
INTR1   ENDP
```

其中，发中断结束命令是中断控制器 8259A 所要求的。

当用户使用 IBM 系列计算机的类型 0AH 中断时，一方面将外设接口的中断请求信号与 8259A 的 IR_2 引脚相连，另一方面要根据中断类型号 0AH 求出中断向量地址，并把中断处理程序入口地址（中断向量）填写到中断向量表中，即有如下程序段：

```
MOV   AX,0              ; 向量表地址为 0
MOV   ES,AX
MOV   DI,0AH*4          ; 向量地址送 DI
MOV   AX,OFFSET INTR1   ; 中断处理程序偏移地址
CLD
STOSW
MOV   AX,SEG INTR1      ; 中断处理程序段地址
STOSW
```

4.3.3 8259A 中断控制器

1. 8259A 的外部特性和内部结构

8259A 能与 8086 等多种微处理器芯片组成中断控制系统。作为这些微处理机外部中断的一个控制器，它可以允许有 8 个外部中断源输入，直接管理 8 级中断，能用软件屏蔽中断请求输入，通过编程可选择多种不同的工作方式，以适应不同的应用场合。在 CPU 响应中断周期中，8259A 会自动送出中断向量或中断类型号，保证 CPU 实现快速的向量中断。8259A 控制器还可以实行两级级联工作，最多可用 9 片 8259A 级连管理 64 个中断。

（1）8259A 芯片引脚

8259A 为 28 脚双列直插式，外部引脚如图 4-15 所示。各引脚功能见表 4-2。

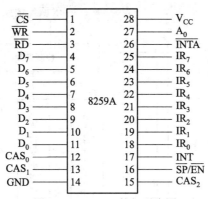

图 4-15 8259A 外部引脚图

表 4-2 8259A 引脚定义及功能

引脚名称	引脚号	输入/输出	功 能
$\overline{CS}$	1	输入	片选，低电平有效
$\overline{RD}$	3	输入	读信号，低电平有效
$\overline{WR}$	2	输入	写信号，低电平有效
$D_7 \sim D_0$	4～11	输入或输出	双向数据总线：传送命令，接收状态和读取中断类型号
$CAS_2 \sim CAS_0$	15，13，12	输入或输出	级联总线：主控 8259A 与从控 8259A 的连接线，作为主控时该总线为输出，从控时为输入
$\overline{SP}/EN$	16	输入或输出	主从定义/缓冲器方向：为双功能脚，当为非缓冲方式时作输入线，指定 8259A 为主控制器（SP=1）或是从控制器（SP=0）。在缓冲方式中，用作输出线，控制缓冲器的接收发送
$IR_7 \sim IR_0$	25～18	输入	外设的中断请求：从外设来的中断请求由这些脚输入到 8259A。在边沿触发方式中 IR 输入应有由低到高的上升沿，此后保持为高电平，直到被响应。在电平触发方式中，IR 输入应保持高电平直到被响应为止
INT	17	输出	8259A 的中断请求：当 8259A 接到从外设经 IR 脚送来的中断请求时，由它输出高电平，向 CPU 提出中断申请。该脚连到 CPU 的 INTR 引脚
$\overline{INTA}$	26	输入	中断响应：两个中断响应脉冲，第 1 个 INTA 用来通知 8259A，中断请求已被响应；第 2 个 INTA 作为特殊读操作信号，读取 8259A 提供的中断类型号
A_0	27	输入	A_0 地址线：这个脚与 $\overline{CS}$、$\overline{WR}$ 和 $\overline{RD}$ 联合使用，以便 CPU 实现对 8259A 进行读/写操作。它一般连到 CPU 地址线的 A_1 上
V_{CC}	28	输入	+5 V 电源
GND	14	输入	地

（2）8259A 的内部结构

8259A 内部结构如图 4-16 所示。

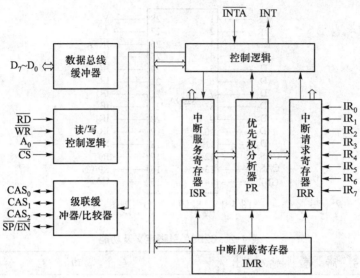

图 4-16　8259A 内部结构框图

① 中断请求寄存器 IRR。8259A 有 8 个外部中断请求输入端 $IR_0 \sim IR_7$，它们与外部的 8 个中断源直接相连。中断请求寄存器 IRR 存放外部的中断请求情况，具有锁存功能。外部中断请求触发方式有两种，即边沿触发和电平触发方式。边沿触发要求 IR 端有一个从低到高的电平跳变，并保持高电平到中断被响应为止。而电平触发方式只要求 IR 端输入高电平并保持到中断被响应即可。

② 中断屏蔽寄存器 IMR。该寄存器用以存放中断屏蔽信息。针对 8 个中断输入，相应设置了 8 个中断屏蔽位，使之一一对应。如果某屏蔽位置 "1"，即使对应 IR_i 有请求信号输入，也不会在 8259A 上产生中断请求输出 INT；反之，若屏蔽位写 "0"，则不屏蔽，即产生中断请求输出 INT。由于对每个 IR 都设置了一个屏蔽位，所以其屏蔽作用是独立的，即无论是哪一级中断被屏蔽，它都不会影响其他未被屏蔽的中断的请求工作。

③ 中断服务寄存器 ISR。中断服务寄存器用以保存正在被服务的中断请求的情况，它的各位与外部中断请求位一一对应，所以可以同时反映各中断请求的服务情况。从 IRR 中获得的各中断请求位状态，除被屏蔽的位以外，在中断优先级排列电路中，将有请求的各位中最高优先级那位输出，置入 ISR 中的相应位。若 IRR 的 IR_2 获得中断请求允许，则 ISR 中的 IS_2 位置位，表明 IR_2 正处于被服务之中。ISR 位的置位也允许嵌套，即如果已有 ISR 的某位置位，但 IRR 中又送来优先级更高的中断请求，经判优后，相应的中断服务寄存器位仍可置位，形成嵌套中断。

④ 优先权分析器 PR。当在 IR 输入端有中断请求时，通过 IRR 送到 PR。PR 检查中断服务寄存器 ISR 的状态，判别有无优先级更高的中断正在被服务，若无，则将中断请求寄存器 IRR 中优先级最高的中断请求送入中断服务寄存器 ISR，并通过控制逻辑向 CPU 发出中断请求信号 INT，并且将 ISR 中的相应位置 "1"，用来表明该中断正在被服务；若中断请求的中断优先级等于或低于正在服务中的中断优先级，则 PR 不提出申请，同样不将 ISR 的相应位置位。

⑤ 数据总线缓冲器。为 8 位双向三态缓冲器，通过缓冲器将 8259A 与系统数据总线相连。

CPU 通过此缓冲器向 8259A 写入各种命令字，读取有关寄存器的状态，8259A 通过它向 CPU 提供中断类型号。

⑥ 读/写控制逻辑。该部件接收来自 CPU 的读/写命令，由输入的片选 $\overline{CS}$、$\overline{RD}$、$\overline{WR}$ 和地址线 A_0 共同控制，完成规定的操作。$\overline{CS}$ 是由地址译码得来，即当 CPU 选中了预定的 8259A 端口地址时，$\overline{CS}$ 端有效（低电平），CPU 才能对芯片进行操作，即 CPU 向芯片预置初始化命令字（ICW）和写入操作命令字（OCW）。而 A_0 地址引脚一般直接与系统地址总线相连，当 $A_0 = 0$ 或 1 时，可以选择芯片内部不同的寄存器。也就是说，8259A 的多个寄存器只占用了两个地址，地址值由 CS 译码器和 A_0 位决定。PC/XT 机中的 8259A 芯片实际占用两个端口地址 20H、21H。8259A 的读/写操作及 I/O 端口地址见表 4-3。

表 4-3　8259A 的读/写操作及 I/O 端口地址

$\overline{CS}$	$\overline{RD}$	$\overline{WR}$	A_0	读 写 操 作	端 口 地 址
0	1	0	0	写 ICW_1，OCW_2，OCW_3	20H
0	1	0	1	写 ICW_2，ICW_3，ICW_4，OCW_1	21H
0	0	1	0	读 IRR，ISR，查询字	20H
0	0	1	1	读 IMR	21H

⑦ 控制逻辑。此部分是 8259A 全部功能的控制核心。它包括一组初始化命令字寄存器和一组操作命令字寄存器，以及有关的控制电路。芯片的全部工作方式及过程根据上述两组寄存器内容来设定。

它对中断请求的处理过程大体为：当 IRR 中有中断请求位置位，且该位没有被屏蔽时，控制逻辑输出高电平信号 INT，向 CPU 请求中断。在 CPU 响应中断后，输出低电平 $\overline{INTA}$ 信号，控制逻辑在这个信号作用下，使 ISR 相应位置位，并将控制逻辑中所存的中断类型号，送到数据总线上去。当中断服务结束时，控制逻辑按编程时规定的方式进行处理。

⑧ 级联缓冲器/比较器。8259A 当单片方式工作时，可以允许 8 个外部中断源输入；当使用芯片级联方式工作时，最多允许 64 个外部中断源输入，而对于中断优先级处理、中断向量的提供等各项性能毫无影响。主从级联方式如图 4-17 所示。级联时用一片 8259A 作为主控制器，由于主控制器的每一个 IR 都可以接上一片 8259A 作为从控制器，因此系统中总共可以允许接 9 片 8259A，最多能处理 64 个中断请求输入信号。

在实现互连时，主、从控制器上对应的 CAS_0、CAS_1 和 CAS_2 这 3 个信号互相并接在一起，成为一个级联总线，传送控制信息。其中主控制器上的级联线为输出线，而从控制器的级联线则作为输入线。

$\overline{SP}/\overline{EN}$ 是一个双重功能信号，8259A 的 $\overline{EN}$ 端控制数据收发器，$\overline{EN}$ 端输出一个低电平，使数据收发器打开，将芯片的局部数据与系统数据线连通。这种方式称为缓冲工作方式。8259A 的 $\overline{SP}$ 引脚作为主从方式的选择线，以输入不同电平进行控制。当输入 $\overline{SP} = 1$ 时，该片 8259A 设定为主控制器；输入 $\overline{SP} = 0$ 时，该片 8259A 就作为从控制器工作。该方式称为非缓冲工作方式。通过编程来确定工作方式。

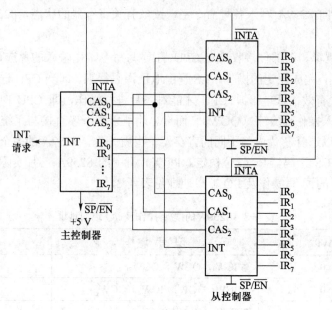

图 4-17　8259A 主从级联工作

（3）8259A 的中断响应过程

8259A 的一个突出优点就是可以方便地与 CPU 相配合实现向量中断，避免对中断设备逐个查询。下面以单级主控方式的 8259A 为例，结合 CPU 的动作，说明中断的基本过程，以便更好地理解 8259A 的功能。

① 当 $IR_0 \sim IR_7$ 中有一个或几个中断源变成高电平时，相应的 IRR 位置位。

② 8259A 对 IRR 和 IMR 提供的情况进行分析处理，如果这个中断请求是唯一的，或请求的中断比正在处理的中断优先级高，或虽然优先级低但前一个中断服务正好结束，就从 INT 端输出一个高电平，向 CPU 发出中断请求 INTR。

③ CPU 在每个指令的最后一个时钟周期检查 INTR 输入端的状态。当 IF 为 "1" 且无其他高优先级（如 NMI）的中断时，就响应这个中断，CPU 进入两个中断响应（$\overline{INTA}$）周期。

④ 在 CPU 第 1 个 $\overline{INTA}$ 周期中，8259A 接收第 1 个 $\overline{INTA}$ 信号时，将 ISR 中当前请求中断中优先级最高的相应位置位，而对应的 IRR 位则复位为 "0"。

⑤ 在 CPU 第 2 个 $\overline{INTA}$ 周期中，8259A 收到第 2 个 $\overline{INTA}$ 信号时，8259A 送出中断类型号，实现向量中断。

2．8259A 的控制字及中断操作功能

8259A 是个使用非常灵活，适用面较广的中断控制器，它的这些优点主要来源于 "可编程"。除了将 8259A 正确地接入系统总线外，还必须正确地理解各种不同的中断操作功能，并依此对它正确地进行编程。控制字分成两大部分，即初始化命令字和操作命令字。

初始化编程是由 CPU 向 8259A 写入初始化命令字，这是芯片进行正常工作前必须做的，在系统工作过程中保持不变。操作编程是由 CPU 向 8259A 写入操作命令字实现的，它可以在初始化编程之后任何时刻写入，以实现不同的中断功能，如完全嵌套方式、优先权循环方式、

特殊屏蔽方式或查询方式等。

（1）初始化命令字（ICW）

初始化命令字共有 4 个，$ICW_1 \sim ICW_4$，每个字为一个字节。要求首先输入 ICW_1，然后依次输入 ICW_2、ICW_3 和 ICW_4。在有些情况下，可以不用写 ICW_3 和 ICW_4。写入初始化命令字的次序如图 4-18 所示。

① 初始化命令 ICW_1。$A_0 = 0$，ICW_1 必须写入 8259A 的偶地址端口，即 8259A 的地址 $A_0 = 0$，ICW_1 命令字的格式如图 4-19 所示。

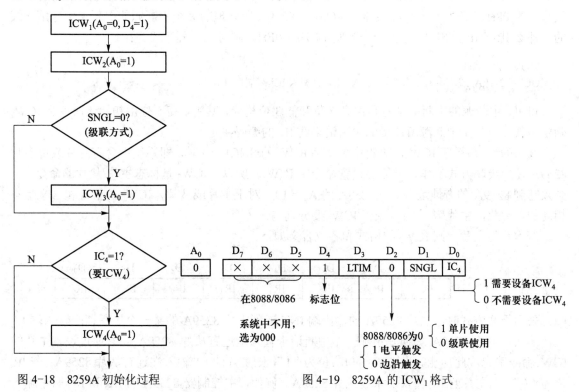

图 4-18 8259A 初始化过程　　　　　　图 4-19 8259A 的 ICW_1 格式

IC_4：规定是否写入 ICW_4 字。$IC_4 = 0$ 不写 ICW_4，$IC_4 = 1$ 要写 ICW_4。

SNGL：规定 8259 的用法。SNGL = 1 为单片方式，初始化过程中不用设置 ICW_3 命令字。SNGL = 0 为级联方式，在命令字 ICW_1、ICW_2 之后必须设置 ICW_3 命令字。

D_2：在 8086 系统中不起作用，设为 0。

LTIM：规定中断源请求信号形式。为 0 时信号上升沿有效，为 1 时高电平有效。

D_4：ICW_1 的特征标志位，设为 1。

$D_7 \sim D_5$：一般选 000。

例如，若 8259A 单片使用，采用电平触发，需要 ICW_4，则程序段为：

```
MOV   AL,00011011B          ；ICW₁的内容
OUT   20H,AL                ；写入 ICW₁端口（A₀=0）
```

② 初始化命令字 ICW_2。

A_0		D_7	D_6	D_5	D_4	D_3	D_2	D_1	D_0
1		T_7	T_6	T_5	T_4	T_3	0	0	0

8259A 提供给 CPU 的中断类型号是一个 8 位的代码，是通过初始化命令 ICW_2 得到的，它在 ICW_1 命令字后面写入。必须写到 8259A 的奇地址端口，即 8259A 的 $A_0 = 1$。

在 8086 系统中，ICW_2 的高 5 位 $T_7 \sim T_3$，规定作为 $IR_7 \sim IR_0$ 所对应的中断类型号的高 5 位，中断类型号的低 3 位由 IR 编码自动填入，即由 8259A 硬件自动产生。例如，要设定 IR_0 的中断类型号为 08H，那么 $T_7 \sim T_3$ 就设定为 00001。8259A 所处理的 8 个中断源的中断类型号是连续的，那么 $IR_1 \sim IR_7$ 的中断类型号就分别为 09H～0FH。则对应的程序段为：

```
MOV   AL,08H                    ; ICW₂ 的内容
OUT   21H,AL                    ; 写入 ICW₂ 端口（A₀=1）
```

可见，中断源的中断类型号是由高 5 位和低 3 位构成，其中，高 5 位由初始化命令字 ICW_2 确定，低 3 位是由中断源所连接的中断请求线 IR_i 的编码决定。

③ 初始化命令字 ICW_3。初始化命令字 ICW_1 的 SNGL = 0 时，即系统中含有两片或更多片 8259A 使用级联方式工作，才需要设置命令字 ICW_3。所以，ICW_3 是标志主片/从片的命令字，必须写到 8259A 的奇地址端口（8259A 的 $A_0 = 1$）。对于主片或从片，ICW_3 的格式和含义是不相同的，因此，主片/从片的命令字 ICW_3 要分别写。

若本片为主片，则 ICW_3 的格式和各位含义如下：

A_0		D_7	D_6	D_5	D_4	D_3	D_2	D_1	D_0
1		IR_7	IR_6	IR_5	IR_4	IR_3	IR_2	IR_1	IR_0

采用级联方式时，从片 8259A 的输出端 INT 连到主片 8259A 的某一个中断请求输入端 IR_i 上。那么，主片 8259A 如何知道哪一个中断请求输入端连有从片 8259A 呢？通过设置主片的 ICW_3 命令字完成此功能。若 ICW_3 的 IR_i 位为 "1"，则主片的 IR_i 输入端连有从片 8259A；若 IR_i 位为 "0"，则主片的 IR_i 输入端未连从片 8259A。例如，主控制器 8259A 的 IR_3 和 IR_7 两个输入端分别连有从控制器 8259A，则对应的程序段为：

```
MOV       AL,10001000B              ; ICW₃ 的内容
OUT       21H,AL                    ; 写入 ICW₃ 端口（A₀=1）
```

若本片为从片，则 ICW_3 的格式和各位含义如下：

A_0		D_7	D_6	D_5	D_4	D_3	D_2	D_1	D_0
1		0	0	0	0	0	ID_2	ID_1	ID_0

3 位从控标志码可有 8 种编码，表示从控制器 8259A 的中断请求线 INT 被连到主控制器的哪一个中断请求输入端 IR_i。若从控制器的 INT 端接在主控制器的 IR_3 端，则从控制器的 ICW_3 的低 3 位编码为 $ID_2 ID_1 ID_0 = 011$。

④ 初始化命令字 ICW_4。当 ICW_1 中的 $IC_4 = 1$ 时，才要设置 ICW_4，它的格式及含义是：

A$_0$		D$_7$	D$_6$	D$_5$	D$_4$	D$_3$	D$_2$	D$_1$	D$_0$
1		0	0	0	SFNM	BUF	M/S	AEOI	uPM

D$_0$：uPM 用来指出 8259A 是在 16 位机系统中使用，还是在 8 位机系统中使用。若 uPM = 1，则 8259A 用于 8086/8088 系统；uPM = 0，则 8259A 用于 8080/8085 系统。该位用于 CPU 类型的选择。

D$_1$：AEOI 位用于选择 8259A 的中断结束方式。当 AEOI = 1 时，设置中断结束方式为中断自动结束方式；当 AEOI = 0 时，则 8259A 工作在一般中断结束方式。

所谓中断结束有两种不同的含义，一是指执行 IRET 指令后退出中断，二是指把 ISR 中相应位复位。这里是指当中断响应后，将 8259A 中断服务寄存器 ISR 相应位复位的方式。若设定为中断自动结束方式，当 CPU 送来第 2 个 INTA 脉冲的上升沿时将 ISR 相应位复位。因此，在中断服务程序中不需要写中断结束命令 EOI。若设定为非自动中断结束方式，则必须在中断服务程序中使用 EOI 命令，即由 CPU 给 8259A 写入操作命令字 OCW$_2$，使其中的 D$_5$ 位置 1，即 EOI = 1，才能使 ISR 中最高优先权的位复位。如果是级联方式，则需要给主、从控制器分别送 EOI 命令。

使用自动中断结束方式工作时，因为 IRR 和 ISR 在正式进入中断处理程序前就复位了，因此作为 8259A 来说就处在与没有响应中断时相同的状态，这时它仍可响应各种中断请求的输入，即使该中断是比正在处理的中断的优先级低，也将向 CPU 发出中断请求，这样可能引起中断混乱。

D$_2$：M/S 用来规定 8259A 在缓冲方式下，本片是主片还是从片，即该位只有在缓冲方式（BUF = 1）时才有效。当 BUF = 1 且 M/S = 1 时，8259A 以主控制器工作；当 BUF = 1 但 M/S = 0 时，8259A 就以从控制器工作。而 8259A 在非缓冲器下（BUF = 0）工作时，M/S 位不起作用，此时的主、从方式由 $\overline{SP}/\overline{EN}$ 端的输入电平决定。

D$_3$：BUF 位用来设置 8259A 是否在缓冲方式下工作。若 BUF = 1，则 8259A 在缓冲器方式下工作，此时 $\overline{SP}/\overline{EN}$ 引脚用作输出，控制数据收发器的传送方向；若 BUF = 0，则 8259A 工作在非缓冲器方式下，此时 $\overline{SP}/\overline{EN}$ 引脚作为输入，通过电平高低设置 8259A 是主/从控制器。

值得一提的是，当 8259A 在一个大系统中使用时，8259A 通过数据收发器和系统数据总线相连，就采用缓冲方式；非缓冲方式是相对于缓冲方式而言，8259A 的数据总线直接与 CPU 系统总线相连，中间不加驱动。

D$_4$：SFNM 用来设定 8259A 主控制器的中断嵌套方式。若该位 SFNM = 1，此主控制器被设置为特殊完全嵌套方式。比如从控制器 8259A 已接受了 IR$_3$ 的中断请求，且 CPU 也已开始处理此中断，在中断处理过程中又有一个中断请求输入到从片 8259A 的 IR$_2$ 端，因 IR$_2$ 的优先级比 IR$_3$ 的高，所以从 8259A 仍通过同一引脚向主片 8259A 发出中断请求，由于主控制器识别到的是同一级的请求，将不予处理。于是不能实现真正的完全嵌套。所谓的特殊完全嵌套就是让主控制器对于同一级的中断请求输入也给出响应，向 CPU 发出 INT。从中断源角度来看：一个中断请求被 CPU 响应后，任何一个优先级更高的中断请求输入，都可以通过 8259A 再次向 CPU 送出 INT。若位 SFNM = 0，主控制器被设置为一般完全嵌套方式，在此方式下，优先级低的中断请求不能打断优先级高的中断服务。

（2）操作命令字（OCW）

CPU 在对 8259A 初始化编程后，8259A 就进入了工作状态，可以接收 IR 输入的中断请求，并处于完全嵌套中断方式，若想变更 8259A 的中断方式和中断响应次序等，就向 8259A 写入操作命令字。操作命令字可以在主程序中写入，也可以在中断服务程序中写入。操作命令字 OCW 共有 3 个，它们的写入没有次序方面的规定，完全根据需要进行编程。

① 操作命令字 OCW_1。OCW_1 是中断屏蔽操作命令字，必须写入 8259A 的奇地址端口，即 8259A 的 $A_0 = 1$。命令字的格式和各位含义如下：OCW_1 的 8 位 $M_7 \sim M_0$ 分别为 $IR_7 \sim IR_0$ 的中断请求屏蔽位。如果某位 $M_i = 1$，它就使相应的 IR_i 输入被屏蔽，而不影响其他 IR 输入；若某位 $M_i = 0$，则相应的 IR_i 中断请求得到允许。

A_0	D_7	D_6	D_5	D_4	D_3	D_2	D_1	D_0
1	M_7	M_6	M_5	M_4	M_3	M_2	M_1	M_0

IMR 的内容可以读出，供 CPU 了解当前的中断屏蔽情况。

例如，要使中断源 IR_2 的中断请求被允许，其余中断请求均被屏蔽，则程序段为：

```
MOV   AL,0FBH              ; OCW1 的内容
OUT   21H,AL               ; 写入 OCW1 的端口（A0=1）
```

② 操作命令字 OCW_2。这是一个用来控制中断结束方式、优先级循环等工作方式的操作命令字，与前面各字中每一位代表某一意思的方法不太相同，它是以一些位的组合来表示某种操作的。该命令字必须写入 8259A 的偶地址端口，即 8259A 的地址线 $A_0 = 0$。其中命令字的 $D_4D_3 = 00$ 作为 OCW_2 的标志位，OCW_2 命令字的格式和各位含义如下：

A_0	D_7	D_6	D_5	D_4	D_3	D_2	D_1	D_0
0	R	SL	EOI	0	0	L_2	L_1	L_0

D_7：R 位作为优先级循环控制位。R = 1 为循环优先级，R = 0 为固定优先级。

D_6：SL 位作为选择指定的 IR 级别位。SL = 1 时，按照 $L_2 \sim L_0$ 编码指定的 IR 级别上运行。SL = 0 时，$L_2 \sim L_0$ 这 3 位编码无效。

D_5：EOI 中断结束控制位。在非自动中断结束时，该位写入 1，使中断服务寄存器中最高优先级的位复位。EOI = 0 则不起任何作用，即不发中断结束命令。

$D_7 \sim D_5$ 这 3 位组合形成的操作命令见表 4-4。

表 4-4　操作命令字 OCW_2 的 $D_7 \sim D_5$ 位功能

R	SL	EOI	操 作 命 令
0	0	1	正常 EOI 中断结束命令
0	1	1	特殊 EOI 中断结束命令
1	0	1	正常 EOI 时循环命令
1	0	0	自动 EOI 时循环置位命令
0	0	0	自动 EOI 时循环复位命令
1	1	1	特殊 EOI 时循环命令
1	1	0	优先级设定命令
0	1	0	无操作

表 4-4 中所列的 7 种操作命令归纳起来实现 3 种功能。

- 中断结束命令。正如前面所指出的，中断结束命令是指如何将中断服务寄存器中的各位清除的命令。中断结束方式分为自动中断结束方式和非自动中断结束方式，自动方式可以用 ICW$_4$ 中的位 AEOI = 1 设定。非自动中断结束方式又可分为两种，即正常 EOI 中断结束方式和特殊 EOI 中断结束方式。

8259A 中正常优先级安排为 IR$_0$ 最高，IR$_7$ 最低，是固定的，因此在用 EOI 命令结束中断时，将 ISR 中优先级最高的位复位，这样做总是正确的。但是，如果优先级不是固定的，而是可变的，按上述正常 EOI 方式，就可能清除错误的 ISR 位，造成系统混乱。为了避免出现这种情况，就要用特殊的 EOI 方式结束中断。若采用特殊 EOI 命令，在同一操作命令字中的 L$_2$～L$_0$ 位（D$_2$～D$_0$ 位）上给出一个编码，指定要清除的 ISR 中某一位，从而保证了正确清除。

显然，两种结束中断方式的根本区别是，正常时清除优先级最高的 ISR 位，特殊时清除由 L$_2$～L$_0$ 编码指定的 ISR 位。

- 优先级自动循环命令。当各外部设备的优先级相同时，采用自动循环方式比较合理。在这种方式下，当一个设备受到服务后，优先级变得最低，原来比它低一级的设备优先级变为最高。最不利的情况是，一个提出中断请求的设备，将在其他 7 个设备服务完后才能得到一次响应。因此，此方式适用于多个中断源中断请求的紧急程度相同的场合。

根据中断结束方式的不同，自动循环方式又可分成两种类型：正常 EOI 和自动 EOI 下的循环。前者由 R = 1、SL = 0、EOI = 1 设定；后者由 R = 1、SL = 0、EOI = 0 设定。

- 优先级指定循环命令。程序员可以通过编程来设定某中断具有最低优先级，从而决定了其他所有中断的优先级。例如，利用 OCW$_2$ 命令，R = 1、SL = 1、EOI = 0、L$_2$～L$_0$ = 011，IR$_3$ 被指定为最低优先级，那么，优先级按从高到低排列顺序为：IR$_4$→IR$_5$→IR$_6$→IR$_7$→IR$_0$→IR$_1$→IR$_2$→IR$_3$。

通过上面的叙述，L$_2$～L$_0$ 的功能已经很清楚了，一是在特殊 EOI 中用来确定被清除的 ISR 位，二是在特殊循环优先级时用来指定最低优先级的 IR$_i$。

③ 操作命令字 OCW$_3$。OCW$_3$ 的功能有 3 个：一是用来设置和撤销特殊屏蔽方式；二是读取 8259A 的内部寄存器；三是设置中断查询方式。此命令字必须写入 8259A 的偶地址端口，即 8259A 的 A$_0$ = 0，命令字的 D$_4$D$_3$ = 01 作为标志位。其格式和各位含义如下：

A$_0$		D$_7$	D$_6$	D$_5$	D$_4$	D$_3$	D$_2$	D$_1$	D$_0$
0		0	ESMM	SMM	0	1	P	RR	RIS

- 读寄存器命令。

D$_1$：RR 读寄存器命令位。RR = 1 时允许读中断请求寄存器 IRR 或中断服务寄存器 ISR，RR = 0 时禁止读这两个寄存器。

D$_0$：RIS 读 IRR 或 ISR 的选择位。显然，这一位只有当 RR = 1 时才有意义，当 RIS = 1 时，允许读中断服务寄存器 ISR；当 RIS = 0 时，允许读中断请求寄存器 IRR。

读这两个寄存器中的内容的步骤是相同的，即先写 OCW$_3$ 确定要读的那个寄存器，然后再对 OCW$_3$ 读一次（即对同一个口地址），就得到指定寄存器中的内容了。

例如，要读 IRR 的状态，至少要以下 3 条指令才能完成。

```
MOV  AL,0AH
OUT  20H,AL
IN   AL,20H
```

中断屏蔽寄存器 IMR 的内容可以通过对 OCW_1 中地址的读出获得，即 IN AL, 21H。

- 查询。

D_2：P 位是 8259A 的中断查询设置位。当 P=1 时，8259A 被设置为中断查询方式工作；当 P=0 时，表示 8259A 未被设置为中断查询方式。中断查询方式是指查询当前提出中断请求的情况，查询是由 CPU 对 8259A 读入完成的，这时 $\overline{CS}=0$，$\overline{RD}=0$。8259A 将 $\overline{RD}=0$ 作为中断响应信号 $\overline{INTA}$ 对待，即将被响应的中断请求置入 ISR 中的相应位，并将它的编码送入数据总线，CPU 可在判别读入的数据后，知道现在正要服务的中断是哪一个。读出的格式表示为：

D_7	D_6	D_5	D_4	D_3	D_2	D_1	D_0
I	—	—	—	—	W_2	W_1	W_0

其中，$W_2 \sim W_0$ 就是请求服务的最高优先级的编码，而 I 位用来表示有无请求，若 I=1 表示有中断请求，I=0 表示无中断请求。

- 中断屏蔽。

D_6：ESMM 是允许 SMM 位起作用的控制位。当 ESMM=1 时，允许 8259A 工作在特殊屏蔽方式，SMM 的设置值有意义；当 ESMM=0 时，不允许 8259A 工作在特殊屏蔽方式，SMM 的设置将变得无效。

D_5：SMM 设置/撤销特殊屏蔽方式位。当 ESMM=1 且 SMM=1 时，设置特殊屏蔽方式；当 SMM=0 时，撤销特殊屏蔽方式，恢复成一般屏蔽方式。

在实际使用时，可能需要响应某些比正在处理的中断级别更低的中断请求。而按一般屏蔽方法，在中断服务程序执行过程中，一般不安排 EOI 命令，即不会使 ISR 中的位复位，也就无法响应低优先级的中断请求。如果采用特殊屏蔽方式，则除了被 IMR 屏蔽的中断源外，8259A 对任何级别的中断请求都能响应。

3. 8259A 的应用举例

（1）8259A 在 PC/XT 微机系统中的应用

8259A 在 PC/XT 微机系统中的硬件连线如图 4-20 所示，使用要求和特点如下。

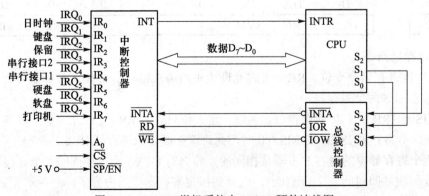

图 4-20 PC/XT 微机系统中 8259A 硬件连线图

① 单片使用，管理 8 级中断，$\overline{SP}/\overline{EN}$ 接+5 V，$CAS_2 \sim CAS_0$ 不用。

② 端口地址范围为 20H～3FH，实际使用 20H 和 21H 两个端口。

③ 8 个中断请求信号 $IR_7 \sim IR_0$ 均为边沿触发。

④ 采用中断优先级固定方式，0 级最高，7 级最低。

⑤ 中断类型号范围为 08H～0FH。非自动中断结束。

初始化程序段为：

```
INTA00    EQU 20H                    ; 8259A 偶地址端口
INTA01    EQU 21H                    ; 8259A 奇地址端口
            ⋮
MOV       AL,13H                     ; 写 ICW₁：边沿触发、单片、需要 ICW₄
OUT       INTA00,AL
MOV       AL,08H                     ; 写 ICW₂：中断类型号高 5 位
OUT       INTA01,AL
MOV       AL,01H                     ; 写 ICW₄：一般嵌套，8086 CPU
OUT       INTA01,AL                  ; 非自动结束
```

（2）8259A 的应用实例

【例 4-1】 中断请求通过 PC/XT 62 芯总线的 IRQ_2 端输入，中断源来自于定时计数器 8253 的输出脉冲，或者其他分频电路的脉冲。要求每次主机响应外部中断 IRQ_2 时，显示字符串"THIS IS A 8259A INTERRUPT!"（或其他串），中断 10 次后，程序退出。

已知：PC/XT 机内 8259A 的端口地址为 20H 和 21H，IRQ_2 保留给用户使用，其中断类型号为 0AH，而其他外中断已被系统时钟、键盘等占用。机内的 8259A 已被初始化为边沿触发、固定优先级、一般中断结束方式、一般屏蔽。程序如下：

```
INTA00      EQU       20H               ; PC/XT 系统中 8259A 的偶地址端口
INTA01      EQU       21H               ; PC/XT 系统中 8259A 的奇地址端口
DATA        SEGMENT
            MESS      DB    'THIS IS A 8259A INTERRUPT!',0AH,0DH,'$'
DATA        ENDS
CODE        SEGMENT
            ASSUME  CS:CODE,DS:DATA
START:      MOV       AX,CS             ; 设置 DS 指向代码段
            MOV       DS,AX
            MOV       DX,OFFSET INT_PROC
            MOV       AX,250AH          ; 设置 0AH 号中断向量
            INT       21H
            CLI                         ; 关中断
            MOV       DX,INTA01         ; 开放 IRQ₂ 中断对应的屏蔽位
            IN        AL,DX
            AND       AL,0FBH
            OUT       DX,AL
            MOV       BX,10             ; 设置计数值为 10
            STI                         ; 开中断
LL:         JMP       LL                ; 死循环，等待中断
INT_PROC:   MOV       AX,DATA           ; 设置 DS 指向数据段
```

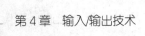

```
        MOV     DS,AX
        MOV     DX,OFFSET MESS          ; 显示发生中断的信息
        MOV     AH,09
        INT     21H
        MOV     DX,INTA00               ; 发中断结束命令
        MOV     AL,20H
        OUT     DX,AL
        DEC     BX                      ; 计数值减 1，不为 0 转 NEXT
        JNZ     NEXT
        MOV     DX,INTA01               ; 关闭 IRQ₂ 中断对应的屏蔽位
        IN      AL,DX
        OR      AL,04H
        OUT     DX,AL
        STI                             ; 开中断
        MOV     AH, 4CH                 ; 返回 DOS
        INT     21H
NEXT:   IRET                            ; 中断返回
CODE    ENDS
        END     START
```

4.4 直接存储器存取

为了提高数据传送的速率，人们提出了直接存储器访问（Direct Memory Access，DMA）的数据传送控制方式。DMA 是指 I/O 设备直接对存储器进行读/写操作的 I/O 方式。这种方式下数据的 I/O 无需 CPU 执行指令，也不经过 CPU 内部寄存器，而是利用系统的数据总线，由外设直接对存储器写入或读出。在 DMA 方式中，对这一数据传送过程进行控制的硬件称为 DMA 控制器（DMAC）。

4.4.1 DMA 传送基本概念

1. DMA 传送方式

在执行 DMA 传送方式时，必须将 CPU 的工作停下来，并将 CPU 对总线的控制权接管过来。这样，就需要一个专门用于 DMA 传输的管理部件——DMA 控制器，DMA 传输过程中对总线的管理、源地址和目的地址的选定以及传输的起止都由 DMA 控制器管理。

（1）单次 DMA 传送

每次 DMA 传送只传输数据一次，然后就把总线的控制权交还 CPU。下一次传送时必须重新向 CPU 提出请求才行，即使是连续请求 DMA 操作，在两次传送中间也至少要有一个总线周期是让 CPU 使用。

（2）成组传送

把要传送的全部数据分成若干组。当 DMA 控制器请求并得到总线的控制权后，DMA 传送便开始。这种方式的特点是将一组数据的各个字节连续传送，中间不停顿。在成组传送过程中，即使把 DMA 请求（来自外设）信号撤去，也能保证连续传送，成组传送的信号只能由 DMA 控制器中的计数器产生，当它计到零时，结束此次传送，交回总线控制权。

（3）请求方式成组传送

这也是一种成组传送方式，即要到一组数据全部传送完毕后才释放总线。但这种方法有一点与成组传送方式不同，它要求在这一组数据传送过程中，外设传来的 DMA 请求信号一直保持有效。如果中间有一段时间这个信号变得无效，DMA 传送就被挂起，但它并不释放总线。等到外设的 DMA 请求信号变为有效时，DMA 传送将继续进行，直到一组数据传送完毕。

（4）级联方式传送

若干片 8237A 可以级联，构成主从式 DMA 系统，连接方式是把从片的 HRQ 端和主片的 DREQ 端相连，将从片的 HLDA 端和主片的 DACK 端相连，而主片的 HRQ 和 HLDA 连接系统总线。这样最多可以由 5 个 8237A 构成两级 DMA 系统，得到 16 个 DMA 通道。级联时，主片通过软件在模式寄存器中设置为级联传送模式，从片不用设置级联方式，但要设置所需的其他三种方式之一。

2. DMA 传送的基本过程

DMA 控制器可以像 CPU 那样得到总线的控制权，用 DMA 方式实现外部设备和存储器之间的高速数据传输。为了实现 DMA 方式传输，DMA 控制器必须将内存地址送到地址总线上，并且能够发送和接收联络信号。

一个 DMA 控制器通常可以连接一个或几个输入/输出接口，每个接口通过一组连线和 DMA 控制器相连。习惯上，将 DMA 控制器中和某个接口有联系的部分称为一个通道。这就是说，一个 DMA 控制器一般由多个通道组成。

图 4-21 所示是一个具有直接存储器存取能力的单通道 DMA 控制器的编程结构和外部连线图。

DMA 控制器（DMAC）的连接比较复杂，它一方面与外设连接，接受 DMA 请求和控制外设动作。另外还要与 CPU 相连，请求获得总线的控制权，最后，它还必须与系统总线相连，进行总线的控制。为了理解这样连接的必要性，以下介绍一种典型的 DMA 操作过程。

（1）外设提出 DMA 传送请求

由外设或其控制电路向 DMA 控制器发送电平信号（DREQ），表示请求进行一次 DMA 传送。

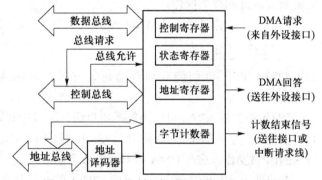

图 4-21 DMA 控制器的编程结构和外部连线图

（2）DMA 控制器响应请求

DMA 控制器接到请求后，经控制电路向 CPU 提出保持（HOLD）请求，并等待 CPU 的应答。

如果 DMA 控制器接有多个 DMA 设备，它要对各个设备的请求进行排序，选择优先级别最高的请求予以输出，作为向 CPU 发出的保持请求。

（3）CPU 响应

CPU 在每个时钟的上升沿都检测有无 HOLD 请求，若有此请求，且 CPU 自身正处在总线空闲周期中，CPU 就立即响应保持请求。如果 CPU 正处于某个总线周期中，那么要到这个总线周期结束后再响应此保持请求。CPU 对保持请求有两个操作：一是从 HLDA 引脚端送出一个响应信号，通知 DMA 控制器可以开始占用总线；二是将 CPU 与总线相连的引脚置为高阻态，即释放总线。

（4）DMA 控制器的动作

DMA 控制器在收到 HLDA 应答后，就开始对直接存储器存取的过程进行控制。它向外设送出 DACK 作为对 DMA 请求的响应，同时也作为外设的数据选通信号。还向系统总线发送控制信号和地址信号，以选择合适的存储单元。在一次直接存储器存取结束后，DMA 控制器撤除 HOLD 信号，CPU 也消除 HLDA，CPU 重新控制总线。

3. DMA 控制器的功能

从上述过程中可以看出，完成 DMA 传送的关键在于 DMA 控制器。所设计的 DMA 控制器应该完成以下功能：

① 能够响应外设的 DMA 请求，使 CPU 暂停工作，接管总线的控制权。

② 能够按节拍提供外设和存储器工作的各种信号。

③ 提供存储器地址。

④ 应是可编程的，使之能灵活运用。

DMA 控制器已经集成在一个大规模集成电路上，其复杂程度不亚于 CPU。DMA 控制器总是被设计成可编程的，在编程时它又可被看成 CPU 的一个 I/O 设备扩展接口。

4.4.2 8237A 的结构与功能

8237A 是 Intel 公司生产的高性能 DMA 控制器，适合与 Intel 公司的各种微处理器配合使用。可以用软件对芯片编程，使它能选择多种方式工作，从而大大改善微型计算机的性能。

8237A 有 3 种基本传送方式，且在一次 DMA 传送结束后，可以自动预置为原设置状态，使之能重复进行同样的操作。

8237A 的工作时钟为 3 MHz，8237A-5 的工作时钟为 5 MHz。它们在使用上基本没有差别。

1. 8237A 引脚

8237A 采用 40 引脚双列直插封装方式，如图 4-22 所示，它允许 DMA 传输速度高达 1.6 MB/s。

DMA 控制器一方面可以控制系统总线，这时称其为总线主模块；另一方面又可以和其他接口一样，接受 CPU 对它的读/写操作，这时 DMA 控制器就成了总线从模块。

在说明引脚功能之前，先要明确 8237A 的两种状态。当 8237A 在控制 DMA 过程时，称为处于 DMA 周期，它就作为系统总线的主控设备。而在不进行 DMA 传输时，称为空闲周期，8237A 就作为 CPU 的一个外设。有些引脚在两种状态下都有用，而有些引脚则是专用的。

（1）与 DMA 周期有关的引脚

CLK：时钟输入信号。时钟输入信号用以控制 8237A 内部的逻辑动作，控制数据传输的速率。例如，8237A-5 的最高时钟频率不超过 5 MHz。

READY：就绪信号。这个引脚通常接外设输出的高

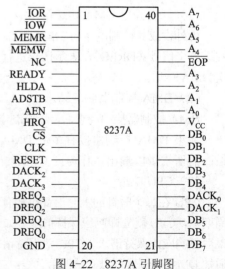

图 4-22 8237A 引脚图

电平有效信号。当执行 DMA 操作时，系统的动作速度（节拍）就由 8237A 决定，其作用与 CPU 中的 READY 端一样。当该端输入低电平时，DMA 操作中也将插入一些等待周期，直到 READY 端恢复高电平后才恢复正常节拍。

DREQ$_0$～DREQ$_3$、DACK$_0$～DACK$_3$：DMA 请求及响应信号。DMA 请求信号是由外设输入的信号，要求进行一次 DMA 传送。这个输入信号的有效极性是可编程的，在芯片主清除后，它以高电平为有效信号。DACK 则是控制器通知外设可以开始 DMA 传送的信号，信号的有效极性也是可以编程的，清除后，以低电平为有效信号。这是一对应答信号，DREQ 必须保持到 DACK 有效值出现后才能撤除。

4 个通道的 DMA 请求可以安排不同的优先级判定法，在固定方式下，DREQ$_0$ 具有最高优先级。

HRQ、HLDA：保持请求和保持响应信号。这是 8237A 与 CPU 联系的一对应答信号。当 8237A 接到外设的 DREQ 信号，如果芯片未对它屏蔽，就会发出 HRQ，请求 CPU 处于保持状态。CPU 发出 HLDA 作为应答信号，当它有效时，表明 CPU 已经让出总线的控制权。

A$_0$～A$_7$：低位地址。三态信号，从 8237A 输出，在 DMA 周期中用来对存储器寻址。其中 A$_0$～A$_3$ 这 4 位是双向地址，因为当 CPU 对 8237A 编程时，这 4 个地址引脚又要用作对片内寄存器寻址的输入地址。

DB$_0$～DB$_7$：数据总线。在 DMA 周期中，作为高 8 位地址与数据的复用线，类似 8086 CPU 的情况，需要先把输出地址锁存起来，作为对存储器寻址的高位地址。然后这组数据线才传送存储器数据。

ADSTB：地址选通信号。这是一个高电平有效的输出信号，它只是在 DB$_0$～DB$_7$ 上出现地址的那段时间内才有效。该信号用来对 A$_7$～A$_{15}$ 地址信号进行锁存，使它能送出并保持一段时间。

AEN：地址使能信号。这也是一个高电平有效的输出信号。其有效时间长到足够一个 DMA 周期，这段时间中使地址都能有效地送到地址总线上。

$\overline{\text{MEMR}}$、$\overline{\text{MEMW}}$：存储器读/写控制信号。这是低电平有效的输出信号，控制存储器的读出或写入。

$\overline{\text{IOR}}$、$\overline{\text{IOW}}$：I/O 读/写控制信号，由 8237A 输出控制 I/O 数据读/写操作的信号。

$\overline{\text{EOP}}$：过程结束信号。过程结束信号是个低电平有效的双向信号。在这个引脚上，可获得与实现 DMA 服务有关的信息。8237A 允许用一个外部信号来终止一次有效的 DMA 服务，这个外部信号就是从 $\overline{\text{EOP}}$ 端输入的低电平信号。当任何一个通道计数到 0，DMA 传送完成时，8237A 都将从 $\overline{\text{EOP}}$ 端输出一个低电平信号。不管是接收外部 $\overline{\text{EOP}}$ 信号还是内部产生的 $\overline{\text{EOP}}$ 信号，都将终止 DMA 操作。

从上述说明可以看出，与 DMA 传送有关的是两类引脚。一类是请求和允许，包括外设向 DMA 控制器的请求应答及 DMA 控制器向 CPU 的请求应答；另一类是 DMA 传送时，由控制器发出的全部控制信号。

（2）与 CPU 读/写有关的信号

RESET：清除信号。通常与系统的清除信号连在一起，通电即自行清除。它把命令、状态、请求和暂存寄存器都清除了，还清除字节指示触发器，置位屏蔽寄存器。清除后，8237A 处于空闲周期。

$\overline{CS}$：片选信号。当输入为低电平时，允许 CPU 对 8237A 进行读/写。与其他接口电路一样，片选信号也从译码器的输出中得到。

$A_0 \sim A_3$：地址线。用来选择 8237A 内部有关寄存器的地址，接系统地址总线的最低 4 位。由于它是 4 位地址，片内的寻址范围是 16 个地址，为了方便起见，常略去高位地址，直接用 00～0FH 作为寄存器地址。

$DB_0 \sim DB_7$：数据线。这是传送命令、状态、数据的通路。

$\overline{IOR}$、$\overline{IOW}$：外设读/写信号。由系统总线提供，实现 CPU 对 8237A 操作性质的控制。

由此可见，引脚中的 $A_0 \sim A_3$、$DB_0 \sim DB_7$ 及 $\overline{IOR}$、$\overline{IOW}$ 是两种状态下都有用的信号，所以它们都是双向信号。

2. 8237A 内部结构

图 4-23 所示是 8237A 内部结构框图，其中标明了有关的寄存器和逻辑结构。要搞清 8237A 的工作原理，掌握它的正确使用方法，关键在于理解这些寄存器每一位的含义。表 4-5 列出了这些寄存器的名称、位数和地址，此地址是由前述 $A_0 \sim A_3$ 在空闲周期中由 CPU 提供的，没有考虑 I/O 端口地址的高位编码。后面提到的各寄存器地址都是指芯片内部地址。

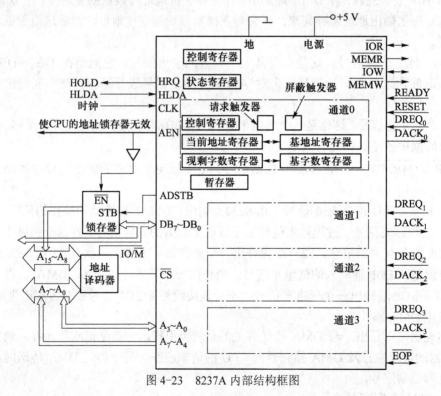

图 4-23　8237A 内部结构框图

（1）地址和字数寄存器

这主要是表中的前 4 项，它们是基地址寄存器、基字数寄存器、当前地址寄存器和现剩字数寄存器，每个通道都必须有这4个寄存器，其总数达16个。其中前两种寄存器只能写入（$\overline{IOW}=0$），而后两种寄存器只能读出（$\overline{IOR}=0$）。它们总共占用8个I/O端口地址，具体地址见表4-5，地址自左至右排列分别对应通道0～3。

表 4-5 8237A 内部寄存器一览表

寄存器名称	位数	地址	寄存器名称	位数	地址
基地址寄存器（4个）	16	0H, 2H, 4H, 6H（$\overline{IOW}$="0"）	请求寄存器	8	9H
基字数寄存器（4个）	16	1H, 3H, 5H, 7H（$\overline{IOW}$="0"）	屏蔽寄存器	8	0AH（写一位），0FH（全部写）
当前地址寄存器（4个）	16	0H, 2H, 4H, 6H（$\overline{IOR}$="0"）	方式寄存器	8	0BH
现剩字数寄存器（4个）	16	1H, 3H, 5H, 7H（$\overline{IOR}$="0"）	清除先/后触发器命令	8	0CH
暂存地址寄存器	16		暂存寄存器	8	0DH
暂存字数寄存器	16		主清除命令	8	0DH（写操作）
状态寄存器	8	8H（$\overline{IOR}$="0"）	清屏蔽寄存器命令	8	0EH
命令寄存器	8	8H（$\overline{IOW}$="0"）	综合屏蔽命令	8	0FH

在 DMA 传送时，通常以一个数据块作为一次传输的单位，确定该数据块的大小及其在内存中的存放地址，以便控制传送，这就是16个寄存器的任务。

基地址寄存器是由 CPU 用程序控制写入的，表示数据块在内存中存储的起始地址，此值一旦写入，在整个传输进行过程中将保持不变。

基字数寄存器中写入的是本次传输的数据块字节数，该数值也不会随 DMA 传输的进行而变化。

这两个寄存器写入指定内容时，相应的当前地址寄存器、现剩字数寄存器也写入同样的内容。在 DMA 传送过程中，每传送一个字节，这两个现行寄存器的内容就变化一次。当前地址寄存器的变化方向由编程时的设置决定，而现剩字数寄存器则恒作减量计数。当现剩字数寄存器中的值减至 0 时，意味着此次规定字节的传输已完成。如果这个通道被程序设置成以自动初始化方式工作，当一次传输结束时，就会自动把基本寄存器中的内容再次送入现行寄存器，以备下次 DMA 传送时使用。

这组寄存器的字长是 16 位，但是供 CPU 读/写的数据通道却只有 8 位宽，显然对一个寄存器的读/写必须分两次进行。由于一个寄存器只规定了一个地址，因此在芯片内规定了一个读/写字节的次序，这个次序由一个触发器组成的字节指针来保证。当触发器的值为 0 时，读/写低位字节；当触发器的值为 1 时，则读/写高位字节。在每次读/写这组寄存器后，触发器都翻转一次。根据字节指针的这种工作特性，要实现字节指针复位可以有两种方法，一种是利用 RESET 引脚输入的总清信号，使之复位；另一种是用芯片设置的两个软件清除命令。字节清除命令是对 0CH 地址进行一次写操作，而对于写入的数据内容没有任何要求，另一个叫主清除软件命令，其作用与硬件总清一样，写入地址为 0DH，同样对写入的数据内容无任何要求。

（2）工作方式寄存器

8237A 的 4 个通道是完全独立的，可以根据需要通过编程确定各自的工作方式，所以工作方式寄存器应有 4 个，每通道一个。图 4-24 所示为工作方式寄存器各位的定义，该寄存器的字长为一个字节。4 个方式寄存器只占用一个 I/O 端口地址，不管哪个通道的方式字都用 0BH 地址，写入各自的内容，利用字节的最低两位 D_1、D_0 的编码来指定该方式字属于哪个通道。例如，为 00 就将字节的高 6 位送入通道 0，为 01 则将字节的高 6 位送入通道 1，以此类推。芯片的结构保证将方式字送入相应的通道，所以方式字中只有 6 位表示工作方式。

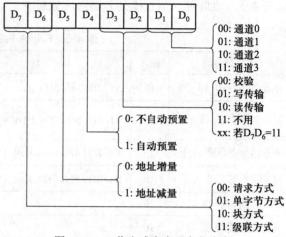

图 4-24 工作方式寄存器各位定义

$D_7 D_6$：DMA 操作方式设定。共有 4 种方式。

方式 0：请求方式。这是数据成块传送的一种方式，要求在整个传送过程中外设的请求信号一直保持有效。

方式 1：单字节方式。每次 DMA 请求后，只传送一个字节数据，接着就释放系统总线至少一个总线周期。

方式 2：块方式。对数据块的传送只要能够正常启动，就可以使一次 DMA 操作连续进行，直到规定的字块传送完，或由 $\overline{EOP}$ 打断为止。正常启动是由外设提出 DREQ，且一直保持至得到 DACK 响应后才撤销。

方式 3：级联方式。这是一种用若干个 8237A 采用级联方式对简单系统进行扩展的办法，可以为系统提供更多的 DMA 通道，如图 4-25 所示是级联的基本方法。在第 2 级上所接外设提出的 DREQ 要经两级 8237A 传播，并进行优先级判断，在得到 DACK 后才能开始传送。这时用于级联第 1 级的 8237A 就只用作优先级判断和 DREQ 请求的传送，本身不再向外输出信号去作 DMA 控制了。在级联使用时，前级 8237A 以通道为单位，即可以使有些通道级联后有后级 8237A，有些通道也可以不级联，仍作为单独的 DMA 控制器通道使用。

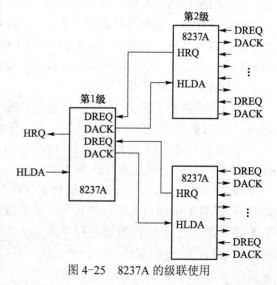

图 4-25 8237A 的级联使用

D_5：控制地址变化方向。该位如置 1，每传送一个字节数据，当前地址寄存器的内容减 1。这时在存储器内存取数据的次序就是地址从高到低，逐字节地存入（可取出）。反之，若 $D_5 = 0$，地址则按增量方式变化。

D_4：自动预置。该位如置 1，则将该通道设置为自动预置方式，即每当一次 DMA 结束后，基本寄存器中的预置值将自动地再次写入当前寄存器中。若 $D_4 = 0$，就不会自动产生这个动作。

D_3D_2：数据传送方向。所谓写传输，是指数据从 I/O 设备写入到内存中去，而读传输是指数据从内存写入 I/O 设备中。校验传输是一种空操作，8237A 本身并不进行任何校验，而只是像 DMA 读或 DMA 写传输一样产生时序，产生地址信号，但是存储器和 I/O 控制线无效，所以并不进行传送，而外设可以利用这样的时序进行校验。

D_1D_0：通道选择。

（3）命令寄存器

这是一个 8 位寄存器，用以控制 8237A 的一些工作信号，从而确定芯片的基本工作形态。CPU 可以用指令对它写入新的命令，而对原命令的清除也可以用总清或软件清除命令。命令寄存器中各位的定义如图 4-26 所示。

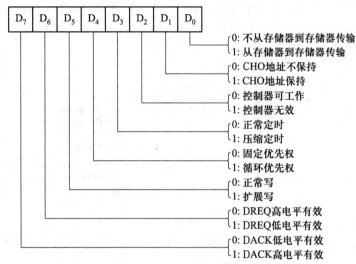

图 4-26 命令寄存器

D_6、D_7：分别控制 DREQ 和 DACK 有效的极性。D_6 控制 DREQ，D_7 控制 DACK，功能如图 4-26 所示。一旦设定后 4 个通道的规定是一样的。

D_4：选择不同的优先权。在固定优先权时，通道 0 优先级最高，通道 3 优先级最低。另一种优先权是循环式的，刚被服务过的通道其优先权自动降为最低，而其余各通道优先权依次升高一级，从而使各通道的 DMA 被响应的可能性相同，如图 4-27 所示。

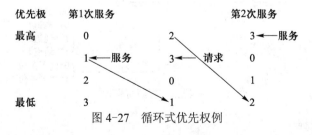

图 4-27 循环式优先权例

D_3 和 D_5 两位都与 8237A 的定时有关。

D_2：8237A 是否工作的控制位。如果其值为"0"，控制器可工作，否则不工作。

D_1：存储器间传送数据时，控制源地址变化与否。如果其值为"1"，源地址在整个数据块传送中都保持不变。这种方式将使一个单元的内容送到规定长度的某一内存区域中去。如果 D_0 位为"0"，即不作存储器之间的数据传输时，D_1 位就没有意义了。

D_0：控制是否从存储器到存储器传输。其值若为"1"，是从存储器到存储器传输；否则不是。

存储器间传送的操作只能用软件启动，对请求寄存器（地址为 09H）写入 04H，就可以用软件的方法启动通道 0。当通道 0 输出 DACK 后，就从存储器的源地址中取出一个字节数据，存入 8237A 的暂存器中。接着通道 1 从暂存器中取出这一字节数据，将其写入目的地址。地址的增、减量方式仍受各通道自己的方式字控制。传输字节数的控制使用通道 1 的计数器。传输结束时，以 $\overline{EOP}$ 输出作为标志，如果输入一个负脉冲 $\overline{EOP}$，将终止正在进行的传输。

（4）DMA 请求寄存器

8237A 的每个通道都配备了一个 DMA 请求触发器，硬件 DREQ 线的有效电平会对该触发器置位，表示有 DMA 请求。也可以用软件设置 DMA 请求，也就是将请求字节写入请求寄存器。请求寄存器的格式如图 4-28 所示。

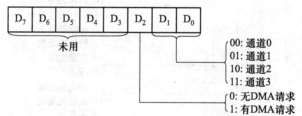

图 4-28 DMA 请求寄存器

D_1D_0：通道的选择。

D_2：请求标志，该位为 1 时表示有 DMA 请求，为 0 时表示无 DMA 请求。

（5）屏蔽寄存器

8237A 的每个通道都配备了一个屏蔽触发器，作为屏蔽标志位。当一个通道的屏蔽标志位为 1 时，这个通道就不能接收 DMA 请求了，不管它是来自硬件的还是来自软件的。如果一个通道未设置自动预置功能，那么 $\overline{EOP}$ 信号有效时，就会自动设置屏蔽标志位。DMA 的屏蔽标志位是通过往屏蔽寄存器写入屏蔽字节来设置的，如图 4-29 所示。

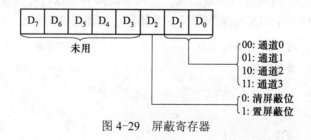

图 4-29 屏蔽寄存器

D_1D_0：通道的选择。

D_2：设置屏蔽位，该位为 1 时设置屏蔽位，为 0 时清除屏蔽位。

此外，8237A 还允许使用综合屏蔽命令来设置通道的屏蔽触发器，如图 4-30 所示。$D_3 \sim D_0$ 中的某位为 1，就使对应的通道设置屏蔽位。

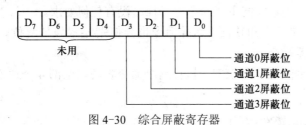

图 4-30　综合屏蔽寄存器

（6）状态寄存器

8237A 中有一个可供 CPU 读取的状态寄存器，其格式如图 4-31 所示。其低 4 位反映在读命令这个瞬间各通道的字节计数器是否已减到 0。若其中某位为 1，则表示相应通道的字节计数器减至 0。高 4 位反映各通道的 DMA 请求情况，若为 1 则有请求。

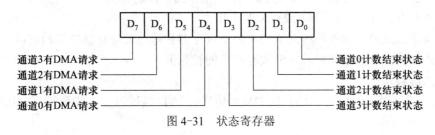

图 4-31　状态寄存器

（7）暂存寄存器

在存储器到存储器传送方式时，暂存寄存器保存从源单元读出的数据，再由它写入目的单元。完成传送时，暂存器中保留传送的最后一个字节，该字节可由 CPU 读出，RESET 之后使之复位。

3. 8237A 的软件命令

8237A 还设计了专用的软件命令，以实现对 8237A 的编程控制。软件命令有 3 条：主清除命令、清除先/后触发器命令和清除屏蔽寄存器命令。

（1）主清除命令

主清除命令与硬件的 RESET 信号具有相同的作用。执行该命令后，命令、状态、请求、暂存寄存器以及先/后触发器都被复位，屏蔽寄存器被置位。然后，8237A 处于空闲周期。

主清除命令的地址是 0DH。只需对该端口执行写操作即可发出主清除命令，至于写入的数据，8237A 并不关心，可随意设置。

（2）清除先/后触发器命令

在上述地址和字节数寄存器中，曾提到这些寄存器的字长都是 16 位的，但是供 CPU 读/写的数据通道却只有 8 位，为此对一个寄存器的读/写必须分两次进行。由于一个寄存器只规定了一个地址，因此在芯片内规定了一个读/写高/低字节的次序，这个次序由一个先/后触发器来保证。当触发器为 0 时，读/写低位字节，为 1 时则读/写高位字节。触发器在每次读/写这组寄存器后都翻转一次。根据先/后触发器的这种工作特性，每次读/写地址和字节数寄存器前要将

其复位，以确保操作状态。

要实现先/后触发器的复位，可以使用清除先/后触发器命令，该命令是对 0CH 地址进行一次写操作，而对于写入内容，同主清除命令一样，没有任何要求。

另外，硬件 RESET 信号和软件主清除命令也会使先/后触发器复位。

（3）清屏蔽寄存器命令

清屏蔽寄存器命令的地址为 0EH。执行这个命令将清除全部 4 个通道的屏蔽寄存器，使它们允许接收 DMA 请求。

4.4.3 8237A 的初始化编程

在进行 DMA 操作之前，必须对 8237A 进行初始化编程。这是在空闲周期内，CPU 用输出指令向 8237A 内部寄存器写入控制字完成的。初始化编程有以下内容：

① 输出主清除命令，使 8237A 处于复位状态，以接收新的命令。

② 写入工作方式寄存器，以确定 8237A 工作方式和传送类型。

③ 写入命令寄存器，以控制 8237A 的工作。

④ 根据所选通道，输入相应通道当前地址寄存器和基地址寄存器的初始值。

⑤ 输入当前字节计数器和基字节数寄存器的初始值。

⑥ 写入屏蔽寄存器。

写入请求寄存器，便可由软件启动 DMA 传送。否则，经过以上 6 步编程后，由通道 DREQ 启动 DMA 传送过程。

设从某外设传送 1000H 个字节的数据块到起始地址为 2000H 的内存区域中。采用 DMA 传送方式，利用通道 1，8237A 的初始化程序如下：

```
OUT    0DH,AL           ; 主清除命令
MOV    AL,85H           ; 选通道 1，写传送，禁止自动预置
OUT    0BH,AL           ; 地址递增，块传送方式
MOV    AL,00H           ; 外设至存储器，正常时序，固定优先级，正常写
OUT    08H,AL           ; DREQ 高电平有效，DACK 低电平有效
MOV    AX,2000H         ; 地址初值，分两次写入
OUT    02H,AL           ; 先写低字节
MOV    AL,AH
OUT    02H,AL           ; 后写高字节
MOV    AX,1000H         ; 字节数初值，分两次写入
OUT    03H,AL           ; 低字节
MOV    AL,AH
OUT    03H,AL           ; 高字节
MOV    AL,00H
OUT    0FH,AL           ; 清除通道屏蔽位
```

初始化完成后，只要通道 1 产生 DREQ 请求，就响应 DMA 请求，进行规定 DMA 传送。以上程序未设置段地址，在实际应用中，还应考虑这一点。在初始化编程时，应注意的一个问题是，要保证在初始化过程结束后才响应 DMA 请求，否则可能会发生错误。为此，可在编程开始时，禁止 8237A 工作或屏蔽所选通道。当初始化编程结束后，才允许 8237A 工作或清除该

屏蔽位。

 ## 本章小结

计算机通过外设同外部世界通信或交换数据称为"输入/输出"。位于主机与外设间、用来协助完成数据传送和控制任务的逻辑电路被称为输入/输出（简称 I/O）接口电路，通过接口电路对输入/输出过程起一个缓冲和联络的作用。CPU 对各种外围设备的电路连接及管理驱动程序就是输入/输出技术。

CPU 对外设的访问实质上是对外设接口电路中相应的端口进行访问，I/O 端口的编址方式有两种：I/O 端口和存储器统一编址和 I/O 端口独立编址。CPU 与外设的信息传送通常分为无条件传送方式、程序查询方式、中断控制方式和 DMA 方式。

中断是用以提高计算机工作效率的一种手段，能较好地发挥处理器的能力。虽然不同的微型计算机的中断系统有所不同，但实现中断时有一个相同的中断过程。中断的处理过程一般有以下几步：中断请求、中断响应、中断服务、中断返回。8086 的 256 种中断源类型分为两大类：外部中断和内部中断。中断向量表专门用来存放 256 种中断所对应的中断向量。8259A 与 8086 微处理器组成中断控制系统。8259A 允许有 8 个外部中断源输入，直接管理 8 级中断。

DMA 是指 I/O 设备直接对存储器进行读/写操作的 I/O 方式，对这一数据传送过程进行控制的硬件称为 DMA 控制器（DMAC）。8237A 是 Intel 公司生产的高性能 DMA 控制器，适合与 Intel 公司的各种微处理器配合使用。可以用软件对芯片编程，使它能选择多种方式工作。

 ## 习题与思考题

1. 什么是接口？接口的功能主要有哪些？

2. 计算机对 I/O 端口编址时通常采用哪两种方法？在 8086 系统中，用哪种方法对 I/O 端口进行编址？

3. CPU 和外设之间的数据传送方式有哪几种？各自的适用场合如何？

4. 如图 4-32 所示为一个 LED 接口电路，写出使 8 个 LED 管自左至右依次亮 2 s 的程序，并说明该接口属于何种输入/输出控制方式，为什么？

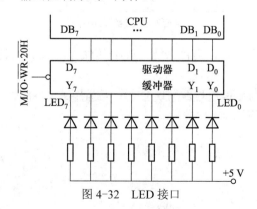

图 4-32　LED 接口

5．查询传送方式有什么优缺点？中断传送方式是如何弥补查询传送方式的缺点的？

6．比较中断传输与 DMA 传输两种方式的特点。

7．简述 CPU 同外设之间交换的 3 种信息（数据信息、控制信息和状态信息）的作用及传送过程。

8．什么是中断类型号、中断向量、中断向量表？在 8086 微机系统中，中断类型号和中断向量之间有什么关系？

9．什么是硬件中断和软件中断？在微型计算机中两者的处理过程有什么不同？

10．在中断响应周期中，CPU 会发出两个 $\overline{INTA}$ 负脉冲，8259A 利用这两个负脉冲实现什么功能？

11．以 INTR 请求为例，简述 8086 微机系统中处理硬件中断的过程。

12．简要说明 8259A 中断控制器中 IRR、ISR 和 IMR 这 3 个寄存器的功能。

13．8259A 的中断屏蔽寄存器 IMR 与 8086 中断允许标志 IF 有什么区别？

14．8259A 初始化编程过程完成那些功能？这些功能由那些 ICW 设定？

15．8259A 在初始化编程时设置为非中断自动结束方式，中断服务程序编写时应注意什么？

16．一个中断类型号为 13H 的中断服务程序存放在 1122H : 3344H 的内存中，中断向量应如何存放？

17．若 8086 系统采用单片 8259A 中断控制器控制中断，中断类型号给定为 20H，中断源的请求线与 8259A 的 IR2 相连，试问：对应该中断源的中断向量表入口地址是什么？若中断服务程序入口地址为 1235H : 5678H，则对应该中断源的中断向量表内容是什么，如何定位？

18．试按照如下要求对 8259A 设定初始化命令字：8086 系统中只有一片 8259A，中断请求信号使用电平触发方式，一般嵌套中断优先级，非缓冲方式，采用中断自动结束方式。中断类型号为 20H～27H，8259A 的端口地址为 20H 和 21H。

19．结合图 4-33，简述 DMA 控制器的特点及功能。

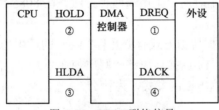

图 4-33　DMA 联络信号

20．8237A 只有 8 位数据线，为什么能完成 16 位数据的 DMA 传送？

21．8237A 的地址线为什么是双向的？

22．8237A 单字节 DMA 传送与数据块 DMA 传送有什么不同？

5

第 5 章
定时/计数技术

🔍 **学习目标**

本章主要讲解定时/计数器的基本原理和接口设计，通过本章的学习，应该做到：

■ 掌握定时/计数器的基本概念、分类、特点及应用场合。

■ 理解 8253-5 的内部结构。

■ 掌握 8253-5 的方式控制字含义，难点是 8253-5 的 6 种工作方式间的区别。

■ 掌握 8253-5 初始化编程的方法。

■ 重点掌握 8253-5 的编程及应用。

建议本章教学安排 4 学时。

5.1 定时/计数器概述

5.1.1 定时/计数器的基本概念

定时/计数器在计算机系统中，尤其是工业测控系统中有着重要的作用。定时器与计数器两者的差别仅在于用途的不同，以时钟信号作为计数脉冲的计数器就称为定时器，它主要用以产生不同标准的时钟信号或是不同频率的连续信号。而以外部事件产生的脉冲作为计数脉冲的计数器才称为计数器，它主要是用以对外部事件发生的次数进行计量。

计算机是一种智能化机器，它严格按时序进行工作，因此，计算机离不开定时与计数。计算机系统本身需要的时间基准应由时钟振荡器提供标准脉冲序列，保证计算机在确定时刻完成规定动作，如动态存储器的定时刷新及提供接口电路的工作节拍和信息传送时的同步信号等，另外，还提供系统的实时日历时钟，用以方便记录或查询某些事件。在计算机构成的测控系统中，还要求能提供一些定时和计数的功能，如定时中断、定时检测、定时扫描、定时处理以及所需要的某种计量（计数）等。

5.1.2 定时/计数器的分类

在计算机系统中使用的定时/计数器归纳起来有 3 大类：软件定时/计数器、硬件定时/计数器及可编程定时/计数器，下面分别讨论。

1. 软件定时/计数器

软件定时/计数器是实现系统定时控制或延时控制的最简单的方法。在计算机中 CPU 每执行一条指令所占用的周期（T 状态）数是确定的，用汇编语言编写一段具有固定延时时间的循环程序，将该程序的每条指令的 T 状态数累加起来，乘以系统的时钟周期，就是该程序执行一遍所需的固定延时时间。程序设计者可选择不同的指令条数和不同的循环次数来实现不同的时间延迟。

软件定时/计数器常用于简单任务较短时间的定时，这是因为定时时间越长，CPU 的开销越大，而且定时期间 CPU 不能响应中断，否则定时就不准确了。软件定时/计数器的优点是不需要额外增加硬件电路。

2. 硬件定时/计数器

硬件定时/计数器是指由硬件电路来实现的定时与计数。对于较长时间的定时一般用硬件电路来完成，硬件定时/计数期间，CPU 仍能正常工作。硬件定时/计数器应用在计算机系统中以产生特定的信号，如 555 时基电路、单稳延时电路或计数电路等，它们是通过外部的 RC 元件来实现定时的。该方法的缺点是，一旦元件设定就不能改变，电路的调试比较麻烦，长时间后电阻与电容元件会老化，造成电路工作状态不稳定，影响定时的准确度和稳定性。

3. 可编程定时/计数器

可编程定时/计数器实际上是一种软、硬结合的定时/计数器，是为了克服单独的软件定时/计数器和硬件定时/计数器的缺点，而将定时/计数器电路做成通用的定时/计数器并集成到一个芯片上，定时/计数器工作方式又可由软件来控制选择。这种定时/计数器芯片可直接对系统时钟进行计数，通过写入不同的计数初始值，可以方便地改变定时时间与计数数值，且定时期间不需要 CPU 管理。Intel 公司的 8253-5 就是这样的可编程定时/计数器芯片。

5.2 可编程定时/计数器 8253-5

5.2.1 8253-5 的主要特性

8253-5 是 Intel 为微处理机系列而设计的一个外围电路，它是一个可编程定时器/计数器芯片，24 引脚双列直插式封装。

主要特性：单一的+5 V 电源，N 沟道 MOS 工艺制成。片内具有 3 个独立的 16 位减法计数器（或计数通道），每个计数器最高计数频率为 2 MHz。

5.2.2 8253-5 的引脚与功能结构

8253-5 的引脚和功能结构示意图如图 5-1 所示。

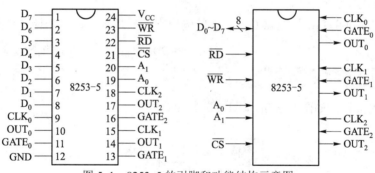

图 5-1　8253-5 的引脚和功能结构示意图

8253-5 与 CPU 的接口引线如下：

$D_7 \sim D_0$：三态双向数据线，与 CPU 数据总线直接相连。用于传递 CPU 与 8253-5 之间的数据信息、控制信息和状态信息。

$\overline{WR}$：写控制信号，输入，低电平有效。用于控制 CPU 对 8253-5 的写操作。该脚连接 CPU 系统控制总线的 $\overline{IOW}$。

$\overline{RD}$：读控制信号，输入，低电平有效。用于控制 CPU 对 8253-5 的读操作。该脚连接 CPU 系统控制总线的 $\overline{IOR}$。

A_1、A_0：地址线，输入。用于选择 3 个计数器之一及控制字寄存器。

$\overline{CS}$：片选信号，输入，低电平有效。当 $\overline{CS}=0$ 时，8253-5 被选中，允许 CPU 对其进行读/写操作。该脚连接译码电路输出端。表 5-1 为各信号组合的功能。

表 5-1　各信号组合的功能

$\overline{\text{CS}}$	$\overline{\text{RD}}$	$\overline{\text{WR}}$	A_1	A_0	功 能 含 义
0	1	0	0	0	写计数器 0
0	1	0	0	1	写计数器 1
0	1	0	1	0	写计数器 2
0	1	0	1	1	写方式控制字
0	0	1	0	0	读计数器 0
0	0	1	0	1	读计数器 1
0	0	1	1	0	读计数器 2
1	×	×	×	×	禁止

8253-5 与外设的接口引线：

CLK_0、CLK_1、CLK_2：计数器 0、1、2 的时钟输入端。用于输入定时脉冲或计数脉冲信号。这个脉冲用于定时时，该脉冲必须是均匀、连续、周期精确的；而用于计数时，可以是不均匀、断续、周期不定的。

$GATE_0$、$GATE_1$、$GATE_2$：计数器 0、1、2 的门控脉冲输入端。由外部设备来控制计数器的启动计数或停止计数的操作。

OUT_0、OUT_1、OUT_2：计数器 0、1、2 的输出端。当相应的计数器计数减到零时，该端输出标志信号。

5.2.3　8253-5 的内部结构

8253-5 的内部结构如图 5-2 所示。

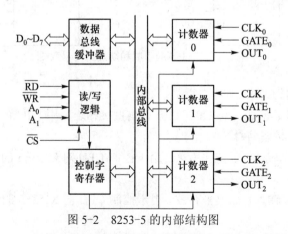

图 5-2　8253-5 的内部结构图

从内部结构图可看出 8253-5 主要由以下几部分组成：

1. 数据总线缓冲器

该缓冲器为双向三态，可直接挂接在总线上，由 CPU 通过它向计数器写入计数器初始值，也可以由 CPU 通过该缓冲器读出计数器的计数值。通过编程可确定 8253-5 的工作方式，编程的控制字便由该缓冲器送至控制字寄存器。

2. 读/写逻辑电路

由片选 $\overline{CS}$ 信号控制该芯片选中否，当选中时（$\overline{CS}$=0），该控制逻辑根据读/写命令及送来的地址信息控制整个芯片的工作。

3. 控制字寄存器

接收数据总线缓冲器的信息，写入的若是控制字，则用来控制计数器的工作方式；若是数据，则装入计数器作为计数初值。该寄存器是 8 位的，只能写不能读。

4. 计数器

8253-5 的 3 个计数器是相互独立的，而且内部结构完全相同。

在每个计数器的内部，有计数寄存器、锁存器，它们都是 16 位寄存器，但也可以作为 8 位寄存器来用。在计数器工作时，给计数器送初值并减 1 计数，锁存器用来锁存计数器执行减 1 后的内容，该内容可以由 CPU 进行读操作。

计数器内部结构图如图 5-3 所示。

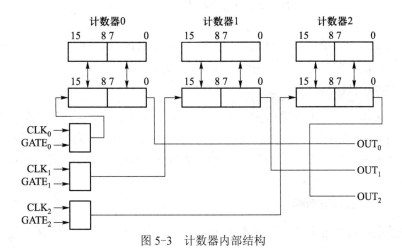

图 5-3　计数器内部结构

5.2.4　8253-5 的方式控制字

作为一个可编程的定时/计数器，其全部工作特点都由方式控制字来确定，并由 CPU 向 8253-5 写操作，即将方式控制字写入控制寄存器。

8253-5 方式控制字的格式如图 5-4 所示。

当对 8253-5 写入控制字后，就要给计数器赋初值了。在赋初值时，当控制字 D_0=0 时，即二进制计数，初值可在 0000H～FFFFH 之间选择，当控制字 D_0=1 时，装入初值应为十进制方式，其值可在 0000～9999 十进制数之间选择；无论选择何种计数方式，当初值为 0000 时计数器的计数值为最大。

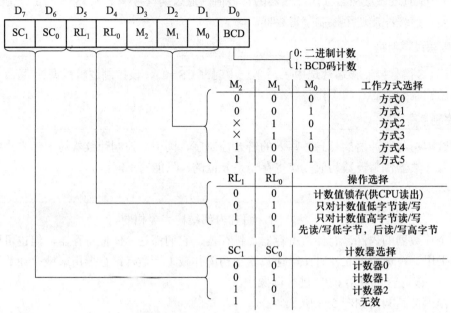

图 5-4　8253-5 的工作方式控制字

为了对计数器的计数值进行实时显示、实时检测或对计数值进行数据处理，有时需要读回计数器的当前计数值。8253-5 有以下两种读计数值的方法。

1. 读之前先停止计数

在读之前，可用 GATE 信号停止计数器工作，然后用 IN 指令读取计数值，具体读取格式取决于控制字的 D_5D_4 位。若 $D_5D_4=11$，则同一端口地址要读两次，先读的是低位字节，后读的是高位字节；若 $D_5D_4=10$，则只读一次，读出的是高位字节；若 $D_5D_4=01$，只读一次，且读出的是低位字节。

2. 读之前先送计数锁存命令

这种方法是在计数过程中读，读时并不影响当时正在进行的计数，分两步进行：第 1 步，用 OUT 指令写入锁存控制字 $D_5D_4=00$ 到控制寄存器，其他位按要求设定。这样就将计数器当前计数值锁存到 8253-5 内部的锁存器中。第 2 步，用 IN 指定读取被锁存的计数值，读取格式取决于控制字的 D_5D_4 两位的状态。

如果没有收到锁存操作命令，锁存器的内容随计数器的内容变化，一旦收到锁存操作命令，就将当前计数值锁定，但当 CPU 读取数据或重新编程后，锁存器解除锁存状态，又开始随计数器内容变化。

5.2.5　8253-5 的 6 种工作方式

1. 方式 0　计数结束产生中断

当写入方式 0 控制字后，计数器的输出 OUT 立即变成低电平，写入计数初值后的第 1 个时钟下降沿，计数器从初值开始减 1 计数，减到 0 时，输出端 OUT 变成高电平，并且一直保持到重新装入初值或复位时为止，图 5-5 所示为方式 0 的工作波形图。

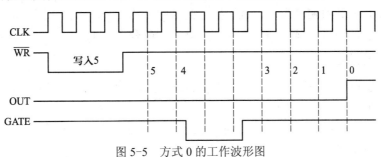

图 5-5　方式 0 的工作波形图

门控信号 GATE=1 时，允许计数；GATE=0 时，暂停计数，但不影响输出端 OUT 的电平。所以，如果在计数过程中，有一段时间 GATE 变为低电平，那么，输出端 OUT 的电平持续时间会因此而延长相应的长度。

如果在计数过程中写入新的初值，那么，在下一个时钟下降沿计数器将按新的初值计数。如果新的计数值是 16 位的，在写入第 1 个字节后，计数器停止计数，写入第 2 个字节后，计数器按新初值开始计数。

在一般情况下，输出端负脉冲的宽度与计数值的大小有关，若计数初值为 N，则从计数开始到计数结束经过了 N 个周期，计数时钟周期为 T_{CLK}，那么输出负电平的脉冲宽度为 $N \times T_{CLK}$。

8253-5 本身没有专用的中断请求引线，所以若要用于中断，则可以用方式 0 的输出端 OUT 信号作中断请求信号。

2. 方式 1　可编程单稳触发器

当写入方式 1 控制字后，时钟上升沿使输出端 OUT 变成高电平，写入计数初值后计数器并不开始计数，由门控信号 GATE 上升沿到来后，并且在下一个时钟的下降沿，使输出 OUT 变为低电平，同时计数器从初值开始减 1 计数。计数过程中 OUT 端一直维持低电平。当计数减到 0 时，输出端 OUT 变为高电平，并且在下一次触发之前，一直维持高电平。图 5-6 所示为方式 1 的工作波形图。

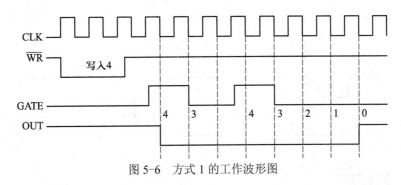

图 5-6　方式 1 的工作波形图

在计数过程中，若来一个 GATE 门控信号上升沿，则在下一个时钟下降沿从初值起重新计数。

　　如果在计数过程中写入一个新的计数值时，则不会立即影响计数过程，在出现下一个 GATE 门控信号的上升沿到来后的第一个时钟下降沿，才终止原来的计数过程，按新值开始计数。

　　正常情况下，若计数初值为 N，从门控上升沿到来的下一个时钟下降沿，即开始计数，到计数结束 OUT 变高电平，在输出 OUT 端输出脉冲宽度有 N 个时钟周期的负脉冲。

3. 方式 2　分频器

　　当写入控制字后，时钟的上升沿使输出端 OUT 变成高电平，在 GATE 为高电平的情况下，写入计数初值后的第一个时钟下降沿开始减 1 计数。减到 1 时，输出端 OUT 变为低电平，减到 0 时，输出端 OUT 又变成高电平，同时从初值开始进行新的计数过程，形成循环计数过程。图 5-7 所示为方式 2 输出波形图。

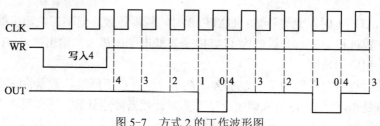

图 5-7　方式 2 的工作波形图

　　由此可见，不用重新写入计数值，计数器就能连续工作，输出一系列周期为 N（计数值）个 CLK 时钟周期，负脉冲宽度为一个时钟周期的定时信号，称为 N 分频器，因此这种方式可以作为一个负脉冲发生器。

　　门控信号 GATE 为低电平暂停计数，由低电平恢复为高电平后的第 1 个时钟下降沿重新从初值开始计数。

　　如果在计数过程中改变初值，一是在门控信号 GATE 一直维持高电平时，则新的初值不影响当前的计数过程，但在计数结束后的下一个计数周期将按新的初值计数；二是若在写入新的初值后，遇到门控信号的上升沿，则结束现行计数过程，从下一个时钟的下降沿开始重新按照初值进行计数。

4. 方式 3　方波发生器

　　与方式 2 类似，也是在初始化完成后能重新循环计数，并且门控制信号 GATE 的作用相同，但二者的主要区别在于输出 OUT 的输出波形不同。图 5-8 所示为方式 3 工作波形图。

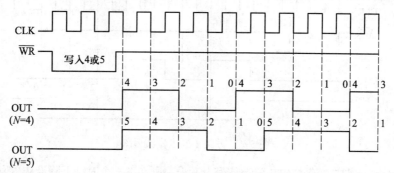

图 5-8　方式 3 的工作波形图

当计数初值为偶数时,写入控制字后的时钟上升沿,输出端 OUT 变成高电平,写入计数初值后的第 1 个时钟下降沿,计数器从初值开始减 1 计数。减到 $N/2$ 时,输出端 OUT 变为低电平;减到 0 时,输出端 OUT 又变成高电平,并重新从初值开始计数。若 GATE=1,则一直重复同样的计数过程。输出端 OUT 的波形是连续的方波,故称方波发生器。

当计数初值为奇数时,计数减至到 $(N-1)/2$ 时,输出端 OUT 变成低电平,减到 0 时,OUT 端又变成高电平,并重新开始一个计数过程。这时输出端的波形为连续近似方波。

当 GATE=1 时,允许计数;GATE=0 时,禁止计数。如果在输出端 OUT 为低电平,GATE 变低,则 OUT 将立即变高,并停止计数。当 GATE 变高以后,计数器重新装入初值并重新开始计数。

如果在计数过程中写入新的计数初值时,当门控信号 GATE 为高电平,新写入的初值不影响当前的计数过程,只有从下一个计数周期开始按新的初值开始计数。若在写入初值后来一个门控制 GATE 信号的上升沿时,则在下一个时钟的下降沿,终止现行计数并按写入新值开始计数。

在正常计数过程中,即 GATE 一直保持高电平时,设写入的计数初值为 N,当计数初值为偶数时,OUT 端的输出波形为连续方波,时钟周期的高电平和低电平各占 $N/2$ 个时钟周期;计数初值为奇数时,OUT 端的输出波形为近似的连续方波。有 $(N+1)/2$ 个时钟周期的高电平,$(N-1)/2$ 个时钟周期的低电平。

5. 方式 4 软件触发选通脉冲

当写入控制字后,时钟上升沿使输出端 OUT 变成高电平(原为高电平则保持为高电平),写入计数初值后,第 1 个时钟下降沿使计数器开始减 1 计数(相当于软件启动),减到 0 时,输出端 OUT 变低一个时钟周期,然后自动恢复成高电平,停止计数,并一直维持高电平,除非写入新的计数初值。图 5-9 所示为方式 4 的工作波形图。

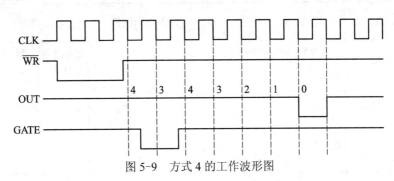

图 5-9 方式 4 的工作波形图

当 GATE=1 时,允许计数;GATE=0 时,禁止计数,并使输出端 OUT 保持原电平。在任何时候写入计数初值,只要当时 GATE=1,就会立即触发一个计数过程,称为软件触发。

输出端 OUT 脉冲宽度在正常计数情况下,若写入的计数初值为 N,在计数过程中,维持 N 个时钟周期的高电平、1 个时钟周期的低电平。这个负脉冲可作为选通脉冲使用,因此方式 4 为软件触发选通脉冲信号发生器。

6．方式 5　硬件触发选通脉冲

写入控制字后，时钟上升沿使输出端 OUT 变成高电平，写入计数初值后，计数器并不开始计数，在门控信号 GATE 的上升沿到来时，由下一个时钟下降沿计数器开始减 1 计数，计数器减到 0，输出端 OUT 变低电平为一个时钟周期，然后又自动恢复成高电平，并一直保持高电平。图 5-10 所示为方式 5 工作波形图。

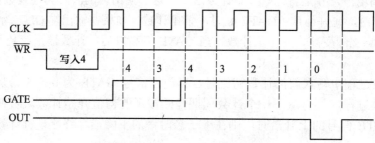

图 5-10　方式 5 的工作波形图

在任何时候，当门控信号 GATE 上升沿到来时，立即触发一个计数过程，开始重新计数。

写入新的计数初值时，若无门控信号 GATE 上升沿触发，新初值的写入不会影响现行的计数过程。

输出脉冲宽度在正常计数情况下，如果写入的计数初值为 N，输出端 OUT 维持 N 个时钟周期的高电平，1 个时钟周期的低电平。

在上述的 6 种工作方式中，门控制信号 GATE 均起作用，现将 GATE 信号的作用列于表 5-2 中。

表 5-2　8253-5 的工作方式

工作方式	开始方式	波形特征	是否自动循环	GATE 作用	中间改变计数值的有效性
0	立即（在 GATE=1 时）	计数期间为低电平，结束后为高电平	否	低电平期间暂停计数	立即
1	GATE 上升沿	计数期间为低电平，其余为高电平	自动重置初值，但需 GATE 上升沿才能重新开始	上升沿重新计数	GATE 上升沿
2	立即（在 GATE=1 时）	在最后一个计数期间为低电平，其余为高电平	是	恢复高电平重新计数	下一计数周期开始
3	立即（在 GATE=1 时）	占空比 1:1（或近似）的方波	是	恢复高电平重新计数	下一计数周期开始
4	立即（在 GATE=1 时）	计数结束后输出一个CLK周期的低电平，其余为高电平	否	恢复高电平重新计数	立即
5	GATE 上升沿	同方式 4	自动重置初值，但需 GATE 上升沿才能重新开始	上升沿重新计数	GATE 上升沿

5.2.6 8253-5 的初始化编程

在使用 8253-5 之前，必须对其进行初始化编程。

初始化编程的顺序是：对某一指定计数器，必须先写控制字，再写计数初值。计数初值写入的格式由控制字的 D_5 和 D_4 两位的编码决定，因为 3 个计数器是完全独立的，写入控制字的顺序无任何先写或后写的限制。

（1）写入计数器的控制字，规定其工作方式。无论哪个计数器的控制字都必须写入同一端口，即控制端口，对应地址 $A_1A_0=11$。

（2）写入计数初值。

① 若规定只写低 8 位，则写入的是计数值的低 8 位，高 8 位自动置 0。

② 若规定只写高 8 位，则写入的是计数值的高 8 位，低 8 位自动置 0。

③ 若规定写 16 位计数值，则分两次写入，先写的必是低 8 位，后写的必是高 8 位。

计数初值要写入指定计数器对应的端口地址，即计数器 0 对应地址为 $A_1A_0=00$，计数器 1 对应地址为 $A_1A_0=01$，计数器 2 对应地址为 $A_1A_0=10$。

【例 5-1】 某微机系统中 8253-5 的端口地址为 40H～43H，要求计数器 0 工作在方式 0，计数初值为 FFH，按二进制计数；计数器 1 工作在方式 2，计数初值为 1000，按 BCD 码计数。试写出初始化程序段。

解：按要求找出所用计数器的控制字。计数器 0 的控制字：

D_7	D_6	D_5	D_4	D_3	D_2	D_1	D_0
0	0	0	1	0	0	0	0

选计数器 0：只写低 8 位，选工作方式 0、二进制计数；控制字为：10H。

计数器 1 的控制字：

D_7	D_6	D_5	D_4	D_3	D_2	D_1	D_0
0	1	1	0	0	1	0	1

选计数器 1：只写高 8 位，选工作方式 2、BCD 计数；控制字为：65H。

说明：由于计数器 0 的计数初值只有 8 位，也可看成 00FFH，但只写低 8 位后，高 8 位会自动清零，所以控制字的 $D_5D_4=01$。

计数器 1 的计数初值为 16 位，可以有两种写法：一种是先写低 8 位 00H，再写高 8 位 10H，也可只写高 8 位，这是由于低 8 位会自动清零。

由此可见，计数值有时可以当成 8 位来写，也可以当成 16 位来写，故控制字是不唯一的。在本例中都只写 8 位，请读者自己写出把计数值当成 16 位来写的控制字。

初始化程序段：

```
MOV        AL,10H        ;写通道 0 控制字
OUT        43H,AL
MOV        AL,0FFH       ;通道 0 计数初值
OUT        40H,AL
MOV        AL,65H        ;写通道 1 控制字
```

```
OUT        43H, AL
MOV        AL,10H                ;写通道 1 计数初值
OUT        41H,AL
```

【例 5-2】 设 8253-5 端口地址为 FFF0H～FFF3H，要求计数器 2 工作在方式 5，二进制计数，初值为 F03FH，试按上述要求完成 8253-5 的初始化。

解:

① 控制字。

D_7	D_6	D_5	D_4	D_3	D_2	D_1	D_0
1	0	1	1	1	0	1	0

选计数器 2：先写低 8 位再写高 8 位，选工作方式 5、二进制计数控制字为：BAH。

说明：与［例 5-1］不同，本例中计数初值为 16 位，且高 8 位、低 8 位均不为 0，故必须要以先写低 8 位，后写高 8 位的格式写入计数初值，即 $D_5D_4=11$，也就是说，这种情况下控制字是唯一的。

② 初始化程序段。

```
MOV        DX,0FFF3H
MOV        AL,0BAH
OUT        DX,AL
MOV        DX,0FFF2H
MOV        AL,3FH
OUT        DX,AL
MOV        AL,0F0H
OUT        DX,AL
```

5.2.7 8253-5 的应用举例

下面举两个实际例子说明 8253-5 的使用方法。

【例 5-3】 IBM-PC/XT 微机的某扩展板上使用一片 8253-5，其端口地址为 200H～203H。要求从定时器 0 的输出端 OUT_0 得到 500 Hz 的方波信号，从定时器 1 的输出端 OUT_1 得到 50 Hz 的单拍负脉冲信号。计数脉冲频率为 250 kHz，其硬件连接如图 5-11 所示。

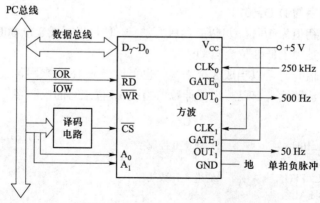

图 5-11 ［例 5-3］硬件连接图

解:

① 确定工作方式。

根据题目要求可知，OUT_0 端输出的是连续方波，因此定时器 0 应工作在方式 3，而 OUT_1 端输出单拍负脉冲，定时器 1 必须工作在方式 2。

② 计算计数初值。

若 8253-5 的定时器工作在方式 2 或方式 3，实际上相当于分频器，即 OUT 端的输出信号频率是由 CLK 端的信号频率经定时器分频得到的，而分频系数就是从计数初值开始减到 1 时所计的时钟周期数，因此，计数初值 N 就是定时器的分频系数所对应的数字。

存在如下关系式：

$$计数初值=分频系数=f_{CLK}/f_{OUT}$$

题目中未指定计数格式，可以规定二进数，也可以规定 BCD 码计数（实际上是十进数），但两种情况下的满度值不同。这里选择按二进制计数，其满度值为 $2^{16}-1$。

现在来计算本例中定时器 0 和定时器 1 的计数初值。

定时器 0：

$$N=f_{CLK0}/f_{OUT0}$$
$$=250000/500$$
$$=500$$

化为十六进制为 01F4H。

定时器 1：

$$N=f_{CLK1}/f_{OUT1}$$
$$=500/50$$
$$=10$$

化成十六进制为 0AH。

③ 确定控制字。

根据所选工作方式和计数格式，以及计算出的计数初值，可确定定时器 0 和定时器 1 的控制字如下：

定时器 0。

控制字为 36H。

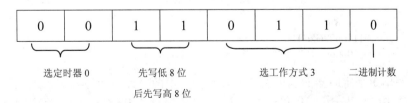

定时器 1:

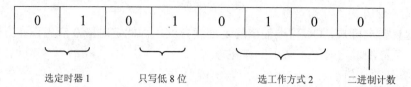

选定时器 1　　只写低 8 位　　选工作方式 2　　二进制计数

控制字为 54H。

④ 初始化程序段

```
MOV        DX,203H        ;写定时器 0 控制字
MOV        AL,36H
OUT        DX,AL
MOV        DX,200H        ;写定时器 0 计数初值低 8 位
MOV        AL,0F4H
OUT        DX,AL
MOV        AL,01H         ;写定时器 0 计数初值高 8 位
OUT        DX,AL
MOV        DX,203H        ;写定时器 1 控制字
MOV        AL,54H
OUT        DX,AL
MOV        DX,201H        ;写定时器 1 计数初值
MOV        AL,0AH
OUT        DX,AL
```

【例 5-4】　某 IBM-PC/XT 应用系统中，当某一外部事件发生时（给出一高电平信号），1 s 后向主机申请中断。若用 8253-5 实现此延迟，试设计硬件连接图并对 8253-5 进行初始化。设 8253-5 的端口地址为 40H～43H。

解：从 8253-5 的 6 种工作方式的输出波形看，本例选用工作方式 0 最为合适。因为按方式 0 工作时，写入控制字后 OUT 端立即变低，可以用事件发生所给出的高电平作为门控信号。也就是说，由于事件未发生时，门控信号为低电平，故写入初值后不会计数，直到事件发生时，门控信号变为高电平，计数器才从初值开始减 1 计数，达到预定时间刚好计完并输出高电平作为中断请求信号，且能保持此请求信号直到被响应。请求信号的撤除可在中断服务程序中完成，如想办法使门控信号复位，对定时器写入控制字而使 OUT 端变低电平。

现在使用 IBM-PC/XT 机中晶振频率（14.318 18 MHz）经 12 分频以后的 1.19 MHz 时钟信号作为计数时钟。而 8253-5 的一个计数通道不能完成 1 s 的定时。

因为计数初值 $N = f_{CLK}/f_{OUT}$
　　　　　$= 1190000\text{Hz}/1\text{Hz}$
　　　　　$= 1190000$

可见已超出 1 个定时器的满度值，所以至少应用两个计数通道。

这里，选 BCD 码计数（也可选二进制），用定时器 1 和定时器 2，将定时器 1 的初值选为 0，这相当于最大计数值 10^4，那么，定时器 2 的初值就是 119，用定时器 1 作为对 1.19 MHz 信号的分频器，选工作方式 2，定时器 2 选工作方式 0。

因此，通道 1 和通道 2 的控制字分别为：01010101B 和 10110001B。

本例的硬件连接如图 5-12 所示和初始化程序如下。

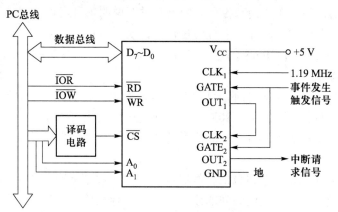

图 5-12 ［例 5-4］硬件连接图

初始化程序段：

MOV	AL,01010101B	;写通道 1 控制字
OUT	43H,AL	
MOV	AL,0	;写通道 1 计数初值
OUT	41H,AL	
MOV	AL,10110001B	;写通道 2 控制字
OUT	43H,AL	
MOV	AL,19H	;写通道 2 计数初值低 8 位
OUT	42H,AL	
MOV	AL,1	;写通道 2 计数初值高 8 位。
OUT	42H,AL	

 本章小结

以时钟信号作为计数脉冲的计数器就称为定时器，它主要用以产生不同标准的时钟信号或是不同频率的连续信号。而以外部事件产生的脉冲作为计数脉冲的计数器称为计数器，它主要是用以对外部事件发生的次数进行计量。

在计算机系统中使用的定时/计数器有 3 类：软件定时/计数器、硬件定时/计数器及可编程定时/计数器。Intel 公司的 8253-5 就是一个可编程定时器/计数器芯片。

8253-5 的工作原理是利用计数器减 1 计数，减至 0 发出信号；除定时计数两种典型用法外，还可以用作频率发生器、分频器、实时时钟、单脉冲发生器等。

在使用 8253-5 之前，必须对其进行初始化编程，顺序是：对某一指定计数器，先写控制字，再写计数初值。

 习题与思考题

1. 简述时钟在计算机系统中起的作用。

2．定时/计数器分为哪几类？各有何优缺点？

3．8253-5 有哪几种工作方式？各有何特点？举例说明每种工作方式的适用场合。

4．8253-5 的每个计数通道有一个 GATE 端，说明它有什么作用？

5．要求计数器 0 能产生 20 ms 的定时信号，设它的地址为 2F0～2F3H，CLK_0 为 500 kHz，试对它进行初始化编程。

6．用 8253-5 的计数器 1 对外部事件进行计数，要求每计数到 100 时产生一个中断请求信号，设 8253-5 的端口地址为 200H～203H，试对它进行初始化编程。

7．让一个 8253-5 的计数器 3 工作在单稳态方式，让它产生宽度为 15 ms 的负脉冲（设输入频率为 2 MHz）。

8．为了用 8253-5 测量一个事件的持续时间长短，一般都将事件的持续时间转换成一定的脉冲宽度，试设计测量此脉冲宽度时间的硬件电路并进行初始化编程。

9．设 8253-5 的计数器 0 按方式 3（方波发生器）工作，时钟 CLK_0 的频率为 1 MHz，要求输出方波的频率为 40 kHz，此时应如何写入？输出方波的"1"和"0"各占多少时间。

10．设 8253-5 的 3 个计数器的端口地址分别为 40H、41H、42H，控制寄存器端口地址为 43H。输入时钟为 2 MHz，让计数器 1 发出周期性的脉冲，其脉冲周期为 1 ms，试编写初化程序段。

11．设 8253-5 的计数器 0，工作在方式 1，计数初值为 2050H；计数器 1，工作在方式 2，计数初值为 3 000；计数器 2，工作在方式 3，计数初值为 1 000。如果 3 个计数器的 GATE 都接高电平，3 个计数器的 CLK 都接 2 MHz 时钟信号，试画出 OUT_0、OUT_1 和 OUT_2 的输出波形。

12．设 8253-5 的定时器输入时钟频率为 1 MHz，并设定为按 BCD 码计数，若写入的计数初值为 0080H，则该定时器定时时间是多少？

13．8253-5 的计数器 0 连接如图 5-13 所示，试回答：

① 计数器 0 工作于何种工作方式，并写出工作方式名称。

② 写出计数器 0 的计数初值（要列出计算式）。

14．若用 8253-5 计数器对设备的转轴的旋转速度进行测试，接口电路如图 5-14 所示。从图可知，若与轴相连的转盘上均匀地钻有每圈 50 个孔，当轴旋转时，通过光电转换，每通过一个小孔，产生一个正脉冲，当轴旋转一圈，就会有 50 个脉冲通过 CLK 输入 8253-5 计数器进行减法计数，若假设此转轴的转速范围在 50 r/s～1000 r/s，并设 8253-5 的端口地址为 84H～87H。

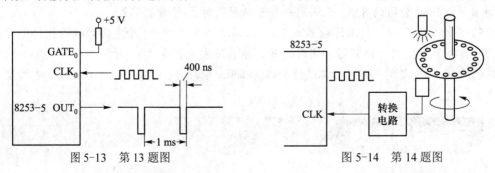

图 5-13　第 13 题图　　　　　图 5-14　第 14 题图

① 若采用定时测试已转换过的脉冲个数而转换为测试转轴的转速，单位为 r/s。说明它的计算过程？

② 若用计数器 0 对脉冲计数，用计数器 1 作为定时器，设它的 CLK_1 频率为 200 kHz，用定时 100 ms 来计数。写出计数器 0、1 的工作方式控制字的计数初值，并注释，写出 8253-5 的初始化程序。

15. 利用 8253-5 的功能，结合软件方法设计一个能计秒、分、小时的时钟。

第6章
并行接口

🔍 **学习目标**

本章主要讲解并行接口有关知识。通过本章的学习，应该做到：

■ 掌握并行接口的有关概念、基本输入/输出及并行接口的工作原理。

■ 理解 8255A 的内部结构和引脚功能。

■ 掌握 8255A 的 3 种工作方式。

■ 掌握 8255A 的初始化编程方法。

■ 重点掌握 8255A 的编程及应用。

建议本章教学安排 6 学时。

6.1 并行接口基础

6.1.1 并行接口概述

CPU 与外部设备间的数据传输是通过接口来实现的。CPU 与接口间的数据传输总是并行的，而接口与外设间的数据传输则可分为两种情况：串行传输与并行传输。与串行传输相比，并行传输需要较多的传输线，成本较高，但传输速度快，更适用于高速、近距离的场合。

能够实现并行传输的接口称为并行接口，分为不可编程并行接口与可编程并行接口。不可编程并行接口通常由三态缓冲器及数据锁存器等构成，控制简单，但改变其功能必须改变硬件电路。可编程并行接口的最大特点是其功能可通过编程设置而改变，具有极大的灵活性。Intel 公司的 8255A 是典型的可编程并行接口芯片。

图 6-1 是一个并行接口电路位置示意图。它处于系统总线和外部设备之间，一方面与系统总线相连，另一方面要与外设相接。接口电路在二者之间起到缓冲和匹配作用，用于实现 CPU 与外设之间的数据传送。图 6-1 中的接口电路与外设之间实现 8 位数据同时传输，称之为 8 位并行接口。数据位的宽度可以是 16 位、32 位或更宽，这要根据实际需要而确定，在微型计算机中最常见的是 8 位。

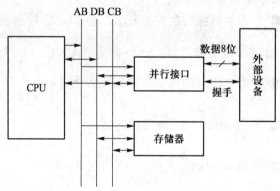

图 6-1　并行接口电路位置示意图

简单的并行接口可以用独立的 TTL 集成电路来完成，另外一些并行接口，如 IEEE-488、SCSI，则需要用相当复杂的电路系统来实现。

并行接口有两个特点：一是接口是以并行方式来实现数据传输，数据通道或数据的宽度就是传输的位数；二是在计算机与外设之间，设置协调传递数据位的有关联络信号，即握手信号。

6.1.2 并行接口输入/输出

在 CPU 与 I/O 设备进行联系时，3 种总线结构都要用到。接口在两个方向上提供这种联系。

各种各样的接口可以归结为两种类型：中断型接口和非中断型接口。这两种接口又可进一步分为可编程的和不可编程的。不可编程的中断型接口和非中断型接口有时称为指令化输入/输出接口，通过执行 I/O 指令来控制输入/输出操作。由于不可编程的接口没有可编程端口所需的硬件复杂，比较容易理解输入/输出接口的基本原理，以下首先讨论这种接口。

1. 并行输入

（1）电平状态量输入

输入设备的状态信息是一个电平状态量，如开关状态。可用三态门读取开关的状态信息。图 6-2 为三态门（74LS244）传输的输入接口电路图。

如图 6-2 所示，通过地址译码器得到接口片选信号 $\overline{CS}$，当在执行 IN 指令周期，产生 $\overline{IOR}$ 信号时，则设备的信息可通过三态门（74LS244）送到 CPU 的数据总线，然后装入 AL 寄存器，设片选的口地址为 port，可用如下的指令来完成取数。

```
MOV    DX, port
IN     AL, DX
```

要调试则可用 DEBUG 命令，即

```
I    port
```

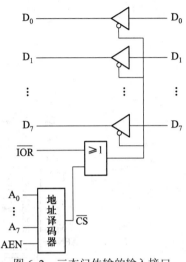

图 6-2　三态门传输的输入接口

port 用十六进制表示，执行完该命令，将会在屏幕上显示出读取的数据，以此验证接口线路的正确与否。

三态门也常用作缓冲器，来隔离输入和输出线路，在两者之间起到缓冲的作用。

（2）脉冲沿的输入

输入量以脉冲的形式出现，而随时在变化，可用 D 触发器记录的方法，来检测有无脉冲输入的产生，即输入量脉冲作为 D 触发器的 CP 端，一旦有上升沿产生，D 触发器响应端 Q 置 1。图 6-3 是实现以上功能的线路图。

D 触发器可用 74LS74，CPU 用 IN 指令读取信息以后，然后用 OUT 指令将各 D 触发器清零，等待下一次接收。

实现以上功能的程序如下：

```
MOV    DX, port
IN     AL, DX
MOV    BL, AL
MOV    AL, 00
OUT    DX, AL
```

port 为端口地址，由于经常要检测接口状态的变化，往往需要几位，因此接口电路要有按位清零的功能。清零线路的原理是：当控制信号 $\overline{IOW}$ 到后，经过两个 CLK 时钟周期（420ns），再清输入数据锁存器，因为当 $\overline{IOW}$ 信号到来后，数据总线的数据还未稳定（当有 $\overline{IOW}$ 信号时，

经过 110 ns 后数据总线才稳定），要清零数据锁存器位，可能会产生误操作，因此将 $\overline{IOW}$ 信号延时两个 CLK 时钟周期再和数据总线上的数据相与后，才能保证锁存器的正确清零。如要清 D_7、D_6 位，可用如下指令：

```
MOV   DX, port
MOV   AL, 3FH
OUT   DX, AL
```

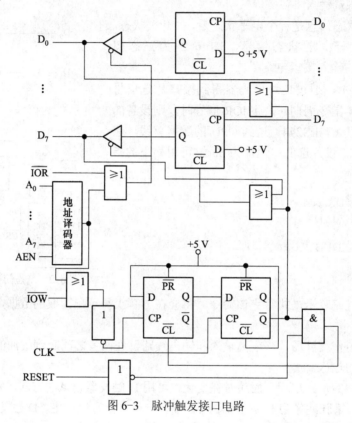

图 6-3   脉冲触发接口电路

port 为端口地址，设 D_7、D_6 位为 0，其他位为 1（3FH）。

2. 并行输出

可根据用户对输出数据的要求来设计并行输出接口电路。

（1）输出数字量，而不需要数据锁存

对于有这样要求的输出接口，可选用三态门 74LS244 和 D 触发器 74LS74 来实现输出接口电路，称为三态门输出接口电路，如图 6-4 所示。图中 $\overline{CS}$ 为片选信号，$\overline{IOW}$ 为写控制信号，当两个信号同时有效时，经过 U1、U2 延时一段时间使数据总线上的数据稳定以后再进行数据输出。

（2）输出数字量，需要数据锁存

当接口输出的数字量用来控制设备时，就要对输出的数字量进行保持，直到新的数字量给出为止，这样就要对输出的数字量进行锁存处理，接口的电路设计采用 8D 触发器 74LS273 来完成，输出锁存线路的原理图如图 6-5 所示。

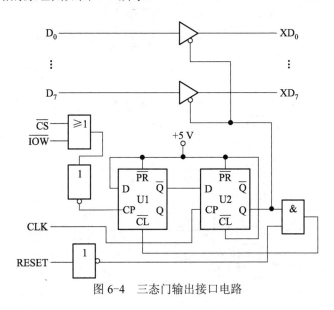

图 6-4 三态门输出接口电路

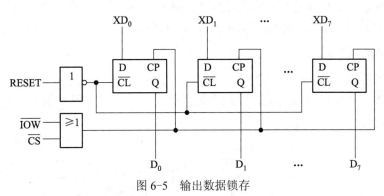

图 6-5 输出数据锁存

由于 D 触发器 CP 端的脉冲为上升沿触发，数据总线上的数据是由控制信号 $\overline{\text{IOW}}$ 的后沿来打入数据信息，此时数据总线上的数据已经稳定，因此不需要设计 $\overline{\text{IOW}}$ 延时电路。数据线的数据 $XD_0 \sim XD_7$ 是系统数据总线通过缓冲器以后到达 D 触发器的 D 端。

实现以上功能可用如下指令：

```
MOV    AL, DATA
MOV    DX, port
OUT    DX, AL
```

DATA 表示输出的数字量，port 为端口地址。

当执行完以上的指令后，可用逻辑笔或万用表来检查相应位的逻辑电平，从而可知锁存的数据是否正确。

（3）脉冲方式输出

如果要求接口电路输出的数据为脉冲信号形式，以便用来激发相应的部件。可采用如下设计线路来完成脉冲式输出，如图 6-6 所示。

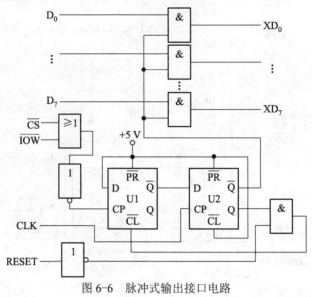

图 6-6 脉冲式输出接口电路

输出脉冲的宽度由 CLK 的周期来确定，PC 机 CLK 信号的周期为 210 ns，输出受 D 触发器 U2 的 D 端控制，输出脉冲的宽度为两个 CLK 周期 420 ns。

3. 双向式输入/输出

在一些外部设备与计算机双方之间，通过数据总线进行信息相互交换时，设计的接口电路既要有输入功能，又要有输出功能，即数据通道具有双向功能，这样的方式称为双向式输入/输出，如图 6-7 所示。

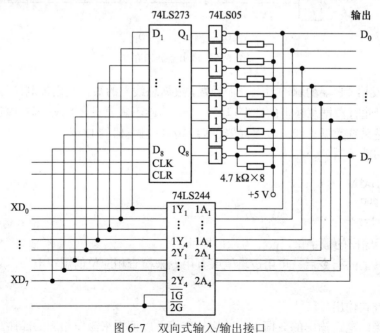

图 6-7 双向式输入/输出接口

由于外部设备既要接收信息又要发送信息，因此在设计电路时，采用集电极开路门电路（OC门），可用两个六反相器（OC门）74LS05来实现，图6-7中的4.7 kΩ电阻为OC门外接的集电极电阻。输入电路采用三态八缓冲器74LS244集成电路，输出电路采用8D触发器74LS273集成电路。

4. 带有联络信号的输入/输出

不是所有的输入/输出设备随时都可以与计算机进行输入或输出操作的，为了取得外设和计算机的协调，计算机主机经常采用查询方式查询输入/输出设备的某种状态标志，如设备的准备好信号、设备的忙信号等，以决定是否对设备进行数据传输。

图6-8给出一种计算机检测标志位的电路，该标志位的状态决定是否能从外设取数，在电路中，读取输入设备的 READY/$\overline{BUSY}$ 信号，当测得 $D_0=1$ 时，便可打开三态门缓冲器，将数据读走，同时使用三态门输出允许的信号将外设 READY/$\overline{BUSY}$ 信号清零，以便等待第2次输入数据，重复上述过程。图6-9所示为读清标志时序图。

简单的测试程序：

```
FOREVER:    MOV     DX, port1
            IN      AL, DX
            TEST    AL, 01H
            JZ      FOREVER
RECEIVE:    MOV     DX, port2
            IN      AL, DX
            MOV     BUFFER, AL
```

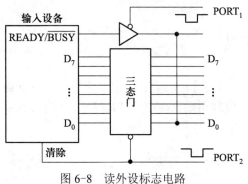

图6-8 读外设标志电路

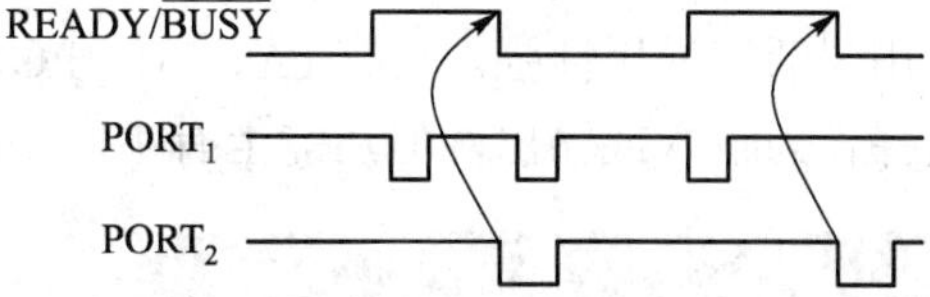

图6-9 读清标志时序

5. 中断式输入

有的外部设备在准备好时，就要求立即得到服务，这时可采用中断方式。即一旦外设准备好，立即产生中断请求信号，CPU响应该中断以后，立即去接收输入设备输入的数据。图6-10所示为中断方式的输入电路。

图6-10中U2为允许中断寄存器，当CPU允许输入设备中断时，用OUT指令通过PORT$_3$将其置成"Q=1"状态。这样输入设备准备好信号的前沿将把U1置成1，并通过打开的三态门，以产生中断请求信号 IRQ$_X$，准备好信号的后沿将U1置成0，以准备下一次产生中断。这种方式使用的条件必须是准备好信号有足够的宽度，若宽度太小，则U1的信号可按如图6-10

所示的那样产生，即准备好信号通过 U3、U4 延时作为 U1 的脉冲。当不允许该设备请求中断时，可将 U2 置成"Q=0"态，以使三态门成为高阻状态。

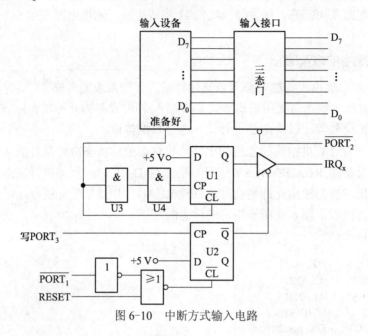

图 6-10 中断方式输入电路

图 6-10 中的 $\overline{PORT_2}$ 为输入接口的读控制信号，$PORT_3$ 信号为允许设备产生中断控制信号，$\overline{PORT_1}$ 信号为不允许设备产生中断请求信号。

6.2 8255A 可编程并行接口芯片

8255A 是一种通用 8 位可编程并行输入/输出接口芯片，由于它可通过编程来改变功能，所以使用灵活，通用性强。它有 PA、PB、PC 3 个 8 位通用输入/输出端口，每一个端口都可以编程选择作为输入或输出，但功能上有不同的特点。

6.2.1 8255A 的引脚功能

8255A 是一个 40 引脚双列直插式封装芯片，图 6-11 为其引脚和功能示意图。

$D_0 \sim D_7$：三态双向 8 位数据线，用来读/写数据和写控制字。

$PA_0 \sim PA_7$：A 口 8 位数据输入/输出线。

$PB_0 \sim PB_7$：B 口 8 位数据输入/输出线。

$PC_0 \sim PC_7$：C 口 8 位数据输入/输出线。

$\overline{CS}$：片选信号，低电平有效。为低电平时，8255A 才工作。

$\overline{WR}$：写控制信号，低电平有效，为低电平时，允许 CPU 通过 8255A 输出数据。

$\overline{RD}$：读控制信号，低电平有效，为低电平时，允许 CPU 通过 8255A 输入数据。

A_0，A_1：端口选择线，在 8255A 中共有 4 个端口地址，它们是 A 口、B 口、C 口 3 个数据口，以及一个控制寄存器端口。这 4 个端口是用 A_1、A_0 状态组合来进行选择。通常将 A_1、A_0 接地址总线的最低两位，使 8255A 这 4 个端口地址是连续的。

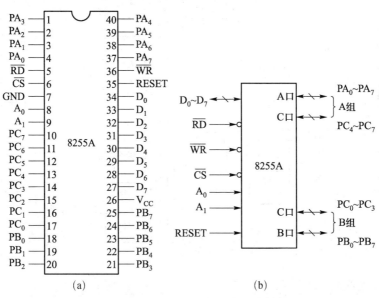

图 6-11　8255A 的引脚和功能示意图

A_1、A_0，读/写控制 $\overline{RD}$、$\overline{WR}$ 与片选信号 $\overline{CS}$ 组合后进行寻址实现相应的操作。表 6-1 是端口操作选择表。

表 6-1　8255A 端口操作选择表

A_1	A_0	$\overline{RD}$	$\overline{WR}$	$\overline{CS}$	操　作	
0	0	0	1	0	PA ⟶ DB	输入
0	1	0	1	0	PB ⟶ DB	输入
1	0	0	1	0	PC ⟶ DB	
0	0	1	0	0	DB ⟶ PA	输出
0	1	1	0	0	DB ⟶ PB	
1	0	1	0	0	DB ⟶ PC	
1	1	1	0	0	DB ⟶ 控制寄存器	
×	×	×	×	1	DB 为三态	禁止
1	1	0	1	0	非法状态	
×	×	1	1	0	DB 为三态	

　　RESET：复位信号，高电平有效。为高电平时，8255A 所有的寄存器清"0"，所有的输入/输出均处于输入状态。

6.2.2　8255A 的内部结构

　　8255A 内部结构框图如图 6-12 所示，其由如下几部分组成：

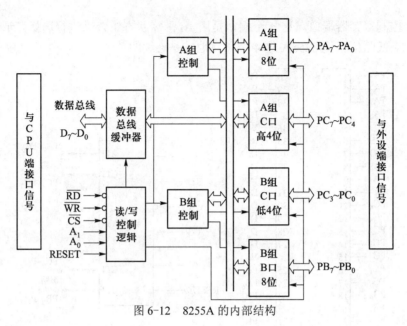

图 6-12　8255A 的内部结构

1. 数据总线缓冲器

该缓冲器为 8 位双向三态的缓冲器，直接挂接在 PC 机 8 位数据总线 $D_7 \sim D_0$ 上。8255A 编程时的各种命令字，或被读取的状态字也是通过该数据总线缓冲器传送的。

2. 读/写控制逻辑

CPU 通过输入和输出指令，将地址信息和控制信息送至该部件，使其向 A 组、B 组发出控制信号。

3. A 组和 B 组控制部件

A 组控制部件：控制 A 口及 C 口的高 4 位。

B 组部件控制：控制 B 口及 C 口的低 4 位。

这两组控制部件接收读/写控制逻辑来的命令，从数据总线接收控制字，向相应的端口发出命令，以控制其动作。

4. 数据端口 A、B、C

8255A 的 3 个 8 位数据端口：

A 口具有一个输出锁存器/缓冲器和一个输入缓冲器，在方式 2 下输入/输出均锁存。

B 口具有一个输出锁存器/缓冲器和一个输入缓冲器。

C 口具有一个输出锁存器/缓冲器和一个输入缓冲器。C 口除作为基本输入和输出口外，还可做控制和状态口，C 口的高 4 位 $PC_7 \sim PC_4$ 配合 A 口工作，C 口的低 4 位 $PC_3 \sim PC_0$ 配合 B 口工作，它们分别用于输出控制信号和输入状态信号，具体情况在工作方式描述中介绍。

6.2.3　8255A 的方式控制字

8255A 芯片有 3 种工作方式：

方式 0：基本输入/输出方式。

方式 1：选通输入/输出方式。

方式 2：选通双向输入/输出方式

可通过对芯片的编程来指定各端口的工作方式，也就是对 8255A 芯片内的控制寄存器装入不同的控制字，以决定其工作方式。

1. 方式选择控制字

控制字的格式如图 6-13 所示。

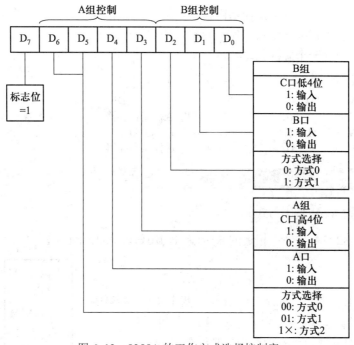

图 6-13　8255A 的工作方式选择控制字

【例 6-1】　A 组工作在方式 1，且 A 口作为输入口，C 口高 4 位作为输出口；B 组工作在方式 0，且 B 口指定为输出，C 口低 4 位为输入。设 8255A 端口地址为 4F0H～4F3H。则对应的控制方式选择字是：B1H。

初始化程序如下：

```
MOV     DX, 4F3H      ;8255A 控制字寄存器地址
MOV     AL, 0B1H      ;设置方式字
OUT     DX, AL        ;送到 8255A 控制寄存器中
```

2. 按位置位/复位方式

当控制字寄存器 D_7=0 时，控制字用来将 C 口某位置位或复位，控制字的各位含义如图 6-14 所示。

$D_6 \sim D_4$ 三位不用，$D_3 \sim D_1$ 按二进制编码，以选择 C 口的某一位，选择的位将由 D_0 位规定是置位（D_0=1）还是复位（D_0=0）。

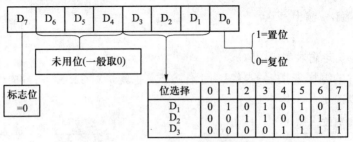

图 6-14 C 口按位置 / 复控制字

C 口中的任一位，均具有位操作功能，当要通过 C 口的某一位输出一个脉冲时，只要将相应的控制字送入控制字寄存器就可以实现这种功能。

例如：将 PC$_3$ 产生一个脉冲信号，程序如下：

MOV	AL, 07H	;PC$_3$ 置 1 控制字送 AL
MOV	DX, 4F3H	;控制字寄存器地址送 DX
OUT	DX, AL	;置位控制字送控制寄存器
MOV	AL, 06H	;PC$_3$ 置 0 控制字送 AL
OUT	DX, AL	;复位控制字送控制寄存器

6.2.4 8255A 的 3 种工作方式

1. 方式 0：基本输入/输出方式

在方式 0 下，8255A 与外设相连的 3 个端口均用做输入/输出传送，不设置专用联络线，如图 6-15 所示。

8255A 工作于方式 0 时，它具有以下功能：

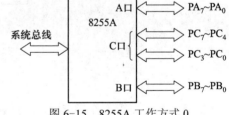

图 6-15 8255A 工作方式 0

① 具有两个 8 位端口，即 A 口、B 口，两个 4 位端口，即 C 口的高 4 位、低 4 位。每个端口都可设定为输入或输出口，共有 16 种组合，但每个口不能同时既是输入又是输出。

② 输出端口具有锁存能力，输入端口只有缓冲而无锁存功能。

③ 在方式 0 下，主机与外设无条件传送数据，不需要联络线，不需查询状态。

④ 当 8255A 的 3 个口都工作在方式 0 下时，C 口的两个 4 位口 PC$_7$～PC$_4$、PC$_3$～PC$_0$，在 CPU 访问时不能单独进行读/写。

注：在方式 0 下，C 口的高、低 4 位可分别设定为输入或输出，但 CPU 的 IN 或 OUT 指令必须至少以一个字节为单位进行读/写，为此必须采取适当的屏蔽措施，其见表 6-2。

表 6-2 C 口读/写时的屏蔽措施

CPU 操作	高 4 位（A 组）	低 4 位（B 组）	数 据 处 理
IN	输入	输出	屏蔽掉低 4 位
IN	输出	输入	屏蔽掉高 4 位

续表

CPU 操作	高 4 位（A 组）	低 4 位（B 组）	数 据 处 理
IN	输入	输入	读入的 8 位均有效
OUT	输入	输出	送出的数据只设在低 4 位上
OUT	输出	输入	送出的数据只设在高 4 位上
OUT	输出	输出	送出的数据 8 位均有效

2. 方式 1：选通输入 / 输出方式

在此方式下，A 口、B 口和 C 口分为两个组，即 A 组和 B 组，A 组将 A 口作为数据口，可设定为输入或输出，并指定 C 口的某些位为专用握手联络线。B 组将 B 口作为数据口，可设定为输入或输出，并指定 C 口的某些位为专用握手联络线。在 8255A 中规定的握手联络线是 3 位，两个组共占用 C 口的 6 位，剩下的 C 口 2 位仍可以作数据位使用，数据的输入/输出均有锁存能力。方式 1 常用于中断方式传送和程序查询方式传送。

（1）方式 1 的输入

图 6-16 所示是将 A 口和 B 口都设置为方式 1 输入时的情况。

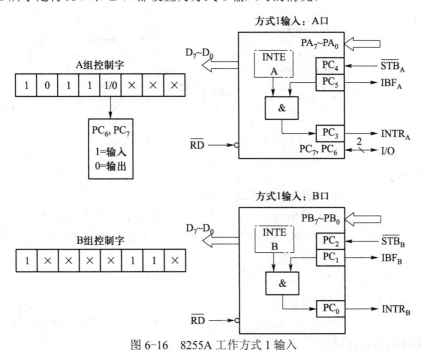

图 6-16 8255A 工作方式 1 输入

A 口设定为方式 1 输入时，A 口所用 3 条联络信号线是 C 口的 PC_3、PC_4、PC_5；B 口设定为方式 1 输入时，B 口则用了 C 口的 PC_0、PC_1、PC_2。各个联络线的定义如下。

$\overline{STB}$：外设送来的输入选通信号，低电平有效。有效时，表示外设的数据已准备好，同时将外设送来的数据锁存到 8255A 端口的输入数据缓冲器中。

IBF：8255A 送外设的输入缓冲器满信号，高电平有效。有效时，说明外设数据已送到输

入缓冲器中，但尚未被 CPU 取走，通知外设输入数据已写入缓冲器。

INTR：8255A 送到 CPU 或系统总线的中断请求信号，高电平有效。当外设要向 CPU 传送数据或请求服务时，8255A 用 INTR 端的高电平向 CPU 提出中断请求。INTR 变高的条件是：当输入缓冲器满信号变为高即 IBF=1，并且中断请求被允许即 INTE=1，才能使 INTR 变高，向 CPU 发出中断请求。

INTE：中断允许信号。A 端口用 PC_4 位的置/复位控制，B 端口用 PC_2 位的置/复位控制。只有当 PC_4 或 PC_2 置 1 时，才允许对应的端口送出中断请求。

以 A 口为例，方式 1 的工作过程描述如下：

当外设准备好数据时，在送数据的同时，送出一个 $\overline{STB}$ 选通信号。8255A 的 A 口数据锁存器在 $\overline{STB}$ 的下降沿将数据锁存。8255A 向外设送出高电平 IBF，表示锁存数据已完成，暂时不要再送数据。如果 PC_4=1，这时就会使 INTR 变成高电平输出，向 CPU 发出中断请求。CPU 响应中断，执行 IN 命令时，$\overline{RD}$ 的下降沿清除中断请求，而 $\overline{RD}$ 结束时的上升沿则使 IBF 复位到零。外设在检测到 IBF 为零后，可以开始输入下一个字节了。

方式 1 输入的工作时序如图 6-17 所示。

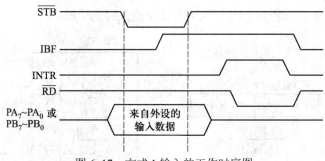

图 6-17　方式 1 输入的工作时序图

（2）方式 1 的输出

图 6-18 是将 A 口和 B 口都设置为方式 1 输出时的情况。

当 A 口、B 口设为方式 1 输出时，也分别指定 C 口的 3 条线为联络信号，A 口所用 3 条联络信号线是 C 口的 PC_3、PC_6 和 PC_7 这 3 个引脚，B 端口则用了 PC_0、PC_1 和 PC_2 这 3 个引脚。各个联络线的定义如下。

$\overline{OBF}$：送外设的输出缓冲器满信号，低电平有效。当有效时，表示 CPU 已将数据写到 8255A 的输出端口，通知外设来取数据。

$\overline{ACK}$：外设送来的响应信号，低电平有效。当为低电平时，表示外设已接收到了 CPU 的数据。是对 $\overline{OBF}$ 的回答信号。

INTR：中断请求信号，高电平有效。当外设收到由 CPU 送给 8255A 的数据后，8255A 用 INTR 端向 CPU 发中断请求，请求 CPU 再输出后面的数据。INTR 是当 $\overline{ACK}$、$\overline{OBF}$ 和 INTE 都为高电平时，才被置成高电平。由 $\overline{WR}$ 的上升沿撤销中断请求。

INTE 的功能和输入方式一样，只是 A 口的 INTE 由 PC_6 置位/复位，B 口的 INTE 由 PC_2 置位/复位。

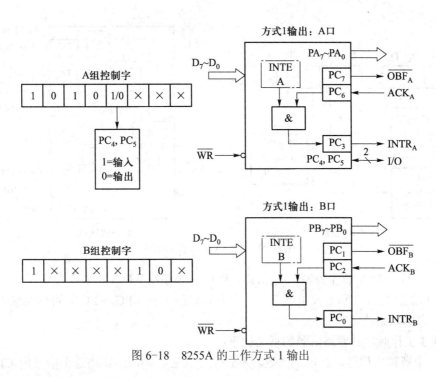

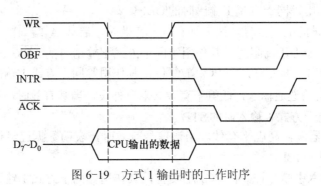
图 6-19 方式 1 输出时的工作时序

方式 1 输出的工作时序图，其工作过程如下：

CPU 通过执行 OUT 指令，向 8255A 端口输出数据，此时将产生 $\overline{WR}$ 有效信号。写操作完成后，$\overline{WR}$ 的上升沿使 $\overline{OBF}$ 变低，表示输出缓冲器已满，通知外设取走数据，并且 $\overline{WR}$ 使中断请求 INTR 变低，即消除中断请求。外设取走数据后，用 $\overline{ACK}$ 有效信号回答 8255A。$\overline{ACK}$ 的下降沿使 $\overline{OBF}$ 无效（变高）。如果 INTE=1，则 $\overline{ACK}$ 的上升沿也使 INTR 有效（变高），产生中断请求，CPU 可通过中断方式输出下一个数据。

3. 方式 2：选通双向输入 / 输出方式

方式 2 是一种双向选通输入/输出方式。图 6-20 所示为方式 2 的引脚定义。

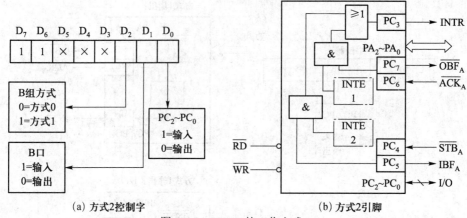

(a) 方式2控制字　　　　(b) 方式2引脚

图 6-20　8255A 的工作方式 2

仅限于 A 组，把 A 口作为输入/输出口，C 口的 5 条线（$PC_3 \sim PC_7$）指定为 A 口的专用联络线。B 组只能在方式 0 和方式 1 下工作，此时 C 口的 3 位（$PC_0 \sim PC_2$）可作为输入/输出线，也可作为 B 口的联络线。

在方式 2 工作时，其联络信号的意义如下：

INTR：中断请求信号，高电平有效。不管是输入还是输出，都由这个信号向 CPU 提出中断请求。

$\overline{OBF}$：输出缓冲器满，低电平有效。它可以作为对外设的选通信号，表示 CPU 已经将数据送到端口 A。其作用等同于方式 1 输出时的 $\overline{OBF}$。

$\overline{ACK}$：来自外设的响应信号，低电平有效。有效时，启动 A 端口的三态输出缓冲器送出数据；否则输出缓冲器处于高阻态。其作用等同于方式 1 输出时的 $\overline{ACK}$。

INTE1：A 口输出中断允许，由 PC_6 置/复位，其作用等同于方式 1 输出时的 INTE。

$\overline{STB}$：来自外设的选通输入，低电平有效。来自外设，当其有效时，将输入数据选通送入锁存器。其作用等同于方式 1 输入时的 $\overline{STB}$。

IBF：输入缓冲器满，高电平有效。当该信号有效时，表明数据已经送入锁存器。其作用等同于方式 1 输入时的 IBF。

INTE2：A 口输入中断允许，由 PC_4 置/复位，其作用等同于方式 1 输入时的 INTE。

6.2.5　8255A 的编程方法

8255A 工作时首先要进行初始化，即要写入控制字，来指定其工作方式，接着还要用控制字将中断标志 INTE 置 1 或清 0，这样就可以编程将数据从数据总线通过 8255A 送出，或由外设通过 8255A 的某口将数据送至数据总线，由 CPU 接收。

通过下面的几个例子来说明如何对 8255A 进行编程。

【例 6-2】　假设在一个系统中，要求 8255A 的 A 组和 B 组工作在方式 0，且 A 口作为输入，B 口、C 口作为输出。

控制字和连接电路图如图 6-21 所示。

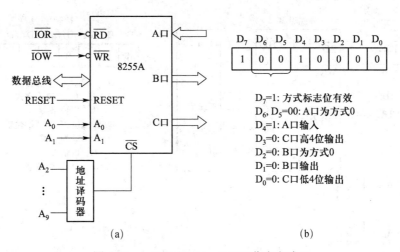

图 6-21　A 口、B 口、C 口工作在方式 0

设片选信号 $\overline{CS}$ 由 $A_9 \sim A_2$ 决定，设为 10111100B，控制字地址为 2F3H。
其工作程序如下：

```
MOV    AL,90H        ;方式 0，A 口输入，B、C 输出
MOV    DX,2F3H       ;控制寄存器地址送 DX
OUT    DX,AL         ;控制字送控制寄存器
MOV    DX,2F0H       ;A 口地址送 DX
IN     AL,DX         ;从 A 口读入数据
MOV    DX,2F1H       ;B 口地址送 DX
MOV    AL,DATA1      ;要输出的数据 DATA1 送 AL
OUT    DX,AL         ;将输出的数据 DATA1 送 B 口
MOV    DX,2F2H       ;C 口地址送 DX
MOV    AL,DATA2      ;要输出的数据 DATA2 送 AL
OUT    DX,AL         ;将 DATA2 送 C 口输出
```

【例 6-3】　假设在一个系统中，8255A 工作在方式 1，A 口输出，B 口输入，$PC_4 \sim PC_5$ 为输入，禁止 B 口中断，允许 A 口中断，其控制字和连接电路如图 6-22 所示。设控制字地址为 2F3H。
其初始化程序如下：

```
MOV    AL,0AEH       ;A 口输出，B 口输入控制字送 AL
MOV    DX,2F3H       ;控制寄存器地址送 DX
OUT    DX,AL         ;控制字送控制寄存器
MOV    DX,0DH        ;A 口的 INTE（PC6）置 1
OUT    DX,AL         ;控制字送控制寄存器
MOV    AL,04H        ;B 口的 INTE（PC2）置 0
OUT    DX,AL         ;控制字送控制寄存器
```

【例 6-4】　假设在一系统中，A 口在方式 2 下工作，B 口在方式 0 下工作，且为输入，C 口 3 位（$PC_0 \sim PC_2$）为输入。初始化程序如下：

```
MOV    AL,0C3H       ;控制字送 AL
MOV    DX,2F3H       ;控制寄存器地址送 DX
OUT    DX,AL         ;控制字送 DX
```

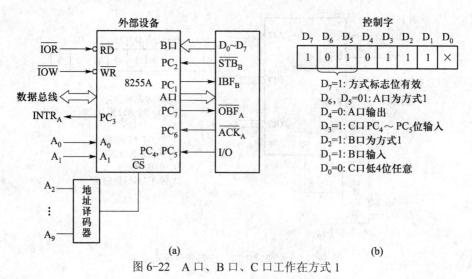

(a)　　　　　　　　　　　　　　　　　(b)

图6-22　A口、B口、C口工作在方式1

在此方式下8255A的控制字格式和连接情况如图6-23所示。

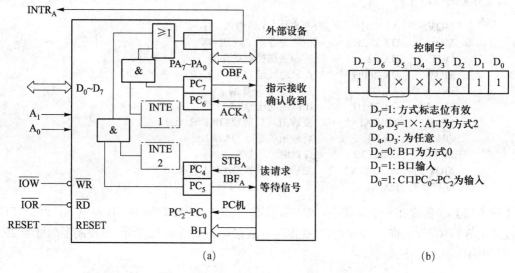

(a)　　　　　　　　　　　　　　　　　(b)

图6-23　A口为方式2，B口为方式0

6.2.6　8255A的应用举例

1. 十字路口交通灯设计

（1）要求

采用 8255A 并行接口芯片，设计一个十字路口交通灯的控制接口。设此十字路口，1、3为南北方向，2、4为东西方向，初始为4个路口的红灯全亮。之后，1、3路口的绿灯亮，2、4路口的红灯亮，1、3路口方向通车。延时一段时间后，1、3路口的绿灯熄灭，而1、3路口的黄灯开始闪烁，闪烁若干次以后，1、3路口红灯亮，而同时2、4路口的绿灯亮，2、4路口方向通车。延时一段时间后，2、4路口的绿灯熄灭，而黄灯开始闪烁，闪烁若干次以后，再切换到 1、3 路口方向，之后重复上述过程。

（2）分析

用 8255A 的 12 个并行数据线连接十字路口的 12 个交通灯。$PB_4 \sim PB_7$ 对应黄灯 L1～L4，$PC_0 \sim PC_3$ 对应红灯 L5～L8，$PC_4 \sim PC_7$ 对应绿灯 L9～L12。8255A 工作于方式 0，并置为输出。使用发光二极管作为交通灯，共阴极连接，使其点亮应使 8255A 相应端口置 1。

（3）设计

接口电路的设计包括硬件接口电路和软件驱动程序两部分。

① 硬件接口电路。

8255A 的 4 个口地址为：00H，01H，02H，03H。接口电路原理框图如图 6-24 所示。

② 接口驱动程序。

交通灯控制程序的流程框图如图 6-25 所示。

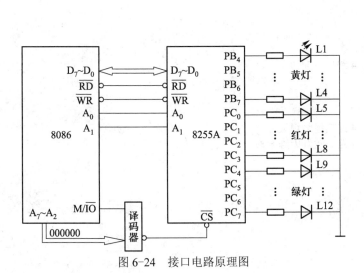

图 6-24 接口电路原理图

图 6-25 交通灯控制程序的流程框图

交通灯控制程序如下：

```
CODE    SEGMENT
        ASSUME CS:CODE
        IOCONPT EQU 03H
        IOAPT   EQU 00H
        IOBPT   EQU 01H
        IOCPT   EQU 02H
START:  MOV DX,IOCONPT
        MOV AL,80H
        OUT DX,AL          ;8255A 初始化，都设置成方式 0 输出
        MOV DX,IOBPT
        MOV AL,00H
```

```
              OUT DX,AL           ;B 口输出，让黄灯 L1~L4 熄灭
              MOV DX,IOCPT
              MOV AL,0FH
              OUT DX,AL           ;C 口输出，让红灯 L5~L8 亮，绿灯 L9~L12 熄灭
              CALL DELAY1         ;延时一段时间
  IOLED0:     MOV AL,01011010B
              MOV DX,IOCPT        ;C 口输出，让红灯 L6、L8 和绿灯 L9、L11 亮
              OUT DX,AL           ;即 1、3 路口方向通车
              CALL DELAY1
              CALL DELAY1
              MOV AL,00001010B
              OUT DX,AL           ;1、3 路口绿灯熄灭
              MOV CX,8H           ;1、3 路口黄灯闪烁 8 次
  IOLED1:     MOV DX,IOBPT
              MOV AL,01010000H
              OUT DX,AL           ;黄灯 L1、L3 亮
              CALL DELAY2         ;短暂延时
              MOV AL,00H
              OUT DX,AL           ;黄灯 L1、L3 熄灭
              CALL DELAY2
              LOOP IOLED1
              MOV DX,IOCPT
              MOV AL,10100101B
              OUT DX,AL           ;2、4 路口方向通车
              CALL DELAY1
              CALL DELAY1
              MOV AL,00000101B
              OUT DX,AL           ;2、4 路口绿灯熄灭
              MOV CX,8H           ;2、4 路口黄灯闪烁 8 次
  IOLED2:     MOV DX,IOBPT
              MOV AL,10100000H
              OUT DX,AL
              CALL DELAY2
              MOV AL,00H
              OUT DX,AL
              CALL DELAY2
              LOOP IOLED2
              MOV DX,IOCPT
              MOV AL,0FH
              OUT DX,AL
              CALL DELAY2
              JMP IOLED0          ;交通灯控制循环
  DELAY1:     PUSH AX             ;延时程序
              PUSH CX
              MOV CX,0030H
  DELY2:      CALL DELAY2
              LOOP DELY2
              POP CX
              POP AX
              RET
```

```
DELAY2:  PUSH CX              ;短暂延时程序
         MOV CX,8000H
DELA1:   LOOP DELA1
         POP CX
         RET
CODE     ENDS
         END   START
```

2. 双机并行通信接口设计

（1）要求

在甲乙两台微型计算机之间并行传送 1KB 数据。甲机发送，乙机接收。甲机一侧的 8255A 采用方式 1 工作，乙机一侧的 8255A 采用方式 0 工作。两机的 CPU 与接口之间都采用查询方式交换数据。

（2）分析

根据题意，双机均采用可编程并行接口芯片 8255A 构成接口电路，只是 8255A 的工作方式不同。

（3）设计

① 硬件连接。根据上述要求，接口电路的连接如图 6-26 所示。甲机 8255A 是方式 1 发送，因此，把 PA 口指定为输出，发送数据，而 PC_7 和 PC_6 引脚分别固定作联络线 $\overline{OBF}$ 和 $\overline{ACK}$。乙机 8255A 是方式 0 接收，故把 PA 口定义为输入，接收数据，而选用引脚 PC_4 和 PC_0 作联络线。虽然两侧的 8255A 都设置了联络线，但有本质的差别：甲机 8255A 是方式 1，其联络线是固定的不可替换的；乙机 8255A 是方式 0，其联络线是不固定的，而是可选择的，比如可选择 PC_4 和 PC_1 或 PC_5、PC_2 等任意组合。

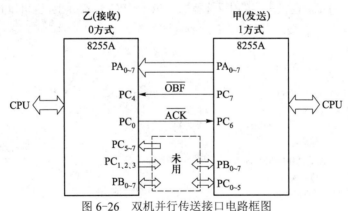

图 6-26 双机并行传送接口电路框图

② 软件编程：接口驱动程序包含发送与接收两个程序。

甲机发送程序：

```
CODE     SEGMENT
         ASSUME  CS:CODE
MAIN:    MOV     DX,303H          ;8255A 命令口
         MOV     AL,10100000B     ;初始化工作方式字
         OUT     DX,AL
         MOV     AL,0DH           ;置发送中断允许 INTE_A=1
         OUT     DX,AL            ;PC_6=1
```

```
            MOV     AX,030H            ;发送数据内存首址
            MOV     ES,AX
            MOV     BX,00H
            MOV     CX,3FFH            ;发送字节数
            MOV     DX,300H            ;向 A 口写一个数，产生第 1 个 OBF 信号
            MOV     AL,ES:[BX]         ;送给对方，以便获取对方的 ACK 信号
            OUT     DX,AL
            INC     BX                 ;内存地址加 1
            DEC     CX                 ;字节数减 1
    L:      MOV     DX,302H            ;8255A 状态口
            IN      AL,DX              ;查发中断请求 INTR_A=1?
            AND     AL,08H             ;PC_3=1?
            JZ      L                  ;若无中断请求，则等待。
                                       ;有中断请求，则向 A 口写数
            MOV     DX,300H            ;8255A 的 A 口地址
            MOV     AL,ES:[BX]         ;从内存取数
            OUT     DX,AL              ;通过 A 口向甲机发送第 2 个数据
            INC     BX                 ;内存地址加 1
            DEC     CX                 ;字节数减 1
            JNZ     L                  ;字节未完，继续
            MOV     AX,4C00H           ;已完，退出
            INT     21H                ;返回 DOS
    CODE    ENDS
            END     MAIN
```

在上述发送程序中，是查状态字的中断请求 INTR 位（PC_3）。实际上，也可以查发送缓冲器 $\overline{OBF}$（PC_7）的状态，只有当发送缓冲器空时 CPU 才能发送下一个数据，读者可根据情况，修改程序。

乙机接收程序：

```
    CODE    SEGMENT
            ASSUME  CS:CODE
    MAIN:   MOV     DX,303H            ;8255A 命令口
            MOV     AL,10011000B       ;初始化工作方式字
            OUT     DX,AL
            MOV     AL,00000001B       ;置 ACK =1（PC_0=1）
            OUT     DX,AL
            MOV     AX,040H            ;接收数据内存首址
            MOV     ES,AX
            MOV     BX,00H
            MOV     CX,3FFH            ;接收字节数
    L1:     MOV     DX,302H            ;8255A PC 口
            IN      AL,DX              ;查甲机的 OBF =0？（PC_4=0）
            AND     AL,10H             ;即查甲机是否有数据发来
            JNZ     L1                 ;若无数据发来，则等待；若有，从 A 口读数
            MOV     DX,300H            ;8255A 的 A 口地址
            IN      AL,DX              ;从 A 口读入数据
            MOV     ES:[BX],AL         ;存入内存
            MOV     DX,303H            ;产生 ACK 信号，并发回给甲机
```

```
        MOV      AL,00000000B          ;PC₀置"0"
        OUT      DX,AL
        NOP
        NOP
        MOV      AL,00000001B          ;PC₀置"1"
        OUT      DX,AL
        INC      BX                    ;内存地址加1
        DEC      CX                    ;字节数减1
        JNZ      L1                    ;字节未完,继续
        MOV      AX,4C00H              ;已完,退出
        INT      21H                   ;返回DOS
CODE    ENDS
        END      MAIN
```

 ## 本章小结

并行接口能够实现并行传输,分为不可编程并行接口与可编程并行接口。可编程并行接口的最大特点是其功能可通过编程设置而改变,具有极大的灵活性。并行接口有两个特点:一是接口以并行方式来实现数据输入/输出;二是在计算机与外设之间设置握手信号。

8255A是一种通用8位可编程并行输入/输出接口芯片,可通过编程来改变功能,它有PA、PB、PC这3个8位通用输入/输出端口,每一个端口都可以编程选择作为输入或输出。

8255A芯片有3种工作方式:方式0为基本输入/输出方式,方式1为选通输入/输出方式,方式2为选通双向输入/输出方式。对8255A芯片内的控制寄存器装入不同的控制字,可以设定其工作方式。8255A工作时首先要进行初始化,即要写入控制字,指定工作方式,然后可以编程将数据从数据总线通过8255A送出,或由外设通过8255A的某口将数据送至数据总线,由CPU接收。

 ## 习题与思考题

1. 并行接口有何特点?其应用场合如何?
2. 简述8255A的3个端口在使用时的差别。
3. 在并行接口中为什么要对输入/输出数据进行锁存?在什么情况下可以不锁存?
4. 8255A有哪几种工作方式?扼要说明8255A方式0和方式1的区别。
5. 简述8255A在方式1输入时的工作过程。
6. 简述8255A在方式1输出时的工作过程。
7. 假定8255A的地址为1F0H~1F3H,A口用做方式1输入,B口用做方式1输出,请对它作初始化的编程。
8. 利用8255A检测外部8个开关量的情况;若8个开关全部断开,系统输出一个控制信号;若有一个开关合上,则输出另外一个控制信号。请设计基本逻辑电路,并对8255A进行初始化编程。
9. 若输入设备输入的ASCII码通过8255A端口B,采用中断方式,将数据送入INBUF为首址的输入缓冲区中,连续输入直到遇到"$"就结束输入。假设此中断类型号为52H,中断服

务程序的入口地址为 INTRP。8255A 的端口地址为 80H～83H。

① 写出 8255A 的初始化程序（包括将中断服务程序入口地址写入中断向量表）。

② 写出完成输入一个数据，并存入输入缓冲区 INBUF 的中断服务程序。

10．8255A 用作查询式打印机接口时的电路连接和打印机各信号的时序如图 6-27 所示，8255A 的端口地址为 80H～83H，工作于方式 0。试编写一段程序，将数据区中变量 DATA 的 8 位数据送打印机打印，程序以 RET 指令结束，并写上注释。

11．用一片 8255A 控制一组红、绿、黄灯，如图 6-28 所示，反复检测 K_1、K_2，要求由 K_1、K_2 的"闭合"和"断开"控制红、绿、黄三灯的点亮。

当 K_1 合，K_2 合时，黄灯亮。

当 K_1 合，K_2 断时，红灯亮。

当 K_1 断，K_2 合时，绿灯亮。

当 K_1 断，K_2 断时，黄灯亮。

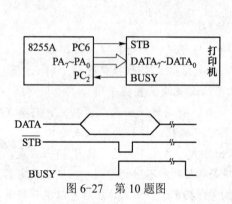

图 6-27 第 10 题图

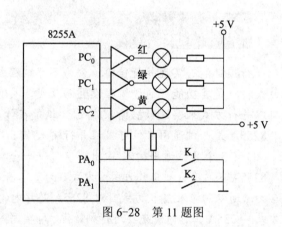

图 6-28 第 11 题图

已知 8255A 的端口地址为 60H～63H，编制初始化程序以及控制程序。

12．8086 CPU 通过 8255A 同发光二极管 L_0～L_7 以及开关 S_0～S_7 的接口电路如图 6-29 所示，发光二极管 L_0～L_7 不断显示对应开关 S_0～S_7 的通断状态。要求：

① S_0～S_7 的状态每隔半分钟改变一次，把每次变化的状态记录在从 2000H:1000H 开始的内存单元中。

② S 接通时，对应的 L 熄灭；S 断开时，对应的 L 发亮（即 S_0 断开，L_0 发亮；S_0 接通，L_0 熄灭）。

③ 连续工作 24h 结束。

延时半分钟子程序如下：

```
DELAY30S    PROC
            MOV     BX,3000
DELAY:      MOV     CX,2801
WAIT:       LOOP    WAIT
            DEC     BX
            JNZ     DELAY
            RET
DELAY30S    ENDP
```

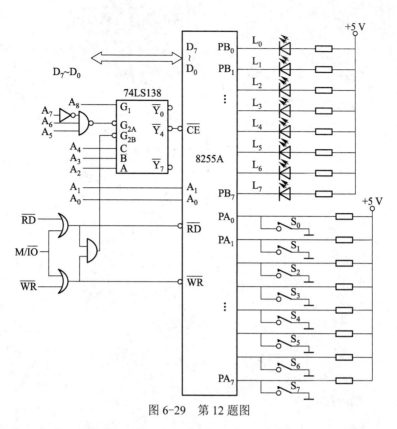

图 6-29　第 12 题图

用 8086 汇编语言编写的控制程序如下，请填上程序中空缺的部分（包括指令、操作数或标号，初始化时无关项置"0"）。

```
START:  MOV     AL,(1)          ; 初始化
        MOV     DX,(2)
        (3)     DX,AL
        MOV     AX,(4)
        MOV     DS,AX
LOP:    MOV     CX,(5)          ; 工作 24h
LOP1:   MOV     BX,(6)
LOP2:   MOV     DX,(7)          ; 读 PA 口
        (8)     AL,DX
        MOV     [BX],AL         ; 存 S_7~S_0
        INC     (9)
        XOR     AL,(10)         ; 写 PB 口
        MOV     DX,(11)
        (12)    DX,AL
        (13)
        (14)
        CALL    DELAY30S
        (15)
        (16)
        LOOP (17)
        HLT
```

7

第 7 章
串行通信接口

🔍 **学习目标** | 本章主要讲述串行通信接口有关知识。通过本章
的学习，应该做到：

■ 熟练掌握串行通信的有关基本概念，包括串行通信
  方式、数据校验方法、传输速率与距离、信号的调制与
  解调、串行接口的基本结构和基本功能。

■ 掌握 RS-232C 串行接口标准，尤其是利用 RS-232C 串行
  接口如何实现微机互连的方法；了解 RS-422、RS-423、
  RS-485 串行接口标准的特点及应用场合。

■ 理解串行接口芯片 INS 8250 的内部结构及外部特性，掌
  握 INS 8250 的内部寄存器及编程方法。

■ 掌握利用 INS 8250 实现查询方式和中断方式下的串行通信
  编程应用。

建议本章教学安排 8 学时。

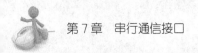

7.1 串行通信的基本概念

7.1.1 串行通信的特点

本章讨论的通信是指计算机与外界之间的信息交换。因此，通信既包括计算机与外部设备之间，也包括计算机和计算机之间的信息交换。通信的基本方式有并行通信和串行通信两种。由于串行通信是在一根传输线上一位一位地传送信息，所用的传输线少，并且可以借助现成的电话网、电缆、光缆等进行信息传送，因此特别适合于远距离传送。在实时控制和管理方面，采用多台微机组成 DCS 控制系统中，各台微机之间的通信一般采用串行方式。所以串行接口是微机应用系统常用的接口。

并行通信中传输线数目没有限制，一般除了数据线外还设置通信联络线。例如，在发送前首先询问接收方是否准备就绪（READY）或是否正在工作即"忙"（BUSY），当接收方接收到数据之后，要向发送方回送数据已经收到的"应答"（ACK）信号。但是，在串行通信中，由于信息在一个方向上传输，只占用一根通信线，因此在这根传输线上既传送数据信息又传送联络控制信息，这就是串行通信的首要特点。那么，如何来识别在一根线上串行传送的信息流中，哪一部分是联络信号，哪一部分是数据信号呢？为解决这个问题，就引出了串行通信的一系列约定。因此，串行通信的第 2 个特点是它的信息格式有固定的要求（这一点与并行通信不同），通信方式有异步通信和同步通信两种，通信格式对应分为异步和同步两种信息格式。第 3 个特点是串行通信中对信息的逻辑定义与 TTL 电平不兼容，因此需要进行逻辑电平转换。

7.1.2 数据通信方式

串行通信中，数据通常是在两个站（如终端和微机）之间进行传送，按照同一时刻数据流的方向可分成 3 种基本传送模式，即单工、半双工和全双工传送，如图 7-1 所示。

(a) 单工传送　　　　　　(b) 半双工传送　　　　　　(c) 全双工传送

图 7-1　串行通信的 3 种传送方式

1. 单工传送（Simplex）

当数据的发送和接收方向固定时，采用单工传送方式，即发送方只管发送，接收方只管接收。如图 7-1（a）所示，数据从发送器传送到接收器，为单方向传送。

2. 半双工传送（Half Duplex）

当使用同一根传输线既作输入又作输出时，虽然数据可以在两个方向上传送，但通信双方不能同时收发数据，此传送方式就是半双工模式，如图 7-1（b）所示。采用半双工方式时，通信系统每一端的发送器和接收器，通过收/发开关接到通信线上，进行方向的切换，因此，会产生时间延迟。收/发开关实际上是由软件控制的电子开关。

目前多数终端和串行接口都为半双工模式提供了换向能力，也为全双工模式提供了两条独立的引脚。在实际使用时，一般并不需要通信双方同时既发送又接收。

3. 全双工（Full Duplex）

当数据的发送和接收分别由两根不同的传输线传输时，通信双方都能同时进行发送和接收操作，此传送方式就是全双工模式，如图 7-1（c）所示。在全双工方式下，通信系统的每一端都设置了发送器和接收器，因此，能控制数据同时在两个方向上传送，即向对方发送数据的同时，可以接收对方送来的数据。全双工方式无需进行方向的切换，因此，那些不能有时间延误的交互式应用（例如远程监测和控制系统）就必须使用全双工方式进行通信。

7.1.3 串行通信方式

串行通信根据时钟控制方式可分为异步通信方式和同步通信方式。异步通信方式是指通信的发送设备与接收设备使用各自的时钟控制工作，要求双方的时钟尽量一致。异步通信把每个字符编码看作一个独立的信息单元，并且字符出现在数据流中的相对时间是任意的，即允许字符数据间有相对延迟，但每个字符中的各位以预定的固定速率（波特率）传送。因此，其实质是字符内部是同步的，而字符间是异步的。所以异步串行通信的特征是字符间的异步定时。同步串行通信是以固定的速率产生数据流，不仅要对每个字符的各位间隔时间进行定时管理，而且也要对字符之间的时间间隔进行定时管理，要求发送端与接收端的时钟必须严格一致。无论采用何种通信方式，通信双方必须遵守通信协议，所谓通信协议是指通信双方的一种约定。约定中包括对数据格式、同步方式、传送速度、传送步骤、纠错方式以及控制字符定义等问题作出统一规定，通信双方必须共同遵守。因此，也叫做通信控制规程，或称传输控制规程，它属于 ISO'S OSI 七层参考模型中的数据链路层。

目前，采用的通信协议有两类：异步协议和同步协议。同步协议又有面向字符（Character—Oriented）和面向比特（Bit—Oriented）两种。下面分别讨论。

1. 起止式异步协议

起止式异步协议的特点是一个字符一个字符地传输，而且每传送一个字符都是以起始位开始，以停止位结束，字符之间没有固定的时间间隔要求。起止式一帧数据的格式如图 7-2 所示。每一个字符的前面都有 1 位起始位（低电平，逻辑值 0），字符本身由 5～8 位数据位组成，数据有效位后面是 1 位校验位，也可以无校验位，最后是停止位，停止位宽度为 1 位、1.5 位、2 位，停止位后面是不定长度的空闲位。停止位和空闲位都规定为高电平（逻辑 1），这样就保证起始位开始处一定有一个下跳沿。

从图 7-2 中可以看出，这种格式是靠起始位和停止位来实现字符的界定或同步的，故称为起止式协议。传送时，数据的低位在前，高位在后。比如要传送一个字符"C"，"C"的 ASCII 码为 43H（1000011），要求一位停止位，采用偶校验，数据有效位 7 位，则一帧信息为：0110000111。

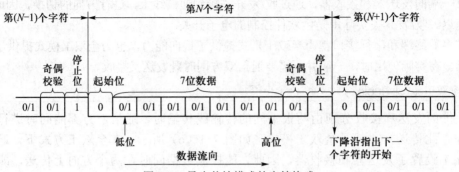

图7-2 异步传输模式的字符格式

实际上，起始位是作为联络信号而附加进来的，数据传输线上的电平由高电平变为低电平时，通知接收方传送开始，后面就是数据位。而停止位用来标志一个字符传输结束，这样就为通信双方提供了何时开始收发，何时结束的标志。传送开始之前，发收双方要约定好采用的起止式格式：数据有效位长度、停止位位数，有无校验（若有，是奇校验还是偶校验），设定好数据传输速率。传送开始后，接收设备不断地检测传输线，看是否有起始位到来。当收到一系列的"1"（停止位或空闲）之后，检测到一个下跳沿，说明起始位出现，起始位经确认后，就开始接收所规定的数据位、奇偶校验位以及停止位，经过处理将停止位去掉，把数据位拼接成一个并行字节，并且经校验无奇偶错才算正确的接收一个字符。一个字符接收完毕，接收设备又继续测试传输线，监视"0"电平的到来和下一字符的开始，直到全部数据传送完毕。

由上述工作过程可以看到，异步通信是按字符传输时，每传送一个字符是用起始位来通知收方，以此来重新核对收发双方同步。若接收设备和发送设备两者的时钟频率略有偏差，这也不会因偏差的累积而导致错位，加之字符之间的空闲位也为这种偏差提供一种缓冲，所以异步串行通信的可靠性高。但由于要在每个字符的前后加上起始位和停止位这样一些附加位，降低了传输效率，大约只有80%。因此，起止式协议一般用在数据速率较慢的场合（小于19.2kb/s）。在高速传送时，一般要采用同步协议。

2. 面向字符的同步协议

这种协议的典型代表是 IBM 公司早期的二进制同步通信协议（BISYNC）。其特点是一次传送由若干个字符组成的数据块，而不是每次只传送一个字符，并规定了 10 个特殊字符作为这个数据块的开头与结束标志以及整个传输过程的控制信息，它们也叫做通信控制字。由于被传送的数据块是由字符组成，故被称作面向字符的协议。协议的一帧数据格式如图 7-3 所示。

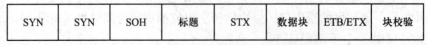

SYN	SYN	SOH	标题	STX	数据块	ETB/ETX	块校验

图 7-3 面向字符同步协议的帧格式

由图 7-3 可以看出，数据块的前、后都加了几个特定字符。SYN 是同步字符（Synchronous Character）每一个帧开始处都加有同步字符，加一个 SYN 同步字符的称单同步，加两个 SYN 同步字符的称双同步。设置同步字符的目的是起联络作用，传送数据时，接收端不断检测，一旦出现同步字符，就知道是一帧开始了。后接的 SOH 是序始字符（Start Of Header），它表示标题的开始，标题中包括源地址、目标地址和路由指示等信息。STX 是文始字符（Start Of Text），它标志着传送的正文（数据块）开始。数据块就是被传送的正文内容，由多个字符组成。数据块后面是组终字符 ETB（End of Transmission Block）或文终字符 ETX，其中 ETB 用在正文很长，需要分成若干个数据块，分别在不同帧中发送的场合，这时在每个分数据块后面用组终字符 ETB，而在最后一个分数据块后面用文终字符 ETX。一帧的最后是校验码，它对从 SOH 开始直到 ETX（或 ETB）字段进行校验，校验方式可以是纵横奇偶校验或 CRC 校验。

面向字符的同步协议不像起止异步协议那样，需在每个字符前后附加起始和停止位，因此，传输效率大大提高了。同时，由于采用了一些传输控制字，故增强了通信控制能力和校验功能。但也存在一些问题，例如，如何区别数据字符代码和特定字符代码的问题，因为在数据块中完全有可能出现与特定字符代码相同的数据字符，这就会发生误解。比如正文中正好有个与文终字符 ETX 的代码相同的数据字符，接收端就不会把它作数据字符处理，而误认为是正文结束，因而产生差错。因此，协议应具有将特定字符作为普通数据处理的能力，这种能力叫做"数据透明"。为此，协议中设置了转义字符 DLE（Data Link Escape）。当把一个特定字符看成数据时，在它前面要加一个 DLE，这样接收器收到了一个 DLE 就可预知下一个字符是数据字符，而不会把它当作控制字符来处理了。DLE 本身也是特定字符，当它出现在数据块中时，也要在它前面再加上另一个 DLE。这种方法叫字符填充。字符填充实现起来相当麻烦，且依赖于字符的编码。正是由于以上的缺点，故又产生了新的面向比特的同步协议。

3. 面向比特的同步协议

面向比特的协议中最有代表性的是 IBM 公司的同步数据链路控制规程 SDLC（Synchronous Data Control）、国际标准化组织 ISO（International Standards Organization）的高级数据链路控制规程 HDLC（High Level Data Link Control）、美国国家标准协会（American Control Institute）的先进数据通信规程 ADCCP（Advanced Data Communications Control Procedure）。这些协议的特点是所传输的一帧数据可以是任意位，而且它是靠约定的位组合模式，而不是靠特定字符来标志帧的开始和结束，故称"面向比特"的协议。这种协议的一般帧格式如图 7-4 所示。

8位	8位	8位	≥0位	16位	8位
01111110	A	C	I	FC	01111110
开始标志	地址场	控制场	信息场	校验场	结束标志

图 7-4　面向比特同步协议的帧格式

由图 7-4 可见，SDLC/HDLC 的一帧信息包括以下几个场（Field），所有场都是从最低有效位开始传送。

（1）SDLC/HDLC 标志字符

SDLC/HDLC 协议规定，所有信息传输必须以一标志字符开始，且以同一个字符结束。这个标志字符是 01111110，称标志场（F）。从开始标志到结束标志之间构成一个完整的信息单位，称为一帧。所有信息是以帧的形式传输的，而标志字符提供了每一帧的边界。接收端可以通过

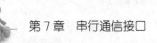

搜索"01111110"来探知帧的开头和结束，以此建立帧同步。

（2）地址场和控制场

在标志场之后，可以有一个地址场 A（Address）和一个控制场 C（Control）。地址场用来规定出与之通信的次站的地址。控制场可规定若干个命令。SDLC 规定 A 场和 C 场的宽度为 8 位或 16 位。接收方必须检查每个地址字节的第 1 位，如果为"0"，则后边跟着另一个地址字节；若为"1"，则该字节就是最后一个地址字节。同样，如果控制场第 1 个字节的第 1 位为"0"，则还有第 2 个控制场字节，否则就只有一个字节。

（3）信息场

跟在控制场之后的是信息场 I（Information）。I 场包含有要传送的数据，并不是每一帧都必须有信息场。即数据场可以为 0，当它为 0 时，则这一帧主要是控制命令。

（4）校验场

紧跟在信息场之后的是两字节的帧校验场，帧校验场称为 FC（Frame Check）场或称为帧校验序列 FCS（Frame Check Sequence）。SDLC/HDLC 均采用 16 位循环冗余校验码 CRC（Cyclic Redundancy Code），其生成的多项式为 CCITT 多项式 $X^{16}+X^{12}+X^5+1$。除了标志场和自动插入的"0"位外，所有的信息都参加 CRC 计算。

如上所述，SDLC/HDLC 协议规定以 01111110 为标志字节，但在信息场中也完全有可能有同标志字节相同的字符，因为要把它与标志区分开来，所以采用了"0"位插入和删除技术。具体作法是发送端在发送所有信息（除标志字节外）时，只要遇到连续 5 个"1"，就自动插入一个"0"；当接收端在接收数据时（除标志字节外），如果连续接收到 5 个"1"，就自动将其后的一个"0"删除，以恢复信息的原有形式。这种"0"位的插入和删除过程是由硬件自动完成的。

若在发送过程中出现错误，则 SDLC/HDLC 协议是用异常结束（Abort）字符，或称失效序列使本帧作废。在 HDLC 规程中，7 个连续的"1"被作为失效字符，而在 SDLC 中失效字符是 8 个连续的"1"。当然在失效序列中不使用"0"位插入/删除技术。

SDLC/HDLC 协议规定，在一帧之内不允许出现数据间隔。在两帧信息之间，发送器可以连续输出标志字符序列，也可以输出连续的高电平，它被称为空闲（Idle）信号。

7.1.4　信息的校验方式

串行通信无论采用何种传送方式，串行数据在传输过程中，都不可避免地由于干扰而造成误码，这直接影响通信系统的可靠性。因此，对通信中差错控制能力是衡量一个通信系统的重要内容。人们把如何发现传输中的错误，叫检错。发现错误之后，如何消除错误，叫纠错。常用的校验方式有两种：奇偶校验和循环冗余码（CRC）校验。

1. 奇偶校验（Parity check）

采用这种校验方式发送时，在每个字符的数据最高有效位之后都附加一个奇偶校验位，这个校验位可为"1"或为"0"，以便保证整个字符（包括校验位）中"1"的个数为偶数（偶校验）或为奇数（奇校验）。接收时，接收方采用与发送方相同的通信格式，使用同样的奇偶校验，对接收到的每个字符进行校验。例如，发送按偶校验产生校验位，接收也必须按偶校验进行校验。当发现接收到的字符中"1"的个数不为偶数时，便认为出现了奇偶校验错，接收器可向

CPU 发出中断请求，或使状态寄存器相应位置位以供 CPU 查询，以便进行出错处理。

2. 循环冗余码校验 CRC（Cyclic Redundancy Check）

发送时，根据编码理论对发送的串行二进制序列按某种算法产生一些校验码，并将这些校验码放在数据信息后一同发出。在接收端将接收到的串行数据信息按同样算法计算校验码，当信息位接收完之后，接着接收 CRC 校验码，并与接收端计算得出的校验码进行比较，若相等则无错，否则说明接收数据有错。接收器可用中断或状态标志位的方法通知 CPU，以便进行出错处理。在通信控制规程中一般采用循环冗余码（CRC）检错。CRC 校验可以用软件，也可以用硬件实现，目前在很多串行通信接口芯片中已内置 CRC 校验电路，只要适当编程就可使用。

7.1.5 传输速率与传送距离

1. 波特率

并行通信中，传输速率是以每秒钟传送多少字节（B/s）来表示。而在串行通信中，是用每秒钟传送的位数（b/s）即波特率来表示。因此，1 波特=1 位/秒。

现在国际上对串行通信传输速率制定了一系列标准，它们是 110、300、600、1 200、2 400、4 800、9 600 和 19 200 波特。通常把 300 波特以下的为低速传输，300～2 400 波特为中速，2 400 波特以上者为高速传输。CRT 终端能处理 9 600 波特的传输，打印机终端速度较慢，点阵打印一般也只能以 1 200 波特的速率来接收信号。

通信线上所传输的字符数据是按位传送的，一个字符由若干位组成，因此每秒钟所传输的字符数（即字符速率）和波特率是两个概念。在串行通信中，所说的传输速率是指波特率，而不是指字符速率，两者的关系是：假如在某异步串行通信中，通信格式为 1 个起始位、8 个数据位、1 个偶数位、2 个停止位，若传输速率是 1 200 波特，那么，每秒所能传送的字符数是 1 200/（1+8+1+2）=100 个。

2. 发送时钟和接收时钟

在发送数据时，发送时钟用来控制串行数据的发送。发送前将发送缓冲器中的数据送入移位寄存器，根据通信格式自动在移位寄存器中开始装配起始位和停止位，发送器在发送时钟（下降沿）作用下将移位寄存器中的数据按位串行移位输出，数据位的时间间隔取决于发送时钟周期。在接收数据时，接收器在接收时钟（上升沿）作用下对接收数据位采样，并按位串行移入接收移位寄存器，最后装配成并行数据。可见，发送/接收时钟的快慢直接影响通信设备发送/接收字符数据的速度。

为了提高串行通信的抗干扰能力，就用多个时钟调制一个位，该时钟个数即称作波特率系数 N。同步通信时 N 只能取 1，异步通信时 N 可取 1、16、32、64 等，一般常采用 N=16。时钟频率是根据所要求的传输波特率及波特率系数 N 来确定。发送/接收时钟频率与波特率的关系为：发送/接收时钟频率=N*发送/接收波特率。

例如：要求传输速率为 1 200 波特，则

当选择 N=1 时，发/收时钟频率=1.2 kHz

当选择 N=16 时，发/收时钟频率=19.2 kHz

当选择 N=64 时，发/收时钟频率=76.8 kHz

7.1.6 信号的调制与解调

计算机的通信是要求传送数字信号，而在进行远程数据通信时，用于传输数据信号的信道种类很多，如采用数据专用电缆，但费用较高，因此，通信线路往往是借用现成的公用电话网，但是，电话网是为 300Hz～3 400Hz 间的音频模拟信号设计的，在这个频带之外，信号将受到较大的衰减，而且不适合传输数字信号。发送时，将二进制信号变换成适合电话网传输的模拟信号，这一过程称为"调制"，对应完成此过程的设备为调制器（Modulator）。接收时，将在电话网上传输的音频模拟信号还原成原来的数字信号，这一过程称为"解调"，对应完成此过程的设备为解调器（Demodulator）。

大多数情况下，串行通信是双向的，调制器和解调器一般合在一个装置中，这就是调制解调器（MODEM），如图 7-5 所示。可见调制解调器是进行数据通信所需的设备，因此把它称为数据通信设备（DCE）。一般通信线路是指电话线或专用电缆。

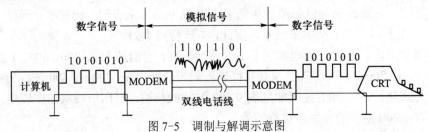

图 7-5　调制与解调示意图

调制解调器的类型比较多，按照调制技术分为：振幅键控（ASK）、频移键控（FSK）和相移键控（PSK）。当波特率小于 300 时，一般采用频移键控（FSK）调制方式。它的基本原理是把"0"和"1"的两种数字信号分别调制成不同频率的两个音频信号，"1"对应的信号频率是"0"对应信号频率的两倍，其原理如图 7-6 所示。

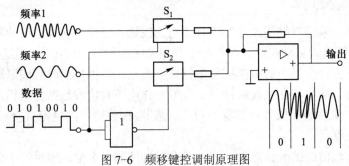

图 7-6　频移键控调制原理图

两个不同频率的模拟信号，分别由电子开关 S_1、S_2 控制，在运算放大器的输入端相加，传输的数字信号来控制电子开关。当信号为"1"时，电子开关 S_1 导通，S_2 关闭，频率较高的模拟信号 f_1 送到运算器；当信号为"0"时，电子开关 S_2 导通，S_1 关闭，频率较低的模拟信号 f_2 送到运算器。于是在运算放大器的输出端，就得到了调制后的两种频率的音频信号。

7.1.7 串行接口的基本结构和基本功能

计算机内部处理的数据是并行数据，而信号在传输线上是串行传输的，串行通信接口的基本功能之一是要实现串行与并行数据之间的相互变换。第二，要根据串行通信协议完成串行数据的初始化，在异步通信方式发送时自动添加启/停位，接收时自动删除启/停位等。面向字符的同步方式数据初始化时，需要在数据块前加同步字符，数据块后加校验字符。第三，串行接口应具有出错检测电路。在发送时，接口电路自动生成奇偶校验位；在接收时，接口电路检查字符的奇偶校验位或其他校验码，用来指示接收的数据是否正确。

1. 异步串行通信接口

典型的异步通信接口基本结构如图 7-7 所示。

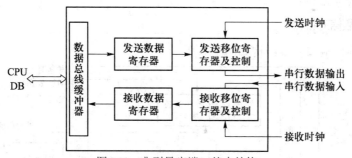

图 7-7　典型异步端口基本结构

发送数据寄存器：它从 CPU 数据总线接收并行数据。

发送移位寄存器及发送控制逻辑：发送数据寄存器的数据并行送入发送移位寄存器，然后在发送时钟控制下，将装配好的数据逐位发送出去。

接收移位寄存器及接收控制逻辑：在接收时钟控制下，将串行数据输入线上的串行数据逐位接收并移入接收移位寄存器。当移位寄存器接收到规定的数据位后，将数据并行送往接收数据寄存器。

接收数据寄存器：接收从接收移位寄存器送来的并行输入数据，再将数据送往 CPU。

数据总线缓冲器：它是 CPU 与数据寄存器（发送和接收）交换数据的双向缓冲器，用来传递 CPU 对端口的控制信息、双向传递数据、向 CPU 提供状态信息。

异步串行通信接口工作过程如下：发送时，CPU 把数据写入发送数据寄存器，然后由发送器控制逻辑对数据进行装配，即加上起始位、奇偶校验位（可有可无）和停止位。装配后的数据送到移位寄存器，最后按设定的波特率进行串行输出。接收时，假定接收时钟频率设定为波特率的 16 倍，一旦串行数据接收线由高电平变成低电平，接收控制部分计数器清零，16 倍频时钟的每个时钟信号使计数器加 1。当计数器第 1 次计到 8 时，即经过 8 个时钟周期对数据进行采样，采样是低电平，其位置正好在起始位的中间，并将计数器清零。以后计数器每计到 16 时，就采样数据线一次，并且自动将计数器清零，采样重复进行，直到采样到停止位为止。然后差错检测逻辑按事先约定对接收的数据进行校验，并根据校验的结果置状态寄存器，如果产生有关的错误，则置位奇偶错、帧错或溢出错等。

下面简单介绍常见的差错状态位：奇偶校验错、帧出错和接收器溢出错。

① 奇偶校验错：接收器按照事先约定的方式（奇校验、偶校验或无校验）进行奇偶校验，如果有错误则将奇偶校验状态位置位 "1"。

② 帧出错：在异步串行通信中，一帧信息由起始位、数据位、奇偶校验位（可选）和停止位

组成。这样一帧信息的位数是确定的，也就是说停止位出现时间是可以预料的。若接收端在任一字符的后面没有检测到规定的停止位，接收器便判为帧错误，差错检测逻辑将使帧错误状态位置位。

　　③ 溢出错：在接收数据过程中，当接收移位寄存器接收到一个正确字符时，就会把移位寄存器的数据并行装入数据寄存器中，CPU 要及时读取这个数据。如果 CPU 不能及时将接收数据寄存器的数据读走，下一个字符数据又被送入数据接收寄存器，会将上一个数据覆盖，从而发生了溢出错误，差错检测逻辑会把相应的溢出错标志位置位。

　　在串行通信过程中，可以利用这些状态位引起中断请求，在中断服务程序中进行错误处理；CPU 也可查询这些状态位，转到错误处理程序去。

2. 同步串行通信的接口

　　典型的同步通信端口基本结构如图 7-8 所示。

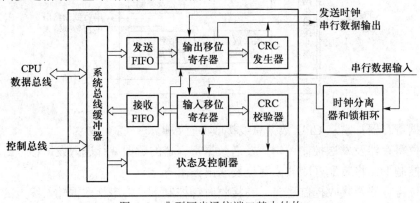

图 7-8　典型同步通信端口基本结构

　　FIFO（先进先出缓冲器）：它是由多个寄存器组成，因此发送时，CPU 一次可以将几个字符预先装入；接收时允许 CPU 一次连续取出几个字符。

　　发送 FIFO：它接收 CPU 数据总线送来的并行数据。

　　输出移位寄存器：它从发送 FIFO 取得并行数据，以发送时钟的速率串行发送数据信息。

　　CRC 发生器：它从发送数据流信息中获得 CRC 校验码。

　　CRC 校验器：它从接收数据流信息中提取 CRC 校验码，并与接收到的校验码相比较。

　　输入移位寄存器：它从串行输入线上以时钟分离器提取出来的时钟速率接收串行数据流，每接收完一个字符数据将其送往接收 FIFO。

　　接收 FIFO：接收输入移位寄存器送来的并行输入数据，CPU 从它取走接收到的数据。

　　总线缓冲器：它是 CPU 与 FIFO（发送和接收）交换数据的双向缓冲器，用来传递 CPU 端口的控制信息、字符数据和向 CPU 提供状态信息。

　　时钟分离器和锁相环：用来从串行输入数据中提取时钟信号，以保证接收时钟与发送时钟的同频同相。

　　同步串行通信接口工作过程如下：发送时，CPU 将数据信息经总线接口送到发送 FIFO，内部控制逻辑首先将其同步字符（1～2 个）送到输出移位寄存器，接着将发送 FIFO 内容分组并行送入输出移位寄存器，在发送时钟的作用下，将串行数据信息逐位移出，送至串行数据输出线上。与此同时，对所发送的数据信息进行 CRC 校验并产生两组校验码（CRC1、CRC2）。当数据信息发送完毕后，将得到的两组校验码依次发送出去。接收时，输入移位寄存器从串行数据输入线上串行接收数据，当接收到约定位数时，就与内部设置的同步字符比较，若相等，接收第 2 个同步字符（假定采用双同步字符），同步字符接收完毕后向 CPU 提供状态信息，然后开始接收数据流信息，每当接收到一定的位数就将它送入接收 FIFO 缓冲器，直到全部数据信息接收完毕。当输入移位寄存器将数据送到接收 FIFO 缓冲器后，接收 FIFO 缓冲器通知 CPU 可以取数据，重复上述过程，直到全部数据接收完毕。最后接收 CRC 校验码，并将接收到的校验码与从接收数据流中产生的校验码相比较，以确定接收时数据是否有错，从而置位相应的状态标志位，以供它用。

7.2 串行接口标准

在一个通信系统中，数据终端设备（DTE）和数据通信设备（DCE）都是不可缺少的组成设备，这两个设备之间除了要传送二进制数据外，还要传递一些用于协调双方工作的控制信息。串行连接时要解决两个问题，一是双方要共同遵循的某种约定，这种约定称为物理接口标准，包括连接电缆的机械、电气特性、信号功能及传送过程的定义，它属于 ISO'S OSI 七层参考模型中的物理层。二是按接口标准设置双方进行串行通信的接口电路。本节先介绍几种接口标准，在下一节再讨论接口电路设计。

7.2.1 EIA-RS-232-C 接口标准

RS-232-C 标准（协议）是美国 EIA（电子工业协会）于 1969 年公布的通信协议。它适合数据传输速率 0～20 000b/s 范围内的通信。它最初是为远程通信连接数据终端设备 DTE（Data Terminal Equipment）与数据通信设备 DCE（Data Communications Equipment）而制订的。但目前已广泛用于计算机（更准确地说，是计算机接口）与终端或外设之间的近端连接。这个标准对串行通信接口的有关问题，如信号线功能、电气特性都作了明确规定。由于通信设备厂商都生产与 RS-232-C 制式兼容的通信设备，因此，它作为一种标准，在微机串行通信接口中被广泛采用。

1. 电气特性

RS-232-C 对电气特性、逻辑电平和各种信号线功能都作了规定。

（1）电平规定

对于数据发送 TxD 和数据接收 RxD 线上的信号电平规定为：

逻辑 1（MARK）= -3～-15V，典型值为-12V；逻辑 0（SPACE）= +3～+15V，典型值为+12V。

对于请求发送 RTS、允许发送 CTS、数据终端准备好 DTR 和数据载波检出 DCD 等控制和状态信号电平规定为：

信号有效（接通，ON 状态）= +3～+15V，典型值为+12V；信号无效（断开，OFF 状态）= -3～-15V，典型值为-12V。

以上规定说明了 RS-232-C 标准对逻辑电平的定义。对于传输数据：逻辑"1"的电平低于-3V，逻辑"0"的电平高于+3V；对于控制信号：接通状态（ON）即信号有效的电平高于+3V，断开状态（OFF）即信号无效的电平低于-3V，也就是当传输电平的绝对值大于 3V 时，电路可以有效地检查出来。介于-3～+3V 之间和低于-15V 或高于+15V 的电压认为无意义。因此，实际工作时，应保证电平在±（5～15）V 之间。

（2）电平转换

从上述逻辑电平规定可以看出，这些信号电平和 TTL 电平是不能直接连接的。为了实现与 TTL 电路的连接，必须进行信号转换，即必须在 EIA-RS-232-C 与 TTL 电路之间进行电平和逻辑关系的转换。实现这种变换的方法可用分立元件，也可用集成电路芯片。

目前较广泛地使用集成电路转换器件，如 MC1488、SN75150 芯片可完成 TTL 电平到 EIA 电平的转换，而 MC1489、SN75154 芯片可实现 EIA 电平到 TTL 电平的转换。MAX232 芯片可完成 TTL<—>EIA 双向电平转换，图 7-9 为 MC1488 和 MC1489 的内部结构和引脚。

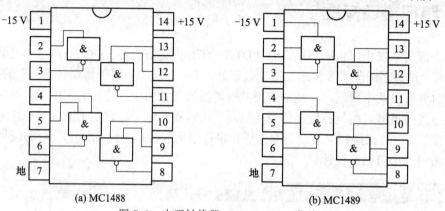

图 7-9　电平转换器 MC1488/1489 芯片

MC1488 的引脚（2），（4，5），（9，10）和（12，13）接 TTL 电平输入，引脚 3，6，8，11 输出端接 EIA-RS-232-C。MC1489 的 1，4，10，13 脚接 EIA 电平输入，而 3，6，8，11 脚接 TTL 输出。具体连接方法如图 7-10 所示。图中左侧是串行接口电路中的主芯片 UART，它处理的逻辑电平是 TTL 逻辑电平；右侧是 EIA-RS-232-C 连接器，处理的是 EIA 电平。因此，RS-232-C 所有的输出、输入信号线都要分别经过 MC1488 和 MC1489 转换器，来进行电平转换。

由于 MC1488/1489 要求使用+15V 高压电源，不太方便，现在有一种新型 RS-232-C 转换芯片 MAX232，可以实现 TTL 电平与 RS-232 电平转换，它仅需+5V 电源便可工作，使用十分方便。

（3）传输距离及通信速率

RS-232-C 接口标准的电气特性中规

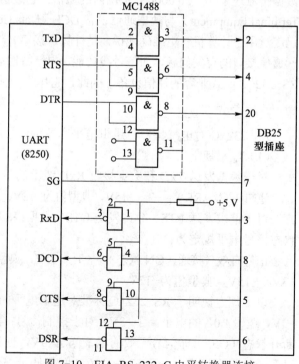

图 7-10　EIA-RS-232-C 电平转换器连接

定，驱动器的负载电容应小于 2 500pF，在不使用 MODEM 的情况下，DTE 和 DCE 之间最大传输距离为 15m。然而，在实际应用中，传输距离可大大超过 15m，这说明了 RS-232-C 标准所规定的直接传送最大距离是 15m 是偏于保守的。RS-232-C 接口标准规定传输数据速率不能高于 20kb/s。

2. 接口信号功能

（1）连接器

由于 RS-232 并未定义连接器的物理特性，因此，出现了 DB-25、DB-9 不同类型的连接器，连接器的外型及信号分配如图 7-11 所示。图中可以看出，DB-9 型连接器的引脚信号分配与 DB-25 型引脚信号完全不同，使用时要特别注意。DB-25 型连接器支持 20mA 电流环接口，需要 4 个电流信号，而 DB-9 型连接器取消了电流环接口。

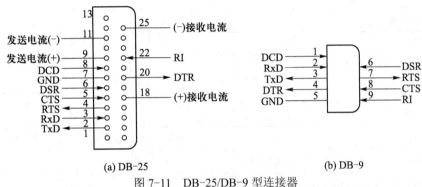

(a) DB-25 (b) DB-9

图 7-11　DB-25/DB-9 型连接器

（2）RS-232-C 的接口信号

EIA-RS-232-C 标准规定了在串行通信时，数据终端设备 DTE 和数据通信设备 DCE 之间的信号。所谓"发送"和"接收"是从数据终端设备的角度来看的。表 7-1 列出了 RS-232-C 信号的名称、引脚号及功能。

表 7-1　RS-232-C 接口信号

引脚号	信 号 名 称	英文缩写	说　明
1	保护地	PG	设备地
2	发送数据	TXD	终端发送串行数据
3	接收数据	RXD	终端接收串行数据
4	请求发送	RTS	终端请求通信设备切换到发送方式
5	允许发送	CTS	通信设备已切换到准备发送
6	数传机就绪	DSR	通信设备准备就绪，可以接收
7	信号地	SG	信号地
8	数据载波检出（接收线信号检出）	DCD（RLSD）	通信设备已接收到远程载波

续表

引脚号	信 号 名 称	英 文 缩 写	说　明
9	未定义		
10	未定义		
11	未定义		
12	辅信号接收线信号测定器		
13	辅信号的清除发送		
14	辅信号的发送数据		
15	发送器信号码元定时（DCE 源）		
16	辅信道的接收数据		
17	接收器码元定时		
18	未定义		
19	辅信道的请求发送		
20	数据终端就绪	DTR	终端准备就绪，可以接收
21	信号质量测定器		
22	振铃指示器	RI	通信设备通知终端，通信线路已接通
23	数据信号速率选择器 DTE 源/DCE 源		
24	发送器信号码元定时（DTE 源）		
25	未定义		

表 7-1 中可以看出，RS-232-C 标准接口共有 25 条线，其中 4 条数据线，11 条控制线，3 条定时线，7 条备用和未定义线。常用的只有 9 根，它们是：

① 常用联络控制信号线。

请求发送 RTS（Request to send）：该信号表示 DTE 请求 DCE 发送数据，即当终端准备发送数据时，使该信号有效（ON 状态），请求 MODEM 进入发送态。

允许发送 CTS（Clear to send）：该信号表示 DCE 准备好接收 DTE 发来的数据，是对请求发送信号 RTS 的响应信号。当 MODEM 已准备好接收终端送来的数据时，使该信号有效，通知终端通过发送数据线 TxD 开始发送数据。

这对 RTS/CTS 请求应答联络信号适用于半双工方式，用于 MOEDM 系统中作发送/接收方式之间的切换。在全双工系统中，因配置双向通道，故不需 RTS/CTS 联络信号，RTS/CTS 接高电平。

数据装置准备好 DSR（Data Set Ready）：该信号由 DCE 发至 DTE，有效（ON 状态）时表明 MODEM 处于可以使用的状态，即表示 DCE 已与通信信道相连接。

数据终端准备好 DTR（Data Terminal Ready）：该信号由 DTE 发至 DCE，有效（ON 状态）时表明数据终端可以使用，即数据终端已准备好接收数据或发送数据。

这对信号有效只表示设备已准备好，可以使用。因此，这两个信号可以直接连到电源上，一上电就立即变得有效。

接收线信号检出 RLSD（Received Line Signal Detection）：该信号用来表示 DCE 已接通通信信道，通知 DTE 准备接收数据。当本地的 MODEM 收到由通信信道另一端（远地）的 MODEM 送来的载波信号时，使 RLSD 信号有效，通知终端准备接收，并且由 MODEM 将接收下来的载波信号解调成数字量数据后，通过接收数据线 RxD 送到终端。此线也叫数据载波检出 DCD（Data Carrier Detection）线。

振铃指示 RI（Ringing）：当 MODEM 检测到线路上有振铃呼叫信号时，使该信号有效（ON 状态），通知终端，已被呼叫，每次振铃期间 RI 为接通状态，而在两次振铃期间为断开状态。

② 数据发送与接收线。

发送数据 TxD（Transmitted Data）：通过 TxD 线数据终端设备串行发送数据到 DCE。

接收数据 RxD（Received Data）：通过 RxD 线数据终端设备接收从 DCE 送来的串行数据。

③ 地线。

保护地 PG：可接机器外壳，需要时可以直接接地，也可以不接。

信号地 SG：这是其他各信号电压的参考点。无论电缆如何连接，这条线必不可少。

下面以数据终端设备 DTE 发送数据为例，来进一步理解上述控制信号线的含义。例如，只有当 DSR 和 DTR 都处于有效（ON）状态时，才能在 DTE 和 DCE 之间进行传送操作。若 DTE 要发送数据，则首先将 RTS 线置成有效（ON）状态，当接收到回答信号 CTS 有效（ON）状态后，才能在 TxD 线上发送串行数据。这种顺序的规定对半双工的通信线路特别有用，因为半双工的通信线路进行双向传送时，有一个换向问题，只有当收到 DCE 的 CTS 线为有效（ON）状态后，才能确定 DCE 已由接收方向改为发送方向了，这时线路才能开始发送。

3. 信号线的连接

实现远距离与近距离通信时，所使用的信号线是不同的，所谓近距离通信是指传输距离小于 15m 的通信。

（1）在 15m 以上的远距离通信时，为保证可靠性，一般要加调制解调器 MODEM，故所使用的信号线较多。此时，若在通信双方的 MODEM 之间采用专用线进行通信，则只要使用 2～8 号信号线进行联络与控制。若在双方 MODEM 之间采用普通电话线进行通信，则还要增加 RI（22）和 DTR（20）两个信号线进行联络，如图 7-12 所示。

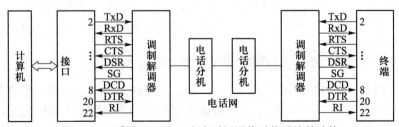

图 7-12　采用 MODEM 和电话网通信时信号线的连接

（2）近距离通信时，不采用调制解调器 MODEM，又称零 MODEM 方式。通信双方可直接连接，这种情况下，只需使用少数几根信号线。最简单的情况，在通信中根本不要 RS-232-C

的控制联络信号，只要使用 3 根线（发送线、接收线、信号地线）便可实现全双工异步通信，如图 7-13 所示。图 7-13 中的 TxD（2）端与 RxD（3）、RTS（4）与 CTS（5）、DTR（20）与 DSR（6）直接相连。在这种方式下，双方都可发也可收，通信双方的任何一方，只要请求发送 RTS 有效和数据终端准备好 DTR 有效就能开始发送和接收。

如果在直接连接时，需要考虑 RS-232-C 的联络控制信号，则采用零 MODEM 方式的标准连接方法，其通信双方信号线的安排如图 7-14 所示。从图中可以看到，RS-232-C 接口标准定义的所有信号线都用到了，并且是按照 DTE 和 DCE 之间信息交换协议的要求进行连接的，只不过是把 DTE 自己发出的信号线回送过来，当作对方 DCE 发出的信号，因此，又把这种连接称为双交叉环回接口。

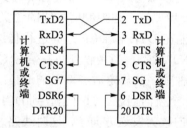

图 7-13 零 MODEM 方式的最简单连接

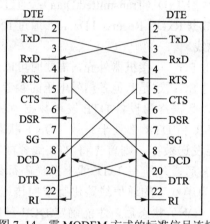

图 7-14 零 MODEM 方式的标准信号连接

通信双方握手信号关系如下：

① 一方的数据终端准备好（DTR）端和对方的数据设备准备好（DSR）及振铃信号（RI）两个信号互连。这时，若 DTR 有效，对方的 RI 就立即有效，产生呼叫，并应答响应，同时又使对方的 DSR 有效。

② 一方的请求发送（RTS）端及允许发送（CTS）端自连，并与对方的数据载波检出（DCD）端互连，这时，若有请求发送（RTS），则立即得到允许发送（CTS）有效，同时使对方的（DCD）有效，即检测到载波信号，表明数据通信信道已接通。

③ 双方的发送数据（TxD）端和接收数据（RxD）端互连，这意味着双方都是数据终端（DTE）。只要上述双方握手关系一经建立，双方即可进行全双工或半双工传输。

7.2.2 RS-422A、RS-423A、RS-485 接口标准

如上所述，EIA-RS-232-C 接口标准规定，最大传输距离为 15m，最高数据传输速率不高于 20kb/s。为了解决传输距离不够远、传输速率不够快的问题，EIA 在 RS-232-C 的基础上，制订了更高性能的串行接口标准。

1. RS-422A 标准

RS-422A 标准是一种以平衡方式传输的标准。所谓平衡，是指双端发送、双端接收，所以，

传送信号要用两条线 AA′和 BB′，发送端和接收端分别采用平衡发送器和差动接收器，如图 7-15 所示。

这个标准的电气特性对逻辑电平的定义是根据两条传输线之间的电位差值来决定，当 AA′电平比 BB′电平低-2V 时表示逻辑"1"；当 AA′线电平比 BB′线电平高+2V 时表示逻辑"0"。很明显，这种方式和 RS-232-C 采用单端接收器和单端发送器，只用一条信号线传送

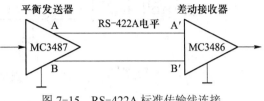

图 7-15　RS-422A 标准传输线连接

信息，并且根据该信号线上电平相对于公共的信号地电平的大小来决定逻辑"1"或"0"是不相同的。RS-422A 电路通过平衡发送器把逻辑电平变换成电位差，完成始端的信息传送；通过差动接收器把电位差变成逻辑电平，实现终端的信息接收。RS-422A 标准由于采用了双线传输，大大增强了抗共模干扰的能力，因此最大数据速率可达 10Mb/s（传送15m 时）。若传输速率降到 90kb/s 时，则最大距离可达 1 200m。该标准规定电路中只须有 1 个发送器，可有多个接收器。该标准允许驱动器输出为+2V～+6V，接收器输入电平可以低到+200mV。

为了实现 RS-422A 标准的连接，许多公司推出了平衡驱动器/接收器集成芯片，如 MC3487/3486、SN75174/75175 等。

2. RS-423A 标准

RS-423A 标准是非平衡方式传输的，即单端线传送信号，规定信号参考电平为地，这一点与 RS-232-C 兼容。该标准规定电路中只允许有 1 个单端发送器，但可有多个接收器。因此，允许在发送器和接收器之间有一个电位差，如图 7-16 所示。标准规定的逻辑"1"电压必须超过 4V，但不能高于 6V；逻辑"0"电压必须低于-4V，但不能低于-6V。RS-423A 标准由于采用差动接收，提高了抗共模干扰的能力，因而与 RS-232-C 相比，具有传输距离更远、传输速率更快，当传输距离为 90m 时，最大数据速率为 100kb/s，若传输率降至 1kb/s 时，传输距离可达 1 200m。

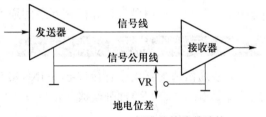

图 7-16　RS-423A 标准传输线的连接

3. RS-485 接口标准

RS-485 是一种平衡传输方式的串行接口标准，它和 RS-422A 兼容，并且扩展了 RS-422A 的功能。两者主要差别是：RS-422A 只允许电路中有一个发送器，而 RS-485 标准允许有多个发送器，它是一个多发送器的标准，而且 RS-485 允许一个发送器驱动多个负载设备，负载设备可以是被动发送器、接收器或收发器组合单元。RS-485 的共线电路结构是在一对平衡传输线的两端都配置终端电阻，其发送器、接收器、组合收发器可挂在平衡传输线上的任何位置，实现在数据传输中多个驱动器和接收器共用同一传输线的多点应用，其配置如图 7-17 所示。

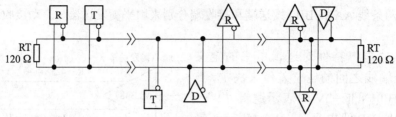

图 7-17　典型的 RS-485 共线配置

RS-485 标准抗干扰能力强，传输速率高，传送距离远。采用双绞线，不用 MODEM 的情况下，在 100 kb/s 的速率时，可传送的距离为 1.2 km，若速率降到 9 600 b/s，则传送距离可达 15 km。它允许的最大速率可达 10 Mb/s（传送 15 m）。RS-485 允许平衡电缆上连接 32 个发送器/接收器，目前已在许多方面得到应用，尤其是在多点通信系统中，如工业集散分布系统、商业 POS 收款机和考勤机的联网中用得很多，是一个很有发展前途的串行通信接口标准。

为了实现 RS-485 标准串行传送，可采用大规模集成芯片，如 MAXIM 公司的 MAX485/491 芯片。

7.3　异步通信接口

IBM-PC 机系统可配有同步和异步通信接口，一般系统只配置了异步通信接口，系统提供有两个通信端口：COM1 和 COM2。微型计算机异步通信适配器提供 RS-232-C 标准的 EIA 电压接口和 20mA 电流环接口两种操作方式，适用于微机与微机、微机与 MODEM 或外设之间进行异步通信，应用非常广泛。异步通信适配器硬件核心部分是可编程 INS 8250 芯片，是本节讨论的重点。最后，用微型计算机相互之间通信的例子来说明适配器的编程应用。

7.3.1　异步通信适配器的组成

异步通信适配器由串行接口芯片 INS 8250、EIA-TTL 电平转换芯片 SN75150、75154 及 I/O 地址译码电路 3 个主要部分组成，如图 7-18 所示。

1. 电平转换

INS 8250 芯片处理电平为 TTL 电平，要与 25 芯连接器相连接，必须经过电平转换。从图 7-18 中可以看出，INS 8250 和连接器的信号线是分别通过了电平转换器 SN75150 和 SN75154 才送到对方的。

2. 地址译码电路

系统地址总线低 10 位（$A_0 \sim A_9$）用于端口地址译码，其中高位地址（$A_3 \sim A_9$）经译码器 U_2 产生片选信号，送到 8250 的 $\overline{CS_2}$ 端；低位地址（$A_0 \sim A_2$）直接送到 8250 的（$A_0 \sim A_2$）端，作为芯片内部寄存器的选择线。从图 7-18 中可以看出，I/O 地址译码部分是由 8 输入端与非门 U_2 及反相器 U_3 组成的。由于系统中可使用两块适配器板，故异步适配器的口地址有两个，由跳接开关 U_{15} 的 J_{10} 和 J_{12} 端子进行切换，切换实际上是对地址位 A_8 进行改变，也就是通过 U_{15} 的 J_{10} 和 J_{12} 使 A_8 反相（$A_8=0$）还是不反相（$A_8=1$）就可切换端口地址，见表 7-2。

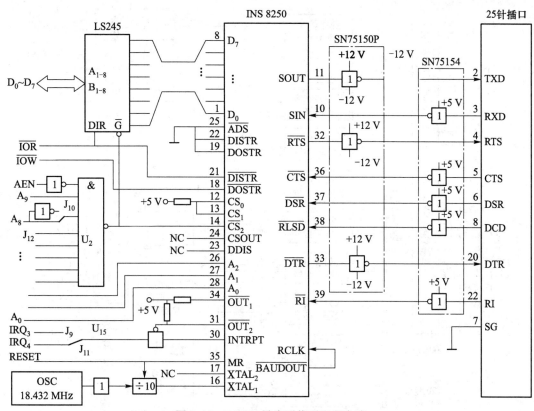

图 7-18   PC/XT 异步通信适配器电路

表 7-2   8250 地址译码电路端口地址

跳线开关 U_{15}	A_9	A_8	A_7	A_6	A_5	A_4	A_3	I/O 地址范围	中断请求	串行端口
J_{10} 接通	1	0	1	1	1	1	1	2F8H～2FFH	IRQ3	COM2
J_{12} 接通	1	1	1	1	1	1	1	3F8H～3FFH	IRQ4	COM1

两块适配器所产生的中断请求是接 IRQ_3 还是接 IRQ_4 端，从图中可以看出，是由跳线开关 U_{15} 控制。当 U_{15} 的 J_9 接通时，适配器产生的中断请求信号为 IRQ_3；而当 U_{15} 的 J_{11} 接通时，其中断请求信号为 IRQ_4。

从译码器 U_2 的输入端可以看出，只有当 AEN 信号为低电平时，即非 DMA 方式时，U_2 才能输出低电平，去选中 INS 8250 芯片，这说明异步通信适配器不能以 DMA 方式传送数据。

7.3.2   INS 8250 的结构和外部特性

INS 8250 是通用异步收发器 UART，适合用作异步通信接口电路。INS 8250 的外部引脚及内部结构如图 7-19 所示。

INS 8250 的引脚信号线基本上可分为两大类：与 CPU 系统总线相连的信号和通信设备 MODEM 连接的信号。除 8 根并行数据线 $D_0～D_7$ 外，还有如下信号：

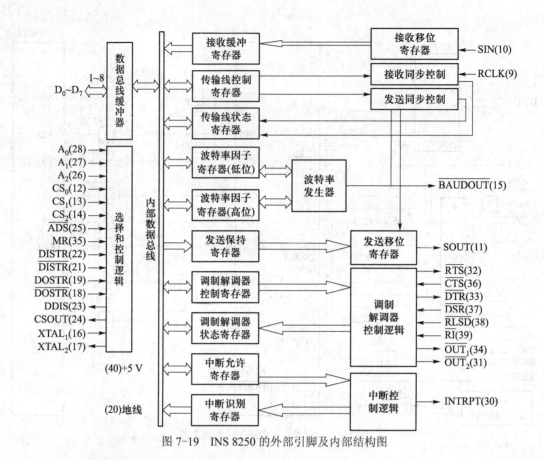

图 7-19 INS 8250 的外部引脚及内部结构图

1. 地址选择和读/写控制逻辑

当片选信号 $CS_0=1$，$CS_1=1$，$\overline{CS}_2=0$ 时，选中 INS 8250 芯片，并由 $A_0 \sim A_2$ 选择访问哪个内部寄存器。地址选通通信号 $\overline{ADS}=0$ 时，锁存 $CS_0/CS_1/\overline{CS}_2$ 以及 $A_0 \sim A_2$ 的输入状态，保证读/写期间地址稳定；$\overline{ADS}=1$ 时，允许地址选择信号可以改变。如果能够保证读/写操作期间地址一直稳定。可以将 $\overline{ADS}$ 端直接接地。引脚 CSOUT（当 $CS_0=1$，$CS_1=1$，$\overline{CS}_2=0$ 时，CSOUT=1）为片选输出信号，一般不需要，将其悬空。

8250 的读/写控制信号有两对，每对信号作用完全相同，只不过是有效电平不同而已。在 8250 被选中时，当数据输入选通信号 DISTR（高电平有效）或 $\overline{DISTR}$（低电平有效）信号有效时，CPU 就从被选择的内部寄存器中读出数据；而数据输出选通信号 DOSTR 或 $\overline{DOSTR}$ 有效时，CPU 就将数据写入被选择的寄存器中。在微型计算机异步适配器中，采用低电平有效，将 $\overline{IOR}$ 与 $\overline{DISTR}$ 相连，$\overline{IOW}$ 与 $\overline{DOSTR}$ 连接，而 DISTR 和 DOSTR 接地封锁。8250 的（数据总线）驱动器禁止信号 DDIS 引脚，在 CPU 从 8250 读取数据时为低电平，其他时间为高电平，禁止外部收发器对系统总线的驱动，微型计算机异步适配器未使用此信号。

2. 中断控制逻辑

INS 8250 具有中断控制和中断优先权判断能力，在串行通信过程中，如果接收数据准备好、发送保持寄存器空或通信出错以及允许中断时，中断请求引脚 INTRPT 就变成高电平，产生中断请求（IRQ_3 或 IRQ_4），输出 1（OUT_1）和输出 2（OUT_2）两个输出引脚用来控制 INTRPT 的输出。在微型计算机异步适配器中，使用 OUT_2 来控制中断请求信号 INTRPT 的输出。

3. 时钟信号及复位控制

外部晶体振荡电路产生的 1.8432MHz 信号送到 8250 的 XTAL1 端，作为 8250 的基准工作时钟。XTAL2 引脚是基准时钟信号的输出端，可用作其他功能的定时控制。外部输入的基准时钟经 8250 内部波特率发生器（分频器）分频后产生发送时钟，经 $\overline{\text{BAUDOUT}}$ 引脚输出。8250 的接收时钟引脚 RCLK 可接收由外部提供的接收时钟信号。而在微型计算机异步适配器中，将 RCLK 引脚和 $\overline{\text{BAUDOUT}}$ 引脚直接相连，即将 8250 芯片内部的发送时钟作为接收时钟。

系统复位时，8250 的主复位端 MR 接系统 RESET 信号，将 8250 复位。

4. 通信设备之间的信号

有 8 个信号，其中 6 个控制信号 $\overline{\text{RTS}}$、$\overline{\text{CTS}}$、$\overline{\text{DTR}}$、$\overline{\text{DSR}}$、$\overline{\text{RLSD}}$ 和 $\overline{\text{RI}}$，2 个串行数据信号 SOUT/SIN。它们的功能与定义和 RS-232-C 标准相同，不再讨论。

7.3.3 INS 8250 的内部寄存器及其编程方法

8250 芯片只有 3 根地址选择线 $A_0 \sim A_2$，只能提供 8 个寄存器端口地址。而 8250 内部有 10 个可访问的寄存器，因此有些寄存器的端口地址必须重复。为此，8250 内部结构已经指定：一是发送保持寄存器（THR）和接收缓冲寄存器（RBR）共用一个口地址，用读/写控制信号来区分访问哪个寄存器，写时访问 THR，读时访问 RBR。二是波特率因子寄存器端口地址与其他寄存器相同，用通信线路控制寄存器中的 DLAB 位来区分。当要访问波特率因子寄存器时将 DLAB 置 1，若要访问其他寄存器时，则必须使 DLAB 置 0。具体地址分配见表 7-3 所示。

表 7-3　8250 内部寄存器地址

DLAB	$A_2A_1A_0$	I/O 地址	对应寄存器	输入/输出
0	000	3F8H	发送保持寄存器（写）	输出
0	000	3F8H	接收缓冲寄存器（读）	输入
1	000	3F8H	波特率因子寄存器（LSB）	输出
1	001	3F9H	波特率因子寄存器（MSB）	输出
×	001	3F9H	中断允许寄存器	输出
×	010	3FAH	中断识别寄存器	输入
×	011	3FBH	线路控制寄存器	输出
×	100	3FCH	MODEM 控制寄存器	输出
×	101	3FDH	线路状态寄存器	输入
×	110	3FEH	MODEM 状态寄存器	输入

1. 波特率因子寄存器（DLL/DLH）

8250 芯片串行数据传输的速率是由波特率因子寄存器控制的。外接 1.8432MHz 基准时钟，通过除以波特率因子寄存器给定的分频值，在 8250 内部产生不同的波特率，通过 BAUDOUT 引脚输出接到 RCLK 端，控制收发数据的传输速率。除数（即分频值）的计算公式是：波特率因子=1843200÷（16*波特率）。

表 7-4 中列出了波特率因子与波特率的对应关系，供用户选择使用。8250 内部设置波特率因子寄存器 DLL/DLH，在初始化时将选用的波特率因子值的高、低字节分别写入 DLH 和 DLL 中。

表 7-4　波特率因子与波特率对照表

波　特　率	波特率因子寄存器的值		波　特　率	波特率因子寄存器的值	
	MSB	LSB		MSB	LSB
50	09H	00H	1 800	00H	40H
75	06H	00H	2 000	00H	3AH
110	04H	17H	2 400	00H	30H
150	03H	00H	3 600	00H	20H
300	01H	80H	4 800	00H	18H
600	00H	C0H	7 200	00H	10H
1 200	00H	60H	9 600	00H	0CH

例如，若设定通信波特率为 1 200b/s，则波特率因子值为 00H（高 8 位）和 60H（低 8 位），其装入程序段为：

```
MOV     DX,3FBH      ;置 LCR 口地址，DLAB=1
MOV     AL,80H
OUT     DX,AL
MOV     DX,3F8H      ;DLL 的口地址
MOV     AL,60H       ;波特率因子低字节
MOV     DX,3F9H      ;DLH 的口地址
MOV     AL,00H       ;波特率因子高字节
OUT     DX,AL
```

2. 通信线路控制寄存器（LCR）

通信线路控制器（LCR）主要用来指定异步通信数据格式，即字符长度、停止位位数、奇偶校验。LCR 的最高位 DLAB 用来指定允许访问波特率因子寄存器。它的内容不仅可以写入而且可以读出。LCR 的各位意义如下：

D_7	D_6	D_5	D_4	D_3	D_2	D_1	D_0
DLAB	SB	SP	EPS	PEN	STB	WLS_1	WLS_0

D_0D_1 位：字长选择，用来设置数据有效位数。

WLS_1WLS_0=00，为 5 位；WLS_1WLS_0=01，为 6 位；WLS_1WLS_0=10，为 7 位；WLS_1WLS_0=11，为 8 位。

D_2 位：停止位选择，用来设置停止位位数。

STB=0，为 1 位；STB=1，为 1½位（字符长度为 5 位时）；或 STB=1，为 2 位（字符长度

为 6，7 或 8 位时）。

D₃ 位：奇偶校验允许位，用来设置是否要奇偶校验。

PEN=0，不要校验；PEN=1，要校验。

D₄ 位：偶校验选择，用来设置偶校验。

EPS=0，要奇校验；EPS=1，要偶校验。

D₅ 位：附加奇偶标志位选择。

SP=0，不附加；SP=1，附加 1 位。

D₆ 位：中止设定。指定发正常信号还是连续发空号（逻辑 0）。

SB=0，正常；SB=1，中止。

D₇ 位：波特率因子寄存器访问允许控制位。

DLAB=1，允许访问波特率因子寄存器；DLAB=0，访问其他寄存器。

其中位 5 是 SP（STICK PARITY）附加奇偶标志位选择位。当 PEN=1（有奇偶校验）时，若 SP=1，则说明在奇偶校验位和停止位之间插入一位奇偶标志位。这种情况下，若采用偶校验，则这个标志位为逻辑"0"；若采用奇校验，则这个标志位为逻辑"1"。选用这一附加标志位的作用是发送设备把采用何种奇偶校验方式也通过数据流告诉接收设备。显然，在收发双方已约定奇偶校验方式的情况下，就不需要这一附加位标志，并使 SP=0。位 6 是 SB（SET BREAK）设置中止方式选择位，若 SB 置"1"，则发送端连续发送空号（逻辑"0"），当发空号的时间超过一个完整的数据字传送时间时，接收端就认为发送设备已中止发送。此时，接收设备发送中断请求，由 CPU 进行中止处理。

例如，设置发送数据字长为 7 位，1 位停止位，偶校验，其程序段为：

```
MOV    DX,3FBH        ;LCR 口地址
MOV    AL,00011010B   ;LCR 的内容，数据格式参数
OUT    DX,AL
```

3. 通信线路状态寄存器（LSR）

通信线路状态寄存器（LSR）用来表示数据接收和数据发送时 8250 的状态。若出错，则指出出错的类型。CPU 可以采用查询方式查询这些状态，也可以采用中断方式获得出错的原因。对 LSR 不仅可读，而且可写（除 6 位外），写 LSR 是为了人为地设置某些错误状态，供系统自检时使用。LSR 的各位含义如下：

D₇	D₆	D₅	D₄	D₃	D₂	D₁	D₀
0	TSRE	THRE	BI	FE	PE	OE	DR

D₀ 位：接收数据准备好（接收缓冲器满）。

DR=1，表示接收器已接收到一个数据字符，并且接收移位寄存器的内容已送到接收缓冲器中，即接收数据准备好；当 CPU 从接收缓冲器读走一个数据时，DR 位自动置"0"。

D₁～D₃ 位：这 3 位都是出错标志位。

OE 溢出错标志位：OE=1 表示接收缓冲器中输入的前一个字符未取走，8250 又接收到下一个输入的数据，造成前一个数据丢失错误。

PE 奇偶校验出错标志位：PE=1，表示接收的数据有奇偶错。

FE 帧出错标志位：FE=1，表示没有在规定的时间内接收到停止位，又称为数据格式错。

D_4 位：中止识别指示。

BI=1，指示发送设备进入中止状态；发送端发送正常时，BI=0。

$D_1 \sim D_4$ 这 4 位均是错误状态，只要其中有一位置 1，在中断允许的情况下，就发出中断请求。当 CPU 读取它们的状态时，自动清零复位。

D_5 位：发送保持寄存器空。

THRE=1，一旦数据从发送保持寄存器送到发送移位寄存器，发送保持寄存器就变为空；当 CPU 将数据写入发送保持寄存器中时，THRE 自动置 "0"。

D_6 位：发送移位寄存器空（只读）。

TSRE=1，表示数据从发送移位寄存器送到发送数据上；当发送保持寄存器的内容被送入发送移位寄存器时，TSRE 自动置 "0"。

接收数据准备好 DR 和发送保持寄存器空 THRE 这两位是通信线路状态最基本的标志位。CPU 在发送一个数据之前，先查询发送保持寄存器是否空，只有当 THRE=1 时，CPU 才能执行一条输出数据指令；CPU 在读一个数据之前，先查询接收数据是否准备好，只有当 DR=1 时，CPU 才能执行一条输入数据指令。

下面是一段利用线路状态寄存器的状态位进行收发数据处理的程序：

```
START:MOV    DX,3FDH            ;LSR 口地址
      IN     AL,DX              ;读取 LSR 的内容
      TEST   AL,00011110B       ;查询有无数据接收错误
      JNZ    ERR                ;有错，转出错处理
      TEST   AL,01H             ;无错，查询接收数据是否准备好，DR=1？
      JNZ    RECEIVE            ;已准备好，则转到接收程序
      TEST   AL,20H             ;未准备好，再查发送保持寄存器是否空
                                ;THRE=1？
      JNZ    TRANS              ;已空，则转到发送程序
      JMP    START              ;不空，循环等待
ERR:         ……
TRANS ：      ……
RECEIVE:     ……
```

4. 中断允许寄存器（IER）

中断源提出的中断请求被允许还是被禁止，由中断允许寄存器 IER 控制。该寄存器控制了 8250 的 4 个中断，若对应位置 "1"，则允许相应的中断请求；若对应位置 "0"，就禁止相应的中断请求。其格式如下：

D_7	D_6	D_5	D_4	D_3	D_2	D_1	D_0
0	0	0	0	EMSI	ELSI	ETBEI	ERBFI

D_0 位：ERBFI=1，允许接收缓冲器满中断；ERBFI=0，禁止接收缓冲器满中断。

D_1 位：ETBEI=1，允许发送保持寄存器空中断；ETBEI=0，禁止发送保持寄存器空中断。

D_2 位：ELSI=1，允许接收数据出错中断；ELSI=0，禁止接收数据出错中断。

D_3 位：EMSI=1，允许调制解调器状态改变中断；EMSI=0，禁止调制解调器状态改变中断。

$D_4 \sim D_7$ 位：标志位，$D_4 \sim D_7 = 0$。

5. 中断识别寄存器（IIR）

8250 具有很强的中断管理能力，内部设有 4 个中断优先级。优先级按从高到低的顺序排列为：接收数据出错中断、接收缓冲器满中断、发送保持寄存器空中断、MODEM 控制信号状态改变引起的中断。为了具体识别是哪种事件引起的中断（即中断源），8250 内部设置了中断识别寄存器 IIR，用来保存优先级最高的中断类型编码，直到该中断请求被 CPU 响应并服务之后，才能接受其他的中断请求。IIR 是只读寄存器，它的内容随中断源而改变。最高 5 位为标志位，规定为低电平"0"。具体格式如下：

D_7	D_6	D_5	D_4	D_3	D_2	D_1	D_0
0	0	0	0	0	ID_2	ID_1	IP

D_0 位：IP=0，表示还有其他中断等待处理；IP=1，表示无其他中断等待处理。

D_1D_2 位：中断类型标识码 $ID1ID2$，表示申请中断的中断源的中断类型编码。

$ID_2ID_1=00$ 时，调制解调器状态改变引起的中断。

$ID_2ID_1=01$ 时，发送保持寄存器空（THRE=1）中断。

$ID_2ID_1=10$ 时，接收缓冲器满（RBFI=1）中断。

$ID_2ID_1=11$ 时，接收数据出错（包括 OE=1，PE=1，FE=1，BI=1）中断。

在编写中断处理程序时注意，若同一时间内允许有一个以上中断请求，则在处理完高一级的中断之后，中断返回之前一定要检查中断识别寄存器 IIR 的 D0 位 IP 是否为 0，即是否尚有未被处理的中断源，否则，会造成某些中断不响应。异步通信适配器上的中断允许控制除了 8250 的 IER 之外，还使用 8250 的 OUT_2 引脚控制 INTRPT 是否送往 CPU。因此，OUT_2 作为异步配适器中断允许总控制信号。

6. 调制解调控制寄存器（MCR）

MODEM 控制寄存器 MCR 用来设置对 MODEM 的联络控制信号和芯片自检，该寄存器的各位定义如下：

D_7	D_6	D_5	D_4	D_3	D_2	D_1	D_0
0	0	0	LOOP	OUT_2	OUT_1	RTS	DTR

D_0 位：$D_0=1$，表示数据终端准备好（DTR=1）有效。

D_1 位：$D_1=1$，表示请求发送有效（RTS=1）。

D_2 位：$D_2=1$，使 OUT_1 输出有效（$OUT_1=1$），没使用。

D_3 位：$D_3=1$，用于中断控制，为使 8250 能发出中断控制信号，此位必须置"1"。

D_4 位：LOOP 位是供 8250 本身自检诊断而设置的。置"1"时，8250 处于诊断方式，在这种方式下，8250 芯片内部 SIN 引脚与芯片内部逻辑脱钩，发送器的移位输出端 SOUT 自动和接收器的移位输入端 SIN 接通，形成"环路"进行自发自收的操作。在正常通信时，LOOP 位置"0"。

例如，若要使 MCR 的 DTR、RTS 有效，OUT_1、OUT_2 以及 LOOP 无效，则程序段为：

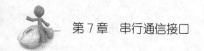

```
MOV    DX,3FCH              ;MCR 口地址
MOV    AL,00000011B         ;MCR 的控制字
OUT    DX,AL
```

7. MODEM 状态寄存器（MSR）

MODEM 状态寄存器用来检测和记录来自 MODEM 的联络控制信号及其状态的变化。该寄存器的各位定义为：

D_7	D_6	D_5	D_4	D_3	D_2	D_1	D_0
RLSD	RI	DSR	CTS	△RLSD	△RI	△DSR	△CTS

MSR 的低 4 位表示来自 MODEM 联络控制信号状态的改变情况。如果 CPU 在上次读取 MODEM 状态寄存器（MSR）之后，状态寄存器的相应位 RTS、DSR、RLSD、RI 发生了改变，也就是说来自 MODEM 的联络控制信号的逻辑状态发生了变化，信号由无效变为有效，或相反，那么将 MSR 的 △CTS、△DSR、△RLSD、△RI 这 4 位当中相应位置 "1"。在 CPU 读取 MSR 后，将这些位自动清 "0"。 △RI= "1" 时，表示 MODEM 来的 RI 信号由逻辑 "1" 状态变为逻辑 "0" 状态（由接通到断开）。MSR 的 $D_0 \sim D_3$ 中的任意一位为 "1"，且在中断允许时（IER 中 $D_3=1$），均产生 MODEM 状态中断。MSR 的高 4 位，分别表示收到了来自 MODEM 的控制信号，供 CPU 进行处理。

8. 发送保持寄存器（THR）和接收缓冲寄存器（RBR）

发送时，CPU 首先将待发送的字符写到 8250 的发送保持寄存器 THR 中，然后进入发送移位寄存器，在发送时钟的作用下，从 SOUT 引脚输出。一旦 THR 的内容送到发送移位寄存器 TSR 后，THR 就变空，同时将 LSR 的 THRE 位置 "1"，产生中断请求，要求 CPU 发送下一个字符。CPU 向 THR 写入下一个字符后，THRE 位自动清 "0"。如此重复，直到全部数据发送完毕。

接收时，串行数据在接收时钟作用下，从 SIN 引脚先输入到接收移位寄存器 RSR，然后由 RSR 并行输入到接收缓冲器 RBR，一旦 RBR 变满，将 LSR 的 DR 位置 "1"，产生中断请求，要求 CPU 读取数据字符。CPU 从 RBR 读取该字符之后，DR 位自动清 "0"。如此重复，直到全部数据接收完毕。

7.3.4 INS 8250 的应用实例

异步通信编程一般有 3 个部分：初始化串行通信口、发送一个字符以及接收一个字符。下面，首先以串行口 COM1（端口基址 3F8H）为例，来说明初始化编程方法。

1. 初始化串行通信口

初始化串行通信口编程的内容是：确定数据传输帧格式（包括数据位长度、停止位长度及有无奇偶校验和校验的类型）、确定传输波特率以及确定 8250 操作方式。操作方式是指采用自发自收的循环反馈通信方式，还是程序查询方式传送或者中断方式传送。

初始化方法有两种：一种是按上一节所叙述的步骤分别对线路控制寄存器、波特率因子寄存器和 MODEM 的控制寄存器等进行参数写入操作，其参数是在程序中由指令分散设定的；二是专门编制一个初始化串行口的子程序，其初始化参数作为子程序的入口参数集中给出，可由调用者按要求设置不同参数来完成相应的初始化。下面讨论第 2 种方法。

入口参数：AL=初始化参数，其格式如下：

D_7	D_6	D_5	D_4	D_3	D_2	D_1	D_0
波特率因子			奇偶选择		停止位	数据位数	

其中，$D_4 \sim D_0$ 各位的定义与线路控制寄存器相对应的位定义相同，而 $D_7 \sim D_5$ 的各位则为波特率选择。下面就是串行口初始化的子程序。

```
;波特率因子表                    ;D7D6D5 波特率
BAUD_TABLE  DW      1047        ;0 0 0    110
            DW      768         ;0 0 1    150
            DW      384         ;0 1 0    300
            DW      192         ;0 1 1    600
            DW      96          ;1 0 0    1200
            DW      48          ;1 0 1    2400
            DW      24          ;1 1 0    4800
            DW      12          ;1 1 1    9600
SERIAL_INIT PROC    NEAR
            MOV     AH,AL       ;入口参数保存到 AH
            MOV     DX,3FBH     ;线路控制寄存器端口
            MOV     AL,80H      ;置 DLAB=1
            OUT     DX,AL
            MOV     DL,AH       ;获取波特率因子
            MOV     CL,4
            ROL     DL,CL       ;循环左移 4 次，波特率因子移低 4 位
            AND     DX,0EH      ;因子值乘 2，存放在 DX 中
            MOV     DI,OFFSET   BAUD_TABLE
            ADD     DI,DX       ;DI 为波特率因子表索引
            MOV     DX,3F9H     ;波特率因子高字节端口
            MOV     AL,CS:[DI]+1
            OUT     DX,AL       ;写入因子高字节
            MOV     DX,3F8H     ;波特率因子低字节端口
            MOV     AL,CS:[DI]
            OUT     DX,AL       ;写入低字节
            MOV     DX,3FBH     ;线路控制寄存器端口
            MOV     AL,AH
            AND     AL,1FH      ;保留数据格式参数
            OUT     DX,AL       ;写入数据格式
            MOV     AL,0        ;屏蔽 4 种中断源类型
            MOV     DX,3F9H     ;中断允许寄存器端口
            OUT     DX,AL       ;采用查询 I/O
            RET                 ;正常通信，返回
SERIAL_INIT ENDP
```

2. 查询方式下的微机间相互通信

要求：在 A 机上敲键盘字符，并且在 A 机的屏幕上显示该字符，然后通过串行口将该字符发送给 B 机，并且也在 B 机上显示，即实现 A 机与 B 机间通信，通信波特率为 1200b/s。以敲击字符"P"作为结束，（使用 COM2 端口）。

分析：为了实现微机间相互通信，两机通过 RS-232-C 的 3 根信号线（TxD、RxD、GND）相连。为实现一端向另一端传送数据，采用查询方式分别编写发送程序和接收程序。其程序流程如图 7-20 所示。

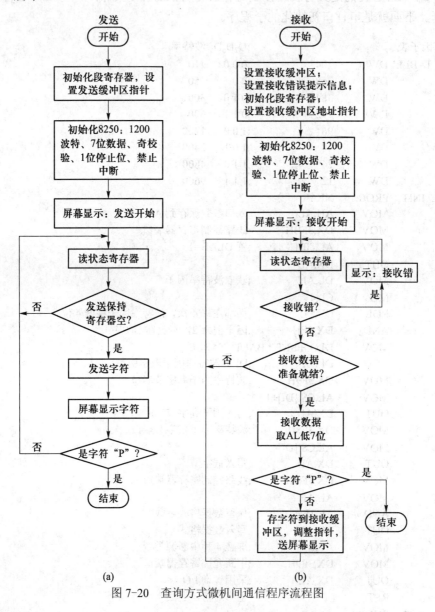

图 7-20 查询方式微机间通信程序流程图

发送程序（查询方式）：

```
DATA        SEGMENT
DISP        DB 'TRANSMISSION START:',0AH,0DH,'$'
DATA        ENDS
STACK       SEGMENT PARA STACK 'STACK'
            DB 200 DUP(0)
STACK       ENDS
CODE        SEGMENT
            ASSUME CS:CODE,DS:DATA,SS:STACK
START:      MOV     AX,DATA
            MOV     DS,AX
            MOV     AX,STACK
            MOV     SS,AX
            MOV     DX,2FBH         ;置 DLAB=1
            MOV     AL,80H
            OUT     DX,AL
            MOV     DX,2F8H         ;置波特率因子寄存器
            MOV     AL,60H          ;波特率因子低字节
            OUT     DX,AL
            MOV     DX,2F9H
            MOV     AL,0            ;波特率因子高字节
            OUT     DX,AL
            MOV     DX,2FBH         ;置线路控制寄存器
            MOV     AL,0AH          ;数据位 7 位、停止位 1 位、奇校验
            OUT     DX,AL
            MOV     DX,2FCH         ;置 MODEM 控制寄存器
            MOV     AL,02H          ;禁止中断
            OUT     DX,AL
            MOV     DX,2F9H         ;置中断允许寄存器
            MOV     AL,0            ;屏蔽所有中断
            OUT     DX,AL
            MOV     DX,OFFSET DISP  ;显示发送提示信息
            MOV     AH,9
            INT     21H
LOP:        MOV     DX,2FDH         ;读线路状态寄存器
            IN      AL,DX
            TEST    AL,20H          ;测试发送保持寄存器空？
            JZ      LOP             ;不空，则循环测试
            MOV     AH,1            ;读取按键字符，并显示
            INT     21H
            MOV     DX,2F8H         ;发送该字符
            OUT     DX,AL
            CMP     AL,'P'          ;判断按下字符"P"吗？
            JZ      OVER            ;是，则结束
            JMP     LOP             ;不是，继续循环
OVER:       MOV     AH,4CH          ;返回 DOS
            INT     21H
CODE        ENDS
            END     START
```

接收程序（查询方式）：

```
DATA        SEGMENT
            RBUF    DB 30 DUP(0)
            DISP    DB 'RECEIVE START:',0AH,0DH,'$'
            ERROR   DB 'RECEIVE ERROR!',0AH,0DH,'$'
DATA        ENDS
STACK       SEGMENT PARA STACK 'STACK'
            DB 200 DUP(0)
STACK       ENDS
CODE        SEGMENT
            ASSUME CS:CODE,DS:DATA,SS:STACK
START:      MOV     AX,DATA
            MOV     DS,AX
            MOV     AX,STACK
            MOV     SS,AX
            LEA     SI,RBUF         ;置接收缓冲区地址指针
            MOV     DX,2FBH         ;置 DLAB=1
            MOV     AL,80H
            OUT     DX,AL
            MOV     DX,2F8H         ;置波特率因子寄存器
            MOV     AL,60H          ;波特率因子低字节
            OUT     DX,AL
            MOV     DX,2F9H
            MOV     AL,0            ;波特率因子高字节
            OUT     DX,AL
            MOV     DX,2FBH         ;置通信线路控制寄存器
            MOV     AL,0AH          ;数据位 7 位、停止位 1 位、奇校验
            OUT     DX,AL
            MOV     DX,2FCH         ;置 MODEM 控制寄存器
            MOV     AL,02           ;禁止中断
            OUT     DX,AL
            MOV     DX,2F9H         ;置中断允许寄存器
            MOV     AL,0            ;屏蔽所有中断
            OUT     DX,AL
            MOV     DX,OFFSET DISP  ;显示接收提示信息
            MOV     AH,9
            INT     21H
            MOV     DX,2F8H         ;读接收缓冲器内容，不处理
            IN      AL,DX
LOP:        MOV     DX,2FDH         ;读线路状态寄存器
            IN      AL,DX
            TEST    AL,1EH          ;测试接收错误？
            JNZ     ER              ;有错误，转错误显示
            TEST    AL,01H          ;无错误，则测试接收数据准备好？
            JZ      LOP             ;未准备好则循环测试
            MOV     DX,2F8H         ;准备好则接收字符
            IN      AL,DX
            AND     AL,7FH
            CMP     AL,'P'          ;判断接收结束吗？
```

```
        JZ        OVER                        ;结束转 OVER
        MOV       [SI],AL                     ;未结束则存入缓冲区
        INC       SI
        MOV       DL,AL                       ;显示该字符
        MOV       AH,02
        INT       21H
        JMP       LOP
ER:     MOV       DX,2F8H                     ;清标志位
        IN        AL,DX
        MOV       DX,OFFSET ERROR   ;显示错误信息
        MOV       AH,9
        INT       21H
        JMP       LOP
OVER:   MOV       DL,AL
        MOV       AH,2
        INT       21H
        MOV       AH,4CH                      ;返回 DOS
        INT       21H
CODE    ENDS
        END       START
```

本章小结

　　串行通信在传输线上既传送数据信息又传送联络控制信息，信息格式有固定的要求，通信方式有异步通信和同步通信两种，通信格式对应分为异步和同步两种信息格式。串行通信中对信息的逻辑定义与 TTL 电平不兼容，因此，需要进行逻辑电平转换。

　　串行通信常用的校验方式有两种：奇偶校验和循环冗余码（CRC）校验。串行通信中，每秒钟传送的位数（b/s）称为波特率来表示。进行远程数据通信时，将二进制信号变换成适合电话网传输的模拟信号，这一过程称为"调制"。接收时，将在电话网上传输的音频模拟信号进行还原成原来的数字信号，这一过程称为"解调"。

　　常用的串行接口标准有 RS-232-C、RS-422A、RS-423A、RS-485 等。

　　异步通信适配器由串行接口芯片 INS 8250、EIA-TTL 电平转换芯片 SN75150、75154 及 I/O 地址译码电路 3 个主要部分组成。初始化串行通信口编程的内容包括：确定数据传输帧格式（包括数据位长度、停止位长度及有无奇偶校验和校验的类型）、确定传输波特率以及确定 8250 操作方式。然后才能进行数据收发。

习题与思考题

1. 串行通信有什么特点？
2. 为何要在 RS-232-C 与 TTL 电平之间加电平转换电路？
3. 在远程传输时为什么要使用 MODEM？
4. 面向字符和面向比特的通信协议有什么不同？各自的帧格式是怎样的？

5．设异步传输时，每个字符对应 1 个起始位、7 个信息位、1 个奇偶校验位和 1 个停止位，如果波特率为 9 600b/s，则每秒钟能传输的最大字符数是什么？

6．利用一个异步传输系统传送文字资料，传输率为 2 400b/s，资料约 1 000 个汉字，传输时采用数据有效位 8 位、停止位 1 位、无校验位，问至少需要多长时间才能把全部资料传完？

7．在异步传输时，如果发送方的波特率是 1 200b/s，接收方的波特率是 2 400b/s，能否进行正常通信？为什么？

8．一个异步串行发送器，发送具有 8 位数据位的字符，在系统中使用 1 个偶校验位，2 个停止位。若每秒钟发送 100 个字符，它的波特率和位周期是多少？

9．采用 RS-232-C 串行通信接口标准进行远程/近程通信时，使用的接口信号线有什么不同？

10．简述串行通信时错误标志位 OE、PE、FE 各位的含义。

11．简述 RS-422A、RS-423、RS-485 串行接口标准的特点及应用场合。

12．简述 INS8250 内部包括哪些寄存器及各个寄存器的功能是什么？

13．试指出异步串行通信时引起中断的中断源有哪些？INS8250 芯片的 OUT2 脚起什么作用？

14．编写微机间通信程序。要求：发送端以中断方式发送数据；接收端以查询方式接收数据。

15．实现计算机间相互通信，两机通过 RS-232-C 的 3 根信号线（TXD、RXD、GND）进行相连。为实现一端向另一端传送数据，采用中断方式在微机间发送和接收信息。

要求：通信波特率为 2 400b/s，格式为：7 位数据位、奇校验、1 个停止位，使用 COM2 端口，中断请求信号接 8259A 的 IRQ3。画出串行发送数据和接收数据的程序流程图，并编写相应的程序。

第 8 章
人机交互设备接口

🔍 **学习目标**

本章主要讲述人机交互设备接口有关知识。通过
本章的学习，应该做到：

■ 熟练掌握 LED 数码管，理解 LCD 显示器的接口
  设计技术。

■ 掌握键盘、打印机接口技术，了解多媒体接口技术。

■ 理解鼠标、数码相机、触摸屏及图像扫描仪等输入接口。

■ 重点为键盘、LED 数码管、打印机接口技术，难点为
  键盘和打印机接口电路。

建议本章教学安排 6 学时。

8.1　键盘及其接口

　　输入设备是计算机信息的入口，用于接收用户对计算机的操作指令。近年来各种新型输入设备纷纷涌现，计算机输入方式发生较大变化，但键盘仍然是主要的输入设备。操作者通过键盘输入指令以控制计算机完成各种工作，也可以通过键盘向计算机录入文字和数据。计算机键盘先后经历了多个阶段，但其基本原理是相似的。键盘分外壳、按键和电路板 3 部分。按键开关按结构分为有触点式和无触点式两大类。有触点式按键开关有：机械式开关、薄膜开关、导电橡胶式开关和磁簧式开关等；无触点式按键开关有电容式开关、电磁感应式开关和磁场效应式开关等。电路板则安置在键盘内部。

8.1.1　键盘的工作原理

　　用户可以通过按键盘上的键来输入信息，那么键盘是怎样识别不同键的呢？实际上，键盘中有键扫描电路，用于发现按键位置，而编码电路则产生相应的按键代码，接口电路负责把代码送入计算机。按键码的识别方式，键盘分为编码键盘和非编码键盘。编码键盘本身带有实现接口主要功能所需的硬件电路，不仅能自动检测被按下的键并完成去抖动防串键等功能，而且能提供与被按键功能对应的键码（如 ASCII 码）送往 CPU，而非编码键盘只简单的提供按键开关的行列矩阵，有关键的识别，键码的输入与确定，以及去抖动等功能均由软件完成。

　　常用的非编码键盘有线性键盘和矩阵键盘。线性键盘主要适用于小键盘，其按键不多，而每个按键均有一条输入线送到计算机接口上，例如，有 12 个键，则有 12 条输入线，或有 n 个按键，则有 n 条输入线，如图 8-1 所示为 4 键电路图。显然，当按键增多时，受到输入线条数的限制。矩阵键盘则克服了以上缺点，其按键按行列排放。如图 8-2 所示电路，有 5 行 4 列，则共有按键 $5 \times 4 = 20$ 个，但其送往计算机的输入线仅为 $5+4=9$ 条。如有 i 行 j 列，则可排列 $i \times j$ 个按键，但送往计算机的输入线共 $i+j$ 条。可见，此种排列方式适用于按键较多的场合，因而得到广泛应用。

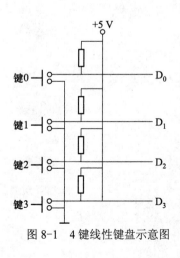

图 8-1　4 键线性键盘示意图

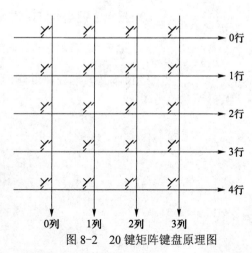

图 8-2　20 键矩阵键盘原理图

1. 键盘识别方法

键码识别主要指矩阵结构的键盘，主要的键码识别方法有行扫描法、行列反转法和行列扫描法等，以下主要介绍行扫描法。

如图 8-3 所示，键盘上的各键组合为一个二维矩阵形式，某一键所在的行列号即为此键的编码。判断某键是否闭合的原理为：首先向所有行输出低电平，如无任何键闭合，则 +5V 电平经电阻通向所有列线，因而所有列线应为高电平。如果某一键闭合，则该键所在列与低电平短路，因而该列变为低电平。此时读列线即可判断有无键按下。进而通过行列号识别哪一个键被按下，从而查找到该键的键码。

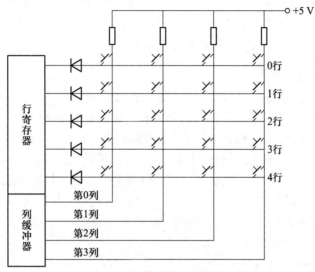

图 8-3 行扫描法键码识别示意图

具体的识别方法如下：先向第 0 行输出低电平，其余各行输出高电平，然后读入所有列线的电平值。如果某列线为低电平，表示第 0 行和该列相交位置上的键被按下。如果列线全为高电平，说明第 0 行没有键按下。然后向第 1 行输出低电平，其余行输出高电平，如果读入的列线仍然全是高电平，说明第 1 行也无键按下，应继续检查第 2 行。依次类推。直到发现某一列变为低电平，即某键按下，则退出扫描。根据行号和列号识别闭合的是哪一个键，输出相应键码。也就是说由行号和列号作为该键的键码。比如第 2 行第 3 列的键按下，则键码表示为00100011B。这种由行列位置表示的键码称为行列码或位置扫描码，也称为键盘扫描码。

2. 抖动和重键问题的解决

在键盘设计中，除了识别闭合键外，还要解决键抖动和重键问题。在一个键按下和释放的一瞬间，从微观上看，按键开关是在闭合和断开位置间跳动几次才能达到稳定状态，这就是键抖动问题。在电路上，按键按下闭合到释放表现为一个负的（或正的）矩形脉冲。抖动的存在使脉冲的开头和尾部出现一些毛刺波。毛刺波持续的时间一般小于 10ms，如不加处理，可能被误判按键几次。

消除抖动的方法主要有两种：硬件方法和软件方法。硬件方法采用 R-S 触发器消除抖动的波形。软件方法通过延时一定时间，等信号稳定后再去识别键码。其方法如下：当检查到有键按下后延时约 10ms，再检查是否有键按下。如果第 2 次检查不到按键，说明前次检查为抖动；

如果第 2 次检查检查到按键，说明信号已稳定，为有效按键，可以读取其键码。等按键释放后重新进行处理。

重键问题是指由于误操作，两个或两个以上的键同时被按下闭合，此时键位扫描中会出现错误的行列值。重键处理的方法主要有连锁法和顺序法等。连锁法不停地扫描键盘，重键期间不作识别，仅承认最后一个闭合键。顺序法则是在识别某闭合键后保持不动，直到该键释放后再去识别其他按键。

8.1.2　微型机系列键盘及其接口电路

伴随着个人计算机的发展，微型机系列键盘也从早期 PC/XT 使用的 83 键发展到现在的 101/102 键、104 键、107 键等，新的功能不断扩充，以适应高档微处理器和操作系统的要求。不管怎样发展，键盘的基本结构和工作原理是基本相同的。

1. 微型机系列键盘工作原理

微型机系列键盘内部都有一个微控制器，键盘在其控制下实现闭合键扫描、键码识别，并实现与微机的通信。以 PC/XT 键盘为例，其与主机的联接如图 8-4 所示。键盘采用的是 16×8 矩阵结构，其核心为单片机 Intel 8048，不仅承担键码扫描与识别，而且负责与主机通信。首先，8048 对键盘矩阵进行扫描，获取按键的扫描码，存入扫描码缓冲器。扫描码缓冲器是 20 字节的先进先出（First In First Out）队列。在主机允许键盘输入时，扫描码经 I/O 串行口送往主机的键盘接口。然后由 8255A 向 CPU 申请中断，CPU 响应中断后由键盘中断服务程序将键盘扫描码转换成 ASCII 码或扩充码，与扫描码一起存入键盘缓冲区，供主机系统和用户应用程序使用。

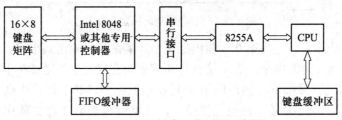

图 8-4　PC/XT 键盘工作原理示意图

PC/XT 键盘扫描电路如图 8-5 所示，单片机 8048 是键盘的控制核心。其内部的计数器以约 10kHz 的频率循环计数，计数器低 7 位经 $DB_6 \sim DB_0$ 输出到译码器产生行、列驱动信号。其中 DB_6 作为分时控制信号，DB_6 为高电平时，选通 74159；DB_6 为低电平时，选通 74156。$DB_5 \sim DB_2$ 分别经 4-16 译码器 74159 和 3-8 译码器 74156 输出行列计数信号，判断按键所在的行列号。如有键按下，则以当前计数器的低 7 位作为键盘扫描码的低 7 位，最高位为 0，将扫描码存入扫描码缓冲器，称为接通扫描码。按下的键在释放时也产生一个扫描码，其低 7 位同样是当前计数器的低 7 位，但最高位为 1，该扫描码也存入扫描码缓冲器，称为断开扫描码。在以上过程中，8048 不仅承担着扫描、生成扫描码的功能，还具备消颤、检查被卡住的键等功能。同时，8048 还必须检测其内部缓冲器，如有数据，则依次将其转换为串行信号，在 $P_{2.1}$ 输出的时钟信号作用下同步，经 $P_{2.2}$ 端口送往主机，由主机进行处理。

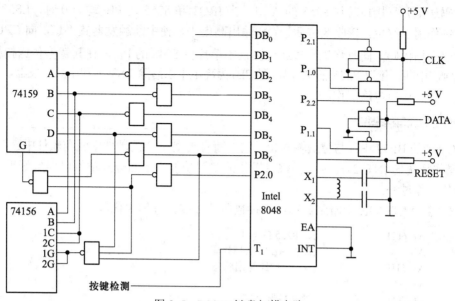

图 8-5 PC/XT 键盘扫描电路

2. 微型机系列键盘接口电路

PC/XT 键盘接口一般安装在主机系统板上，一根 5 芯电缆通过串行口把系统板和键盘连接起来。键盘接口主要完成以下功能：串行接收键盘送来的接通扫描码和断开扫描码，转换为并行数据并暂存起来，然后向主机发出中断请求信号。主机响应中断读取扫描码并转换成相应的 ASCII 码，存入键盘缓冲区。对控制键则做相应的处理。同时，接口也接收主机发送的命令并传送给键盘。

图 8-6 为 PC/XT 键盘接口电路，其工作原理如下：LS322 为串并转换器，DI 端接收键盘送来的串行扫描码，其时钟信号由键盘输出的系统时钟 PCLK 同步以后得到。完成串并转换后

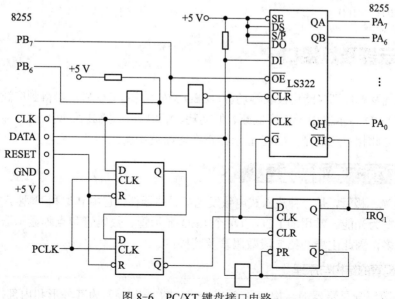

图 8-6 PC/XT 键盘接口电路

的并行代码送至并行接口芯片 8255 的 A 口，当 IRQ1 和 8255 的 PB$_7$ 均为 0 时，LS322 的输入数据在时钟作用下移位，接收 8 位后，$\overline{QH}$ 输出高电平，使中断触发器置"1"，向 CPU 申请中断，要求取走扫描码，同时将该信号送至键盘中单片机 8048 的 P$_{1.1}$，使其暂停传送扫描码。

主机响应中断，读取 8255 的 A 口，置 PB$_7$ 为高电平以清除 LS322 和中断触发器，并置 PB$_6$ 为低电平，禁止接口电路工作。

3. 键盘接口编程举例

在 PC/XT 的 BIOS 中，与键盘输入相关的中断有类型 09H 的硬件中断和软件中断 INT 16H。在 DOS 操作系统的 INT 21H 也提供键盘操作的常用功能。下面分别举例以便更好地理解键盘接口电路的工作过程。

【例 8-1】　INT 09H 中断服务程序中扫描码的读取部分程序代码。

```
IN      AL,60H          ;读 8255 的 A 口
PUSH    AX              ;保存 AL 中的扫描码
IN      AL,61H          ;读 PB 口原输出状态
MOV     AH,AL
OR      AL,80H          ;置 PB₇为"1"
OUT     61H,AL          ;清除 LS322 和中断触发器
XCHG    AH,AL           ;PB 口的原输出值由 AH 转到 AL
OUT     61H,AL          ;输出原状态 PB₇=1，PB₆=1 的值，允许再接收
POP     AX              ;弹出 AL 中的扫描码
MOV     AH,AL           ;放入 AH
```

【例 8-2】　检测键盘缓冲区是否有字符，如有，将其 ASCII 码和扫描码读入。

```
CHECK：  MOV   AH,1     ;置 1 号功能
        INT   16H       ;执行中断
        JZ    CHECK     ;ZF=1，继续检测
        MOV   AH,0      ;ZF=0，置 0 号功能
        INT   16H
```

8.2　显示器及其接口

在微机系统及单片机智能化仪表等场合，LED 数码管和 LCD 显示器得到广泛应用。LED 数码管显示器和 LCD 显示器由于价格低廉、低功耗、低电压、低辐射、响应快、重量轻，因而得到广泛应用。与此相对应的是，CRT 显示器正在逐渐被淘汰。

8.2.1　LED 显示器及其接口

LED 即发光二极管，是一种注入式电致发光半导体器件，它由 P 型和 N 型半导体组合而成，能够把电能转变为光能。常用的 LED 有单个 LED 显示管、数码管和点阵显示器等。一般 7 段数码管应用较多，因此主要介绍 7 段数码管及其接口。

1. LED 数码管的结构与原理

常用 7 段数码管显示器的结构如图 8-7 所示。图 8-7（a）为其外形和内部排列，可见，7

段数码管实际共 8 段，a、b、c、d、e、f、g 共 7 段用来显示十进制或十六进制数字与一些字符，另一段 DP 用来显示小数点。当发光二极管导通时，相应的段就会发光。只要控制不同组合的段发光，就能显示出各种数字与字符。

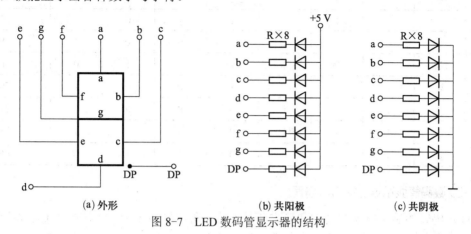

图 8-7　LED 数码管显示器的结构

LED 数码管有两种接法，各个发光二极管的阳极接在一起的称为共阳极数码管显示器，如图 8-7（b）所示；而阴极连在一起的称为共阴极数码管显示器，如图 8-7（c）所示。对于共阳极数码管显示器而言，发光的相应段须接低电平才能有效，而共阴极则相反，发光的相应段须接高电平。以共阴极数码管显示器为例，如果要显示数字"2"，只要 a、b、g、e、d 段发光，而 c、f、DP 段不发光即可。也就是说，只要在 a、b、g、e、d 段的阳极上加上高电平"1"，而 c、f、DP 段加上低电平"0"，即可完成数字"2"的显示。可见，只要改变加到各段阳极上的电平，就可以显示不同的字符或数字，这样的电平代码称为段码。

表 8-1 列出了 7 段 LED 数码管显示器在共阴极连接时显示的数字或字符与其对应的段码。共阳极数码管显示器的段码与共阴极数码管显示器的段码为逻辑非关系，因此只须对表 8-1 中的段码求反即可得到共阳极数码管显示器的段码。

表 8-1　共阴极 LED 数码管显示器段码

字符	DP	g	f	e	d	c	b	a	段码（H）
0	0	0	1	1	1	1	1	1	3F
1	0	0	0	0	0	1	1	0	06
2	0	1	0	1	1	0	1	1	5B
3	0	1	0	0	1	1	1	1	4F
4	0	1	1	0	0	1	1	0	66
5	0	1	1	0	1	1	0	1	6D
6	0	1	1	1	1	1	0	1	7D
7	0	0	0	0	0	1	1	1	07
8	0	1	1	1	1	1	1	1	7F
9	0	1	1	0	1	1	1	1	6F

续表

字符	DP	g	f	e	d	c	b	a	段码（H）
A	0	1	1	1	0	1	1	1	77
B	0	1	1	1	1	1	0	0	7C
C	0	0	1	1	1	0	0	1	39
D	0	1	0	1	1	1	1	0	5E
E	0	1	1	1	1	0	0	1	79
F	0	1	1	1	0	0	0	1	71
P	0	1	1	1	0	0	1	1	73
−1	0	1	0	0	0	1	1	0	46

2. LED 数码管显示器的接口与编程

LED 数码管的显示驱动有动态和静态两种方式。所谓静态显示，就是指当前数码管显示器显示某个字符时，该数码管显示器相应的发光二极管恒定地导通或截止，直到送入新的显示码为止。例如，要显示数字"7"，只须 a、b、c 段导通，其余段截止即可。此种显示方式的每一位数字都需要一个 8 位锁存器来驱动。图 8-8 为 3 位数码管显示器的接口逻辑，图中采用共阳极 LED 数码管。静态显示时，较小的电流即可得到较高的亮度，故可由 8255 的输出口直接驱动。静态连接的缺点是 I/O 口利用效率低，一般适用于显示位数较少的场合。当显示位数较多时，一般采用动态显示法。

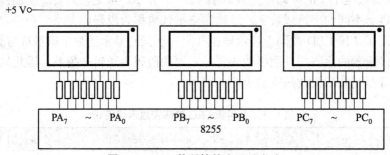

图 8-8　LED 数码管静态驱动电路

所谓动态显示是指按位轮流点亮各位数码管显示器。或者说，接口电路对各位数码管显示器轮流进行扫描，每隔一定时间点亮一次。此种情况下，数码管显示器的亮度不仅与导通电流有关，还与点亮时间与断开时间有关。如扫描频率太低，数码管显示器会有跳动现象。只要适当调整电流和扫描频率，就可以得到合适亮度的稳定显示。当数码管显示器不多于 8 个时，用于控制数码管显示器公共极电位的扫描口只须一个 8 位 I/O 口即可。而控制数码管显示器各段字型的段数据口也只须一个 8 位 I/O 口。图 8-9 为 6 位共阴极 LED 数码管与 8255 的接口逻辑图。其中，8255 的 B 口作为段数据口，经同相驱动器 7407 连接至 LED 数码管的各个段。A 口作为扫描口，经反相驱动器 DS75452 连接到 LED 数码管的公共端。

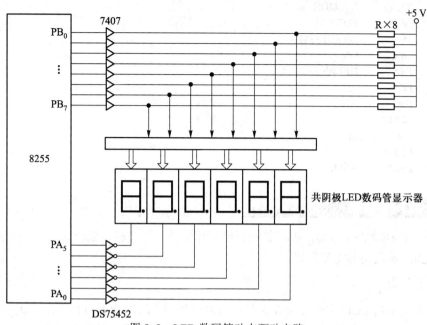

图 8-9　LED 数码管动态驱动电路

【例 8-3】　根据图 8-10 所示的静态驱动电路编程循环显示 0～F 字符（设 LED 数码管为共阴极连接）。

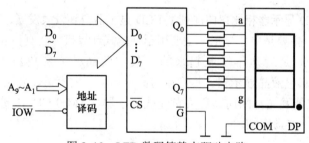

图 8-10　LED 数码管静态驱动电路

程序设计如下：

```
DATA      SEGMENT
L_CODE    DB    3FH,06H,5BH,4FH,66H,6DH,7DH,07H,
          DB    7FH,6FH,77H,7CH,39H,5EH,79H,71H
DATA      ENDS
CODE      SEGMENT
          ASSUME   CS: CODE,DS: DATA
START:    MOV      AX,DATA
          MOV      DS,AX
          MOV      BX,OFFSET  L_CODE   ;BX 指向 7 段显示码表
   L0:    MOV      CX,10H              ;显示 16 个字符
          MOV      AL,0                ;显示初值
   L1:    PUSH     AX
```

```
            XLAT      L_CODE              ;取显示码
            OUT       PORT,AL             ;输出显示
            MOV       DX,0FFFFH
DELAY:      DEC       DX
            JNZ       DELAY               ;延时
            POP       AX
            INC       AL                  ;指向下一个字符
            LOOP      L1                  ;循环
            JMP       L0
CODE        ENDS
            END       START
```

8.2.2 LCD 显示器及其接口

LCD 是一种被动式显示器，由于其功耗低、体积小、重量轻、低辐射、抗干扰能力强等特点，因而得到广泛应用并迅速发展。

1. LCD 的分类

目前应用较多的 LCD 主要分为 3 大类：扭曲向列型 LCD，又称 TN-LCD；超扭曲向列型，又称 STN-LCD；有源阵列型 LCD，又称 AM-LCD。前两种也统称为无源矩阵 LCD，即 PM-LCD。

扭曲向列型 LCD 显示器是 LCD 的早期产品，结构相对简单，单色显示，一般用于 7 段数字显示器及字符显示等领域。由于其价格低廉，使用方便，在计算器及一些智能仪表及家电产品等得到普遍使用。

超扭曲向列型 LCD 显示器相比扭曲向列型 LCD 显示器得到较大发展，其特点是扫描线增多，视角宽，信息容量大，主要是单色显示。主要用于便携式计算机、传真机及电子词典等领域。

有源矩阵型 LCD 是近几年发展起来的，其主流品种为彩色薄膜晶体管液晶显示器 TFT-LCD，也称为真彩色液晶显示器。其特点为高分辨率、大容量、大尺寸、视角广等。此外，AM-LCD 在黑暗处也能发光，因而又称为背光式显示器。AM-LCD 在便携式计算机及超薄电视机等领域应用广泛，前景广阔。

2. LCD 的原理与结构

LCD 是利用晶体材料的电光效应制作的一种被动式显示器。液晶本身并不发光，依靠电信号的控制使周围环境光在显示部位反射或透射而得以显示。以扭曲向列型为例，它是利用电场效应原理制造的。通常情况下，液晶经过处理后其内部分子呈 90° 扭曲，将液晶夹在两片导电玻璃电极间，如果线性偏振光通过液晶，其偏振面会旋转 90°。当在玻璃电极上施加一定电压后，液晶的扭曲结构由于电场的存在而消失，其旋光作用也消失，也就是说偏振光可以直接通过。如图 8-11 所示，

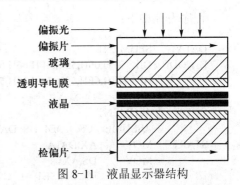

图 8-11 液晶显示器结构

把液晶和玻璃进行密封成为液晶盒。液晶盒的上下分别放置两个平行的偏振光片。当玻璃电极间不加电压时，偏振光由于偏振面的 90° 旋转，不能通过下偏振片，液晶显示器成为闭态，是

暗的。而玻璃电极间施加电压时，偏振光可顺利通过下偏振片，液晶显示器被点亮。

3. LCD 显示器的接口

LCD 有静态驱动和动态驱动两种方式。静态驱动加直流信号，动态驱动加交流信号。由于直流驱动会降低 LCD 的寿命，因此一般用交流信号动态驱动。常用的 LCD 驱动器芯片有段式驱动、点阵式驱动等，其中有的以串行方式工作，有的以并行方式工作，如由 MOTOROLA 公司生产的 MC14543 是常用的 7 段码 LCD 锁存/译码/驱动电路。而 PCF8566 则是一种串行送数的通用 LCD 驱动芯片。图 8-12 所示为 MC14543 与 7 段 LCD 的接口。只要在 LD 锁

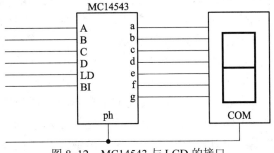

图 8-12　MC14543 与 LCD 的接口

存禁止端加高电平，BI 熄灭端加低电平，ph 端输入方波，A、B、C、D 端输入 BCD 码，则其输出端就会输出相应的与 ph 同相或反相的方波，从而驱动对应的液晶段亮或暗，显示出数字或字符。

8.2.3　微机显示器及其接口

计算机系统中，显示器又称监视器，是十分重要的输出设备。CRT（Cathode Ray Tube，阴极射线管）显示器曾经是通用微机重要的输出设备，主要分荫罩式 CRT 和电压穿透式 CRT。其中又以荫罩式显示器最为常见。CRT 显示器按显示色彩又可分为单色显示器和彩色显示器两类。近几年 CRT 显示器逐渐被 LCD 显示器所取代。虽然工作原理不同，但其功能是相似的。计算机的显示系统包括显示器及其显示适配器两部分。

1. CRT 显示器的结构和原理

彩色 CRT 显示器组成原理如图 8-13 所示，包括阴极射线管和控制电路两部分。

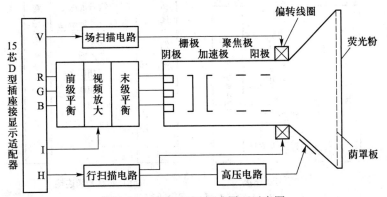

图 8-13　彩色 CRT 组成原理示意图

显像管的功能是将电信号转换为光信号，将数据信号转换成光信号显示在荧光屏上，从而完成字符或图像的显示。其基本工作原理如下：CRT 加电以后，阴极被灯丝加热发出 3 支平行的电子束。电子束中大量的电子经加速极和阳极的吸引后加速离开阴极，经过加速极、聚焦极

和阳极等组成的电子透镜的聚焦后形成的 3 束细电子束在荫罩板的竖条形细缝或小孔中汇聚后分别按不同强度准确轰击荧光屏上的红（R）绿（G）蓝（B）三色荧光粉，产生不同颜色的亮点。荧光屏上的每一个像素都是由红、绿、蓝三原色组合而成的。同时，行场扫描电路控制 CRT 外部的偏转线圈，使光点移动从而形成光栅，点亮整个屏幕。光栅按扫描方式分逐行扫描和隔行扫描两种方式。逐行扫描可消除屏幕的闪烁感。整个屏幕被扫描 m 行，每行有 n 个像素点，则整个屏幕有 m×n 个像素。而图形或字符就是由不同颜色和亮度的像素组成的。

显示器的主要性能指标有分辨率、色彩、显示速度、屏幕尺寸等。分辨率一般用屏幕上像素的多少来代替，表示为扫描行数（m）×每行像素数（n）。显然，对于同样尺寸的屏幕，分辨率越高，相邻像素间的距离越小，清晰度越高。色彩指可选择的颜色数及一帧画面可同时显示的颜色数。而显示速度是指显示字符或图像的速度，尤其是动态图像的显示速度。速度不够快时，显示动态图像不流畅，有停顿现象。常说的显示器的屏幕尺寸实际上是指显像管对角线的尺寸。常见的有 14 英寸、15 英寸、17 英寸等（1 英寸 = 2.54cm）。除此之外，显示器的指标还有显示方式、点距、刷新频率、带宽、辐射大小及屏幕类型等。

2. 微机显示器接口

微机显示器通过适配器与主机接口。一般显示适配器插在主机内部，而显示器通过 9 芯或 15 芯的 D 型插座与适配器相连接，其信号连接如图 8-14 所示。其中 9 芯信号连接主要用于单色显示器接口，15 芯信号连接则用于彩色显示器接口。

下面仅介绍常见的显示适配器。

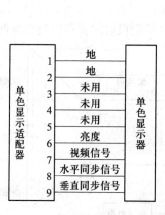
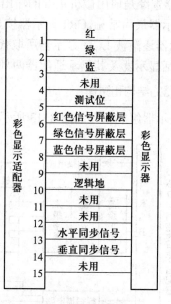

(a) 9芯信号线连接   (b) 15芯信号线连接

图 8-14 CRT 显示器与适配器的连接

（1）单色显示适配器（MDA 和 HGC）

MDA（Monochrome Display Adapter）是单色显示适配器，仅支持黑白、字符显示方式。与 MDA 类似的产品有美国 Hercules 公司的 HGC（Hercules Graphics Card），该卡为单色图形显示卡，它还支持 640×400 单色图形模式及模拟 CGA 图形模式。

（2）彩色图形适配器（CGA）

CGA（Color Graphics Adapter）是 IBM 公司最早推出的彩色图形显示适配器，支持字符模式和图形模式。CGA 字符显示屏幕的格式为 80×25 或 40×25，在图形模式下支持两种分辨率：320×200 和 640×200。

CGA 共有 16KB 的显示内存，其内存起始地址为 B8000H。CRT 控制器采用 MC6845 芯片。

（3）增强型图形适配器（EGA）

EGA（Enhanced Graphics Adapter）是 IBM 公司推出的第 2 代图形显示适配器。EGA 兼容 CGA，但图形功能强大许多。在 BIOS 视频功能调用 INT 10H 中，EGA 除兼容 CGA 的图形显示模式 4、5、6 外，还有 4 种附加图形模式见表 8-2。

表 8-2　EGA 附加图形模式

模 式 号	方 式	分 辨 率	字符列×行	字 符 框	颜 色
0DH	图形	320×200	40×25	8×8	16
0EH	图形	640×200	80×25	8×8	16
0FH	图形	640×350	80×25	8×14	2
10H	图形	640×350	80×25	8×14	16

EGA 的显示内存可达 64KB～256KB，附加图形方式的内存起始地址为 A0000H。CRT 控制器采用专用控制器。

（4）视频图形阵列适配器（VGA）

VGA（Video Graphics Array）是一种高性能的彩色显示适配器。其特点是采用数模转换器（DAC）来增强彩色显示能力。它除兼容 EGA 的全部功能外，主要具备以下优点：

① 分辨率大幅提高。在图形模式下，VGA 可支持以下分辨率：640×400，640×480，800×600，1024×768 等。

② 支持的颜色数增加到 256 种，色彩丰富。

VGA 显示适配器的显示存储器容量为 256KB 以上。图形方式下 CPU 访问内存的方式有存储位平面方式和线性方式。线性访问方式下的内存起始地址为 A0000H。CRT 控制器采用专用控制器。

（5）其他显示适配器

伴随着 VGA 的发展，出现了超级 VGA，即 SVGA（Super VGA），支持的分辨率有 640×480，800×600，1024×768，1280×1024，1600×1200 等。可显示的颜色有 256 色、64K 色、16M 色等。常见的显示标准 TVGA 和 PVGA 均是 SVGA 的一种。TVGA 是美国 Trident Microsys Tems 公司开发的 SVGA 标准，完全兼容 VGA，显示存储器容量可达 256KB～2MB。此外，常见的显示适配器还有 XGA、PGA、8514/A 等。近几年出现的 2D 和 3D 图形加速卡，显示内存达 8MB、16MB、32MB，支持色彩则达 16 位、24 位或 32 位真彩色，可以处理复杂的高质量图像。

3. 图形显示程序设计

计算机上配置了显示器及其适配器后，就可以进行图形显示了。适配器的 ROM 中固化有视频 BIOS 程序，专门提供与图形显示有关的显示器驱动程序，用户可以调用其中的视频中断

INT 10H 来实现字符或图像显示程序的设计。INT 10H 有多种功能，其功能号置于 AH 寄存器中。表 8-3 列出了 INT 10H 的部分功能，供读者参考。

表 8-3　INT 10H 功能表

功能号	功　　能	入 口 参 数	出 口 参 数
00H	设置显示方式	AL=设置方式（0～7）	
01H	设置光标类型	CH=光标起始行 CL=光标结束行	
02H	设置光标位置	DH=行号，DL=列号，BH=页号	
03H	读光标位置	BH=页号	CH=光标起始行 CL=光标结束行 DH=行，DL=列
05H	设置显示的页面	AL=页面号	
06H	文本窗口向上滚动	AL=上滚行数，AL=0 全屏幕为空白，BH=字符填充属性，CH=左上角行，CL-左上角列，DH=右下角行，DL 右下角列	
07H	文本窗口向下滚动	AL=下滚行数，AL=0 全屏幕为空白，BH=字符填充属性，CH=左上角行，CL=左上角列，DH=右下角行，DL 右下角列	
08H	读光标位置的属性和字符	BH=页号	AL=字符， AH=属性
09H	在当前光标位置显示字符及其属性	AL=字符，BH=页号，BL=属性，CX=字符重复次数	
0AH	在当前光标位置显示字符	AL=字符，BH=页号，CX=字符重复次数	
0BH	设置彩色调色板	BH=调色板色别值，BL=色彩值	
0CH	写像素	AL=像素色彩值，DX=像素行号，CX=像素列号	
0DH	读像素	BH=页号，DX=像素行号，CX=像素列号	AL=像素颜色值
0EH	写字符并移动光标位置	AL=字符，BH=页号，BL=前景色	
0FH	读当前显示方式		AL=当前显示方式，BH=页号，AH=屏幕上字符列数

【例 8-4】　首先置光标开始行为 4，结束行为 6，并将其设置到第 4 行第 7 列。

```
MOV   CH,4
MOV   CL,6
MOV   AH,1          ;设置光标类型
INT   10H
```

```
        MOV   DH,4
        MOV   DL,7
        MOV   BH,0
        MOV   AH,2          ;设置光标位置
        INT   10H
```

【例 8-5】 在屏幕上画出一条斜向上的红色直线。

分析：由题可知，本例必须在彩色图形方式下工作。因此要设定图形方式，同时设置彩色调色板。然后通过循环写像素画出从 200 行 0 列到 0 行 200 列的红色直线。源程序如下：

```
CODE     SEGMENT
         ASSUME  CS: CODE
START:   MOV    AH,00H
         MOV    AL,04H          ;设置为 320×200 彩色图形方式
         INT    10H
         MOV    AH,0BH
         MOV    BH,00H
         MOV    BL,00H          ;设置背景色为黑色
         INT    10H
         MOV    AH,0BH
         MOV    BH,01H
         MOV    BL,00H          ;设置调色板
         INT    10H
         MOV    DX,200
         MOV    CX,0            ;确定像素起始点位置
         MOV    AL,02H          ;设置前景色为红色
LP1:     MOV    AH,0CH          ;写像素
         INT    10H
         DEC    DX
         INC    CX              ;指向另一像素
         CMP    CX,200
         JNZ    LP1             ;判断 200 个像素写完否
         MOV    AH,4CH
         INT    21H
CODE     ENDS
         END    START
```

8.3 打印机及其接口

8.3.1 打印机的接口控制信号

1. 打印机的结构

现在普遍使用的打印机有针式打印机、喷墨打印机和激光打印机等。打印机是一种复杂而精密的机械电子装置，无论哪种打印机，其结构基本上都可分为机械装置和控制电路两部分。机械装置是打印机系统的执行机构，由控制电路统一协调和控制；而打印机的控制电路则包括

CPU 主控电路，驱动电路，输入/输出接口电路及检测电路等。以下主要简单介绍针式打印机有关知识。针式打印机主要包括机械部分和控制逻辑电路两部分。

（1）机械部分

针式打印机由打印头、字车、色带、电磁传动机构、走纸机构、检测器等组成。

打印头由电磁机构和打印针组成，功能是将字符数据转换成电磁信号。字车由打印头架及伺服驱动机构组成，功能是驱动打印头产生水平运动。色带机构由色带及色带墨盒组成，其功能是使色带产生与字车平行的运动并相对字车产生相对运动。走纸机构由滚纸筒传动齿轮和步进电机组成，其功能是在垂直方向按行移动纸张即产生走纸运动。检测器进行纸尽检测、初始位置检测。

（2）控制逻辑电路

控制逻辑电路包括微处理器、行缓存 RAM、ROM、打印头驱动电路等。主要功能是接收主机发出的命令和数据，返回主机所需状态信息和应答信号，驱动各个机构执行初始化命令、打印命令和自检命令，并发出检测信号。

2. 打印机的接口控制信号

打印机内有一个以 8 位专用微处理器为核心的打印机控制器，负责打印功能的处理，以及打印机本身的管理，并通过机内一个标准接口（Centronics 并行接口）与主机进行通信，接收主机送来的打印数据和控制命令，该接口位于打印机内，采用多芯电缆与主机内的打印机接口电路（打印机适配器）相连。多芯电缆上的信号有数据信号、CPU 的命令信号和打印机状态信号等，主要信号见表 8-4。

表 8-4　打印机的主要接口信号

信　号	含　义	方向	说　明
DATA8~1	数据 1~8	输入	主机送给打印的 8 位数据
$\overline{\text{STROBE}}$	选通脉冲	输入	负极性脉冲，主机发出，用于将 DATA1~DATA8 上的数据置入打印机的缓冲器，脉宽>0.5μs
$\overline{\text{SLCT IN}}$	选择输入	输入	只有该信号为低电平时，打印机才能接受 DATA1~DATA8 上的数据
$\overline{\text{AUTO FD XT}}$	自动走纸	输入	当该信号为低电平时，每打印完后（即遇到回车符）打印机自动前进一步
$\overline{\text{INIT}}$	打印机初始化	输入	当该信号为低电平时，打印控制器复位，并清除打印缓冲器。在打印机处于接收数据和打印状态时，该信号为高电平
$\overline{\text{ACK}}$	应答	输出	负脉冲，宽度约为 5μs，作为打印机已接收到一个数据的回答信号，并准备好接收下一个数据
BUSY	忙	输出	若为高电平，表示打印机当前忙，不能接收数据。下列情况下该信号有效：数据输入期间、打印操作期间、脱机状态和出错状态
PE	无打印纸	输出	高电平表示打印机缺纸
SLCT	选择状态	输出	高电平表示脱机状态，低电平表示联机状态
$\overline{\text{ERROR}}$	打印机出错	输出	当该信号为低电平时表示打印机出错或脱机或缺纸

打印机接口的时序关系如图 8-15 所示。从图中可以看出，当主机需要打印一个数据时，打印机接收主机传送数据的过程是：

① 首先查询 BUSY 信号。若 BUSY=1（忙），则等待；当 BUSY=0（不忙）时，才能送出数据。

② 将数据送到数据线上，但此时数据并未自动进入打印机。

③ 再送出一个数据选通信号 $\overline{\text{STROBE}}$ 给打印机，此后数据线上的数据将进入打印机的内部缓冲器。

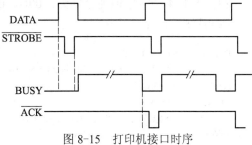

图 8-15 打印机接口时序

④ 打印机发出"忙"信号，即置 BUSY=1，表明打印机正在处理输入的数据。等到输入的数据处理完毕（打印完 1 个字符或执行完 1 个功能操作），打印机撤销"忙"信号，即置 BUSY=0。

⑤ 打印机送出一个回答信号 $\overline{\text{ACK}}$ 给主机，表示上一个字符已经处理完毕。

以上是采用查询方式传送数据的过程。若采用中断方式传送数据时，可利用 $\overline{\text{ACK}}$ 信号来产生中断请求，在中断服务程序中送出下一个打印数据。如此重复工作，就可以正确无误地把全部字符打印出来。

它的工作流程是：主机将要打印的数据送上数据线，然后发选通信号。打印机将数据读入，同时使 BUSY 线为高，通知主机停止送数。这时，打印机内部对读入的数据进行处理。处理完以后使 $\overline{\text{ACK}}$ 有效，同时使 BUSY 失效，通知主机可以发下一个数据。

8.3.2 打印机的接口编程

【例 8-6】 利用 8255A 的 A 口方式 0 与打印机相连，将内存缓冲区 BUFF 中的字符打印输出。试完成相应的软硬件设计。（CPU 为 8088）

打印机和主机之间的接口采用并行接口。硬件连线如图 8-16 所示。

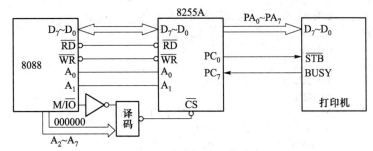

图 8-16 查询方式硬件连线

说明：

由 PC_0 充当打印机的选通信号，通过对 PC_0 的置位/复位来产生选通。同时，由 PC_7 来接收打印机发出的"BUSY"信号作为能否输出的查询。

8255A 的控制字为：10001000，即 88H。

A 口方式 0，输出；C 口高位方式 0 输入，低位方式 0 输出。

PC_0 置位： 00000001B（01H）。

PC₀ 复位：　　00000000B（00H）。

PC_0 复位：　　00000000B（00H）。

8255A 的 4 个端口地址分别为：00H、01H、02H、03H。

编制程序如下：

```
DADA    SEGMENT
        BUFF    DB    'This is a print program!', '$'
DATA    ENDS
CODE    SEGMENT
        ASSUME  CS: CODE,DS: DATA
START:  MOV     AX,DATA
        MOV     DS,AX
        MOV     SI,OFFSET BUFF
        MOV     AL,88H        ; 8255A 初始化，A 口方式 0，输出
        OUT     03H,AL        ; C 口高位方式 0 输入，低位方式 0 输出
        MOV     AL,01H;
        OUT     03H,AL        ;使 PC0 置位，即使选通无效
WAIT:   IN      AL,02H
        TEST    AL,80H        ;检测 PC7 是否为 1 即是否忙
        JNZ     WAIT          ;为忙则等待
        MOV     AL, [SI]
        CMP     AL,'$'        ;是否结束符
        JZ      DONE          ;是则输出回车
        OUT     00H,AL        ;不是结束符，则从 A 口输出
        MOV     AL,00H
        OUT     03H,AL
        MOV     AL,01H
        OUT     03H,AL        ;产生选通信号
        INC     SI            ;修改指针，指向下一个字符
        JMP     WAIT
DONE:   MOV     AL,0DH
        OUT     00H,AL        ;输出回车符
        MOV     AL,00H
        OUT     03H,AL
        MOV     AL,01H
        OUT     03H,AL        ;产生选通
WAIT1:  IN      AL,02H
        TEST    AL,80H        ;检测 PC7 是否为 1 即是否忙
        JNZ     WAIT1         ;为忙则等待
        MOV     AL,0AH
        OUT     00H,AL        ;输出换行符
        MOV     AL,00H
        OUT     03H,AL
        MOV     AL,01H
        OUT     03H,AL        ;产生选通
        MOV     AH,4CH
        INT     21H
CODE    ENDS
        END     START
```

【例8-7】 将【例8-6】中8255A的工作方式改为方式1，采用中断方式将BUFF开始的缓冲区中的100个字符从打印机输出。（假设打印机接口仍采用Centronics标准）

分析：仍用 PC_0 作为打印机的选通，打印机的 $\overline{ACK}$ 作为8255A的A口的 $\overline{ACK}$，8255A的中断请求信号（PC_3）接至中断控制器8259A的 IR_3，其他硬件连线同上例，如图8-17所示。

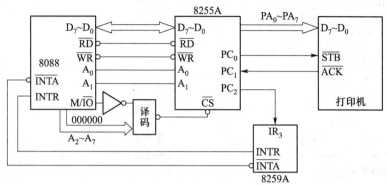

图8-17　中断方式硬件连线

8255A的控制字为：$1010\times\times\times0$。

PC_0 置位：　00000001，即01H。

PC_0 复位：　00000000，即00H。

PC_6 置位：　00001101，即0DH，允许8255A的A口输出中断。

由硬件连线可以分析出，8255A的4个口地址分别为：00H、01H、02H、03H。

假设8259A初始化时送 ICW_2 为08H，则8255A的A口的中断类型码是0BH，此中断类型码对应的中断向量应放到中断向量表从2CH开始的4个单元中。

主程序：

```
MAIN:   MOV     AL,0A0H
        OUT     03H,AL              ;设置8255A的控制字
        MOV     AL,01H              ;使选通无效
        OUT     03H,AL
        XOR     AX,AX
        MOV     DS,AX
        MOV     AX,OFFSET ROUTINTR
        MOV     WORD PTR [002CH],AX
        MOV     AX,SEG ROUTINTR
        MOV     WORD PTR [002EH],AX  ;送中断向量
        MOV     AL,0DH
        OUT     03H,AL              ;使8255A A口输出允许中断
        MOV     DI,OFFSET BUFF      ;设置地址指针
        MOV     CX,99               ;设置计数器初值
        MOV     AL,[DI]
        OUT     00H,AL              ;输出1个字符
        INC     DI
        MOV     AL,00H
        OUT     03H,AL              ;产生选通
```

```
            INC        AL
            OUT        03H,AL                      ;撤销选通
            STI                                    ;开中断
NEXT:       HLT                                    ;等待中断
            LOOP       NEXT                        ;修改计数器的值，指向下一个要输出的字符
            HLT
```

中断服务程序如下：

```
ROUTINTR: MOV      AL,[DI]
          OUT      00H,AL                        ;从 A 口输出 1 个字符
          MOV      AL,00H
          OUT      03H,AL                        ;产生选通
          INC      AL
          MOV      03H,AL                        ;撤销选通
          INC      DI                            ;修改地址指针
          IRET                                   ;中断返回
```

8.4　多媒体技术及其接口

多媒体技术是将计算机、微电子、通信、影视、音响等技术综合在一起的高新技术。随着音频和视频技术的发展，20 世纪 80 年代中后期出现了多媒体计算机，它除了具备普通计算机的功能外，还能与数码音响、摄像机、电视机、传真机、数字相机和电话机等进行信息交换。CD-ROM、DVD-ROM 和 Flash 存储技术的出现，为计算机处理音频和视频的大量数据提供了方便。可以说，多媒体技术提供了丰富多彩的信息交流空间，改变着人类社会的生产和生活方式，促进了各学科的发展和融合。多媒体技术给人类带来了重大而深远的影响。

8.4.1　多媒体计算机概述

1. 多媒体技术的主要特征

所谓媒体（Medium），也称为媒质或媒介，主要是指信息表示、存储和传播的载体。通常所说的媒体指感觉媒体，如声音、图像、图形、动画、文字、数据、文件等。多媒体技术就是利用计算机及相关设备对多种媒体上的信息和多种存储媒体上的信息进行处理和加工的技术。

由于多媒体技术是利用计算机技术把声音、文字、图像等多媒体集合成一体的技术，因而具备以下特点：

① 交互性：这是多媒体技术的关键特征。一般的电视或电影也是集多种媒体于一身。但它不具备交互性，因为用户只能使用信息，并不能参与改变它的进程，不能自由地控制和处理信息。而多媒体技术则不然，用户可利用其交互性参与到各种媒体的实时编辑、控制和传递中，取得独特的效果。

② 集成性：多媒体技术的集成性不仅体现在多种媒体信息的集成，还体现在处理这些媒体

的设备和系统的集成。多媒体系统中，各种信息媒体不是采用单一方式进行采集和处理，而是由多通道统一协调，有机处理。同时，多媒体系统只有包含强大的软硬件环境，才能处理各种复杂的媒体信息。

③ 协同性：多媒体系统必须具备良好的协同性，才能为用户所接受。所谓协同性，是指各种媒体在时间和空间上的统一性和连续性。例如，在播放影音文件时，声音和图像要做到协调一致，同时，声音和图像本身都不应该有间隙，否则就会影响效果，导致用户不满意。

④ 实时性：由于多媒体系统需要处理各种复合信息媒体，因此多媒体技术必须做到实时处理。所谓实时性，是指各种信息媒体在人的感官允许的范围内是同步的。例如，异地的联网会议，各地的声音和图像不允许存在停顿，必须具备良好的连续性。

2. 多媒体计算机系统的组成与配置

随着多媒体技术的发展，国际上对多媒体计算机进行了定义和规范。其中影响最大的是多媒体个人计算机 MPC（Multimedia Personal Computer）标准。该标准对 CPU、内存、存储介质、CD-ROM 驱动器、音频处理系统、视频处理系统、操作系统及输入/输出设备等基本配置都有明确的要求。

一台完整的多媒体计算机系统应包含硬件系统、软件系统及外围设备等。硬件系统包括计算机系统、音频控制卡、视频控制卡、3D 图形显示卡、CD-ROM 驱动器等。软件系统包括操作系统、多媒体驱动程序、多媒体应用软件和多媒体创作工具等。多媒体外围设备包括彩色打印机、图像扫描仪、摄像机、数字相机、投影仪等。一台完整的多媒体计算机基本配置如图 8-18 所示。

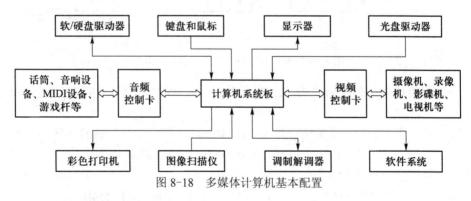

图 8-18　多媒体计算机基本配置

3. 多媒体技术基础

多媒体技术主要包含计算机、通信和大众传媒等技术，主要解决音频、视频信号及文字的获取、存储、处理和输出等问题。因此，多媒体技术主要包含以下内容：

（1）数据压缩技术

由于视频图像和声音的数据量非常巨大，1GB 的存储空间只能存储不到 40s 的彩色视频图像或不到 2h 的数字化音频数据。可见，数据压缩是必要的。目前常用的压缩标准有联合图像专家组 JPEG 和动态图像专家组 MPEG 以及可视电话编码特别组 H.261 等。

（2）大容量存储处理技术

由于多媒体系统处理的数据量很大，即使经过压缩，也非常巨大。因此需要大容量存储设备，如光盘、硬盘、Flash 存储器等。同时，大量数据的处理需要高速 CPU、大容量高速内存及显示卡、声卡等。

（3）智能处理技术

多媒体信息的智能处理包括语音、视频和图像的分析、识别、合成、转换及动画仿真处理技术等。

（4）通信技术

多媒体通信有数据量大、媒体种类多的特点，因而要求高的传输速率、大的存储空间和传输带宽。

（5）其他技术

除以上关键技术外，并行处理技术、虚拟现实技术、实时操作系统、面向对象编程等都是发展多媒体技术的重要因素。

8.4.2 多媒体音频处理技术

1. 音频信号压缩

一般的声音信号为模拟信号，而计算机只能处理数字信号。因此，计算机要处理音频信息，必须首先将模拟信号转换为数字信号，声音信号的数字化过程如图 8-19 所示。

图 8-19　声音信号数字化处理过程示意图

一般音频模拟信号的最高带宽为 22kHz，对它的采样频率达到 2 倍以上才能保证高保真效果。

所以取样频率为 44kHz，设量化位数为 16，双声道转换，则每秒钟的存储容量为：

$$44000 \times 16 \times 2 = 1408000 \text{bit} \approx 171.88 \text{KB}$$

一小时数字信息的存储容量为：

$$44000 \times 16 \times 2 \times 3600 \div 1024 \div 1024 \div 8 \approx 604.25 \text{MB}$$

可见，信息量相当巨大，不经压缩是很难处理的。数据压缩方法主要分无损压缩和有损压缩两类。无损压缩主要用于压缩文件，压缩的数据能恢复原始数据，包括哈夫曼编码和行程编码等。有损压缩压缩度高，一般用于声音和图像文件的压缩，压缩数据不能完全恢复为原始数据，但不易被听觉或视觉感受到。有损压缩主要包括波形编码、参数编码和混合编码等。

2. 电子乐器数字化接口（MIDI）

MIDI（Musical Instrument Digital Interface）即电子乐器数字接口，是一种技术规范，是多

媒体计算机所支持的产生声音的方法之一，它特别适合于音乐创作和长时间音乐播放的要求。MIDI 产生声音的方法不是通过 A/D 转换形成数字音频，而是根据 MIDI 文件中的 MIDI 信息生成对应的乐器声音波形并放大输出。MIDI 声音处理过程如图 8-20 所示。

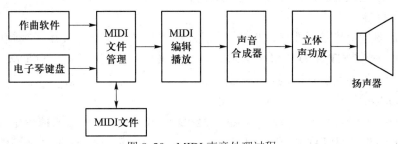

图 8-20　MIDI 声音处理过程

MIDI 信息一般较为简单，因而 MIDI 文件较之波形文件要小很多。一小时的立体声音乐，波形文件数据量约为 600MB，MIDI 文件只有 400KB 左右。所以 MIDI 声音文件在许多场合有很大的优势。

3. 音频控制器

音频控制器即通常所说的声卡，由数字声音处理芯片 DSP、混音芯片、FM 合成器芯片、总线接口芯片等组成，主要完成以下功能：

① 录制、编辑和播放数字声音文件。
② 控制音量，并能将不同声源的声音混合生成混合声音文件。
③ 录制声音文件时具备压缩功能，播放声音文件时具备解压缩功能。
④ 具备语音合成功能。
⑤ 具备语音识别功能。
⑥ 具备 MIDI 功能。

8.4.3　多媒体视频处理技术

1. 图像压缩

图像压缩是多媒体视频技术得以实现的核心技术之一。目前的彩色电视制式主要有两种，即德国、中国等国家采用的 PAL 制和美国、日本等国家采用的 NTSC 制。两种制式的视频信号都是模拟信号，转换成数字信号后，约 40s 的动态图像就能存满 1.2GB 的硬盘，这会给图像的传输、存储和处理带来较大的困难，可见，数据压缩是必须的。由于图像信息存在较大冗余，这使得图像压缩能够实现。实现图像压缩的方法同样分为无损压缩和有损压缩两种。无损压缩主要采用统计编码的方法，压缩比一般为 2:1~5:1。有损压缩利用人的视觉特性，压缩后不能完全恢复原始数据，但压缩比要大得多。

当前图像压缩技术已被广泛应用，国际上对图像压缩技术的研究也在不断发展中，但目前已形成几个实用的标准，即：JPEG、H.261、MPEG。

（1）JPEG 标准

JPEG（Joint Photographic Experts Group）标准是国际标准化组织及国际电子技术委员会（ISO/IEC）制定的标准，用户可在一定范围内调节图像的压缩比及保真度，解码器可参数化，可应用于任何连续色调的静态图像，不论图像内容、尺寸、色彩级差等。

（2）H.261 标准

H.261 标准是国际电信联盟（CCITT）制定的视频编码标准，主要用于视频电话和视频电视会议。该标准采用 DCT 和 DPCM 混合编码方案，DCT 用于帧内编码，DPCM 用于对当前宏块与该宏块预测值的误差进行编码。

（3）MPEG 标准

MPEG（Moving Picture Experts Group）是 ISO/IEC 制定的动态图像压缩编码标准，主要包括 MPEG 视频、MPEG 音频和 MPEG 系统 3 部分。MPEG 视频是标准的核心部分，MPEG 系统则保证音频和视频的同步。目前 MPEG 已有 MPEG-1、MPEG-2、MPEG-4 等 3 种标准。

2. 视频控制器

视频控制器的主要功能是将图形、图像和动画等模拟视频信号转换为数字视频信号，然后对这些信息进行压缩、存储、解压缩、编辑、传输和播放等各种处理。一般视频控制器由视频窗口控制器、视频缓冲存储器、A/D 转换电路、数字解码器、D/A 转换电路及接口电路等组成。其中视频窗口控制器为控制核心，A/D 转换电路把模拟视频信号转换为数字视频信号后，由数字解码器进行解码，产生亮度信号 Y 和色差信号 U、V，送到视频存储器，再经 D/A 电路进行彩色空间变换，形成 R、G、B 信号送至显示器。

多媒体视频器的功能是比较多的，大致分为视频叠加、视频捕捉、电视编码、TV 功能及 MPEG 解压缩等。在微机中这些功能一般都集成在显示适配器上。

8.4.4 多媒体光盘技术

随着多媒体技术的日益发展和成熟，对计算机存储和便携等技术提出了更高的要求，于是，光盘存储技术应运而生。光盘存储技术充分利用近年来光学、光电子技术、微电子技术和固体物理学等领域的最新科研成果，具备存储容量大、速度高等特点，是对磁盘存储技术的补充和发展。光盘存储器主要分 3 类：只读光盘 CD-ROM（Compact Disk-Read Only Memory）、一写多读光盘 WORM（Write Once Read Many Times）和可擦写光盘（Erasable Optical Disk）。其中 CD-ROM 以成本低廉、存储量大、经久耐用而广泛使用。

CD-ROM 是从 CD 演变而来的，特别适用于大容量固定数据存储场合。CD-ROM 存储系统由激光盘片和驱动器两部分构成。激光盘片一般采用塑料做片基，表面涂有反光层和透光保护膜。数据就是记录在反光层上。光盘是以一个连续的螺旋形轨道来存放数据。轨道是等尺寸、等密度分布的，由于空间得到充分利用，因而光盘能容纳更多数据。

光盘驱动器由激光头系统、主轴驱动系统、数据信号处理电路等构成。激光头为光驱的核心，其结构示意图如图 8-21 所示。激光二极管发出的激光经过准直后聚焦到光盘上，光盘信息点的反射光按原光路返回经偏振分束器射入透镜，聚焦到光电二极管上还原为电信号。

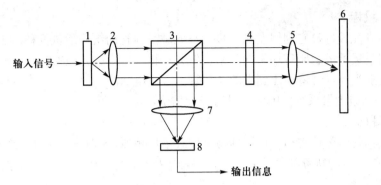

1—激光二极管　2—准直透镜　3—偏振分束器　4—1/4波片
5—聚焦镜　6—光盘　7—透镜　8—光电二极管
图 8-21　激光头结构示意图

主轴驱动系统在系统需要时带动光盘高速旋转，数据信号处理系统则完成读出数据信号的整形放大、数据编码和缓冲存储等。

尽管 CD-ROM 价廉物美，但很难适应计算机技术高速发展对存储容量的要求，目前 CD-ROM 正在被 DVD-ROM 取代，因为一张 DVD（Digital Video Disk）的容量普遍在 4.5GB 以上。

8.5　其他常用人机输入接口

输入接口是计算机信息的入口。随着计算机技术的突飞猛进，计算机输入技术也发生了很大变化，除键盘以外，鼠标也成了必不可少的输入设备。其他如各种笔式输入设备、触摸屏、图像扫描仪等也是常见的输入设备。

8.5.1　鼠标及其接口

随着计算机图形用户界面的发展，鼠标的应用越来越广泛，现已成为微型计算机的标准输入设备。图形用户界面以窗口、菜单、按钮等图形对象组成，用户通过鼠标控制屏幕上光标的移动选择相应的操作控制，完成各种功能。

1. 鼠标的分类及工作原理

鼠标在桌面移动时，它把移动的距离和方向的信息以脉冲的形式送给计算机，计算机将接收到的脉冲转换成屏幕上光标的坐标数据，就可以达到指示位置的目的。鼠标根据按键数目分为两键鼠标和三键鼠标，按内部结构则分为机械式、光电式、轨迹式及无线鼠标等。

（1）机械式鼠标

机械式鼠标是最常用的一种鼠标，其内部有三个滚轴，其中一个为空轴，另外两个各接一个码盘，分别是 X 方向和 Y 方向的滚轴。三个滚轴都与一个可以滚动的小球接触，小球的一部分露出鼠标底部与桌面接触。鼠标被拖动时，小球因摩擦力而滚动，带动三个滚轴转动，从而带动 X 方向和 Y 方向滚轴上的码盘转动。码盘上均匀地刻有一圈小孔，码盘两侧各有一个发光二极管和光电晶体管。码盘转动时，发光二极管射向光电晶体管的光束时通时断，从而产生表示位移和移动方向的两组脉冲。

（2）光电式鼠标

光电式鼠标性能较好，它利用发光二极管与光敏晶体管的组合测量位移。这种鼠标需在专用鼠标板上使用。鼠标板上印有均匀的网格，发光二极管发出的光照射到鼠标板上时发生强弱变化的反射，反射光经过透镜聚焦到光敏晶体管上产生电脉冲。由于光电式鼠标内部有测量 X 方向和 Y 方向的两组测量系统，因而可以对光标精确定位。

（3）轨迹球鼠标

轨迹球式鼠标的内部结构和工作原理与机械式鼠标相似，区别在于轨迹球按装在鼠标上部，球座固定不动，靠手拨动轨迹球来控制光标在屏幕上移动。有些轨迹球鼠标直接按装在键盘上。

（4）无线鼠标

无线遥控式鼠标主要有两种：红外无线型鼠标和电波无线型鼠标。红外无线型鼠标必须对准红外线发射器后才可以自由活动，否则没有反应；电波无线型鼠标则不受方向的约束。

2. 鼠标的接口

当前的鼠标接口类型主要分为 PS/2 接口、RS-232 串行口和 USB 接口等。目前主要采用 USB 接口。

一般操作系统都附带鼠标驱动程序，优质鼠标能提供比操作系统附带的驱动程序功能更强大的驱动程序及实用软件，能对鼠标各按键重新定义，以满足不同用户的特殊要求。此外，用户还可以自己编程实现对鼠标的控制。DOS 操作系统的 INT 33H 就提供了鼠标编程的 10 余项功能。

8.5.2 数码相机及其接口

随着数字技术的发展，数码相机越来越普及。数码相机漂亮的外观，强大的功能深得消费者的喜爱，传统照相机也有逐渐被数码相机所淘汰的趋势。

1. 数码相机的分类及工作原理

数码照相机（Digital Camera，简称数码相机）是一种利用电子传感器把光学影像转换成电子数据的照相机。与普通照相机在胶卷上靠溴化银的化学变化来记录图像的原理不同，数码相机的传感器是一种光感应式的电荷耦合器件（CCD）或互补金属氧化物半导体（CMOS）。可见，数码相机与传统相机的不同在于传统相机把光影信息用感光物质以模拟信号的方式存储到胶片上，而数码相机则在拍摄时直接把光影信息转换为数字信号并记录下来。因此，数码相机的拍摄结果可以直接输入计算机内部。

数码相机一般由镜头、电荷耦合器件 CCD、内存、液晶显示界面、电路部分和机械部分共同构成。通常根据焦距的变化可分为定焦镜头和变焦镜头两种，定焦镜头顾名思义是焦距不可变的镜头，而变焦镜头可以调节焦距，从而达到良好的取景效果。镜头的好坏直接影响到数码相机的成像质量，同时相机的整体性能和易用性设计也非常关键。传统相机制造商在将先进的光学技术和制造经验融入数码相机时，优势自然会凸显出来。在讲究拍摄质量的时代，先进的光学技术无疑会为数码相机用户增色不少。

从相机本身划分，又可分为单镜头反光照相机和全自动相机。一般单反相机的镜头可以更换，拍摄者可根据不同的拍摄要求，选择不同镜头。专业数码相机大多是单反相机，因其造价较高，拍摄质量上乘，更适合专业人士的需求。而一般性的工作和生活用途选择可变焦的全自动相机就可以，用户可根据自己需要选择不同变焦倍数的相机。

数码相机在数码方面有几块定义，一是感光度传感器，通俗说就是接收镜头感光的装置，它的成熟度直接影响数码相机的成像质量，如色彩对比度，清晰度等。目前各大厂商有两种装置，分别是 CCD 和 CMOS，两种技术各有千秋，CCD 作为众多厂商共同定义的标准，目前广泛用于数码相机上，CMOS 的突出特点是低功耗、高速信号处理能力，同时成本低廉，是目前业界关注的焦点，它有望在技术积累到一定阶段时逐渐替代 CCD。

另一个定义数码相机的数码内容为存储介质。数码相机拍摄的照片先是被保存在存储介质中，然后按需输出。目前数码相机的存储介质种类可谓达到了空前的繁荣，如 CF 卡、SmartMedia卡、MemoryStick 记忆棒、SD 卡等。

数码相机的数码定义还有很多内容，如液晶取景器。与传统相机不同，数码相机能够即拍即得，通过 LCD 能即时看到所拍的照片效果，如果效果不好，可以立即删除，进行下一次拍摄。

2. 数码相机的接口

数码相机和计算机的连接有多种方式，常见的有 USB 接口和 IEEE 1394 火线接口，两者主要有以下区别：

① 速度不同。USB 1.0 的传输速率现在只有 12Mb/s，只能连接键盘、鼠标与麦克风等低速设备，而 IEEE 1394 可以使用 400Mb/s，可以用来连接数码相机、扫描仪和信息家电等需要高速率的设备。USB 2.0 数据传输速率可以达到 480Mb/s，而 USB 3.0 的最高传输带宽达 5.0Gb/s。IEEE 1394b 目前可达到最快 3.2Gb/s 的总线速度。

② 结构不同。USB 在连接时必须至少有一台计算机，并且需要 Hub 来实现互连，整个网络中最多可连接 127 台设备。IEEE 1394 并不需要计算机来控制所有设备，也不需要 Hub，IEEE 1394 可以用网桥连接多个 IEEE 1394 网络，也就是说在用 IEEE 1394 实现了 63 台 IEEE 1394 设备之后也可以用网桥将其他的 IEEE 1394 网络连接起来，达到无限制连接。

③ 智能化不同。IEEE 1394 网络可以在其设备进行增减时自动重设网络。USB 是以 Hub 来判断连接设备的增减。

④ 应用程度不同。现在 USB 已经被广泛应用于各个方面，几乎每台计算机的主板都设置了 USB 接口，USB 3.0 也会进一步加大 USB 应用的范围。IEEE 1394 现在只被应用于音频、视频等多媒体方面。

8.5.3　触摸屏及其接口

随着计算机应用范围的不断扩大和普及，许多非专业用户不习惯于键盘输入方式。而且有些公开场合使用键盘或鼠标容易损坏。触摸屏技术的应用改善了人机接口形式，简化了计算机的输入方式，使用者即使对计算机了解不多，也可以用手指或笔等工具触摸显示屏来输入命令、查询资料、分析数据。目前，许多公用事业已采用触摸屏作业务说明等服务工具，银行自动提款机、工业控制仪表、高档便携式计算机等也普遍使用触摸屏技术。

1. 触摸屏的工作原理和类别

触摸屏是一种坐标定位设备，在 CRT 屏幕上安装透明感应膜，或在屏幕四周安装感应元件，再加上接口电路和软件后，用户就可以采用与屏幕接触的方式对微机进行数据输入和控制。触摸屏系统主要由触摸屏控制器和触摸检测装置组成。检测装置负责检测触摸屏被触摸的位置，触摸屏控制器接收检测装置接收到的触摸信息，转换为触摸点坐标后送给计算机。按照工作原理，触摸屏主要分为电阻式、电容式、红外线式、表面声波式等 4 种。

（1）电阻式触摸屏

电阻式触摸屏在显示器屏幕上加一个玻璃罩，玻璃罩表面涂有两层透明氧化金属导电层，两层金属层之间用细小的透明隔离点隔开。外面一层作为导电体，内层则经过一个精密的网络附上横竖两个方向的 0～+5V 的电压场，用户接触触摸屏时，两层金属层之间出现一个接触点，检测其电压和电流，求得电阻值，根据电阻大小就可求得触摸点坐标。

电阻式触摸屏防尘、防潮，反应速度快，分辨率高。缺点是透光性差，易损坏。

（2）电容式触摸屏

电容式触摸屏由镀有金属的玻璃层和保护密封玻璃层组成，可以有效地保护导电层。触摸屏四边镀有狭长的电极，在导电层内形成一个低压交流电场。当人手等导电物质接触屏幕时，接触表面与金属层间形成一个耦合电容，触摸点与四边电极间产生电流，电流大小与触摸点及电极间的距离成正比。由此可以确定触摸点坐标。

电容式触摸屏寿命长、价格低、响应速度快，缺点是稳定性稍差，触摸介质必须是人手等导电物质。

（3）红外线式触摸屏

红外线式触摸屏安装在显示器表面四周，相对的两边分别安装发射红外线的二极管和接收红外线的光电晶体管，表面形成红外线网。用户触摸屏幕上某一点时，该点 X 方向和 Y 方向的红外线被挡住，光电晶体管接收不到信号。系统可以方便地计算出该点的坐标。

红外线式触摸屏价格便宜，安装方便。缺点是分辨率低，容易受外界环境影响，属于中低档产品。

（4）表面声波式触摸屏

表面声波式触摸屏周边在竖直和水平方向安装有发射和接收超声波的压电转换器和一组反射条。发射转换器接收触摸屏控制器送来的触发信号，转换为超声波在屏幕表面传播。当用户接触屏幕时会阻挡和吸收一部分声波能量，由此可以确定触摸点坐标。

表面声波式触摸屏灵敏度高，寿命长，透光性和牢固性均好。缺点是需要裸指触摸。

2. 触摸屏的接口

触摸屏接口有的放在显示器内部，有的放在显示器外部或机箱内，控制卡接口有 RS-232 串行口、ISA/EISA 标准总线接口、ADB 总线接口等。触摸屏接口主要完成以下工作：

① 检测并计算触摸点的坐标，经缓冲后送给主机。

② 接收并执行主机命令。如设定相关工作模式及坐标信息处理方式等。

触摸屏一般都提供一个驱动程序，以进行相关的定义和控制。

8.5.4　图像扫描仪及其接口

图像扫描仪是一种光机电一体化的高科技输入设备，可以将图片、照片、胶片、图纸及文稿资料等扫描到计算机内部，转换成数字信息后进行相应的处理和利用。目前，图像扫描仪已广泛应用于出版印刷、广告制作、办公自动化、多媒体及图纸输入处理等领域。

1. 图像扫描仪的工作原理和性能指标

图像扫描仪是光机电一体化产品，主要由光学成像系统、机械传动系统和转换电路系统构成。图像扫描仪的核心是负责完成光电转换的电荷耦合器件（CCD）或接触式图像传感器（CIS）。以 CCD 工作方式为例，扫描仪工作时，光源发出的光线照射在准备输入的图稿上，产生表示图稿特征的反射光（不透光纸）或透射光（透光胶片），光学系统接收到光线并聚焦到 CCD 上。CCD 将光信号转换为模拟电信号，再经 A/D 转换器进行 A/D 转换，生成数字信号，由接口送至计算机进行处理。带有光学镜头和 CCD 的扫描头由机械机构在控制电路控制下做相对移动，完成对图稿的扫描，从而将一幅完整的图稿扫描至计算机内部。

图像扫描仪的主要性能指标有：

（1）分辨率

分辨率直接关系到扫描仪的精度，它表示了扫描仪对图像细节的表现能力，通常以每英寸长度的图像所包含的像素个数来表示，记为 DPI（Dot Per Inch）。目前，大多数扫描仪的分辨率在 300DPI～2400DPI 之间。

（2）灰度级

灰度级表示灰度图像的亮度层次范围。级数越多，表示扫描图像的亮度范围越大，层次越丰富。目前，常见扫描仪的灰度级为 256 级。

（3）色彩数

色彩数表示扫描仪所能产生颜色种类的多少，通常用每个像素颜色的数据位数表示。色彩数越多，图像色彩越丰富，越逼真。目前常见的色彩数为 36 位。

（4）扫描速度

扫描仪的扫描速度与机械传动速度、数据信号处理速度及扫描方式有关。对于不同色彩、不同分辨率的图片，扫描速度差别较大。此外扫描速度还与主机配置及软件环境有关。

（5）扫描幅面

扫描幅面一般用扫描仪所能扫描图稿的最大尺寸表示，不同类型的扫描仪扫描幅面差别较大，常见的有 A4、A3 等幅面。

2. 图像扫描仪的类型

图像扫描仪种类较多，按不同的标准可进行不同的分类：

① 按功能可分为黑白扫描仪、灰阶扫描仪和彩色扫描仪 3 类。

② 按扫描原理可分为手持式扫描仪、平板式扫描仪和滚筒式扫描仪 3 类。

③ 按扫描图稿的幅面可分为小幅面的手持式扫描仪、中幅面的台式扫描仪和大幅面的工程图扫描仪 3 类。

④ 按扫描图稿的介质可分为反射式（用于不透明的纸材料）扫描仪、透射式（用于透明胶片）扫描仪及综合以上两种方式的多用途扫描仪等。

3. 图像扫描仪的接口

扫描仪与计算机的接口包括硬件接口和软件接口两部分。

早期图像扫描仪的硬件接口普遍采用 IEEE-488 或 SCSI 接口，目前中档扫描仪大多采用 USB 接口，也有高档扫描仪采用 IEEE 1394 标准。由于扫描仪的扫描速度更多的取决于机械运动速度，数据传输速度相比影响较小，因而采用以上接口的扫描仪扫描速度相差不大。

扫描仪的软件接口指扫描仪驱动程序的接口标准。目前 Windows 平台上的软件接口标准为 TWAIN 标准。扫描仪软硬件接口的标准化为软件开发者和广大用户提供了极大方便。

 本章小结

计算机的输入/输出设备称为人机交互设备，包括键盘、LED 数码管、LCD 显示器、打印机、多媒体、鼠标、数码相机、触摸屏及图像扫描仪等。

键码识别主要指矩阵结构的键盘，主要的键码识别方法有行扫描法、行列反转法和行列扫描法等。在键盘设计中，除了识别闭合键外，还要解决键抖动和重键问题。微机系列键盘内部都有一个微控制器，键盘在其控制下实现闭合键扫描、键码识别，并通过键盘接口实现与微机通信。

LED 是一种注入式电致发光半导体器件，有共阳极和共阴极两种接法，共阳极数码管显示器的段码与共阴极数码管显示器的段码为逻辑非关系。LED 数码管显示驱动有动态和静态两种方式。LCD 是一种被动式显示器，主要包括扭曲向列型、超扭曲向列型和有源阵列型 3 类。计算机的显示系统包括显示器及其显示适配器两部分，CRT 显示器与 LCD 工作原理不同，但功能相似。

打印机结构基本上可分为机械装置和控制电路两部分，现在普遍使用的打印机有针式打印机、喷墨打印机和激光打印机等。

多媒体技术是将计算机、微电子、通信、影视、音响等技术综合在一起的高新技术。具备交互性、集成性、协同性、实时性等特点。多媒体技术主要包括数据压缩、大容量存储处理、智能处理、通信技术、并行处理技术、虚拟现实技术等技术。

鼠标、数码相机、触摸屏及图像扫描仪等也是常见的输入设备。

 习题与思考题

1. 键盘是怎样分类的？各有什么特点？
2. 举例说明矩阵键盘怎样进行键码识别。
3. 个人计算机键盘的工作原理怎样？
4. 简述个人计算机键盘接口电路的组成和接口功能。
5. 简述 LED 数码管显示器的结构和工作原理。
6. LED 数码管显示器的驱动方式有哪两种？各有什么特点？
7. 简述 LCD 显示器的工作原理。
8. LCD 分哪几类？有哪些应用场合？
9. 简述彩色 CRT 显示器的组成和工作原理。

10. 微机显示器的主要性能指标有哪些？

11. 什么是显示适配器？主要分哪几类？

12. 微机显示器一般有哪两种显示模式？显示原理怎样？

13. 什么是像素？像素在图形显示中起什么作用？

14. 打印机主要有哪几种？其一般结构怎样？

15. 针式打印机与微机的查询方式连接与中断方式连接有什么不同？

16. 什么是多媒体？多媒体计算机有什么特点？

17. 多媒体中为什么要用到数据压缩技术？

18. 常见的音频压缩标准有哪些？

19. 常见的视频压缩标准有哪些？

20. 一台较完整的多媒体计算机系统应包含哪些部件？各起什么作用？

21. 简述 CD-ROM 的工作原理。

22. 简述鼠标的类型和作用。

23. 简述光电式鼠标的工作原理。

24. 数码相机主要有哪些几类方法？各有什么特点？

25. 触摸屏有什么作用？主要分哪几类？各有什么特点？

26. 简述电容式触摸屏的工作原理。

27. 图像扫描仪有什么功能？主要性能指标有哪些？

28. 图像扫描仪主要组成是怎样的？其工作原理怎样？

第 9 章
模拟接口

学习目标

本章主要讲述模拟接口的基本原理和应用。通过本章的学习，应该做到：

■ 熟练掌握 D/A 转换器接口设计技术。

■ 熟练掌握 A/D 转换器接口设计技术和数据采集系统设计。

■ 理解 D/A 转换器和 A/D 转换器的工作原理。

■ 重点为 D/A 和 A/D 接口设计技术，难点为 D/A 转换器和 A/D 转换器工作原理与接口设计及数据采集系统设计方法。

建议本章教学安排 6 学时。

9.1　D/A 转换器接口

9.1.1　D/A 转换器的工作原理

　　D/A 转换器（DAC）是指将数字量转换为模拟量的电路，一般集成在一块芯片上。D/A 转换器的工作原理有多种，但功能相同，输出的模拟量与输入的数字量一般成线性正比关系。下面以 T 型电阻解码网络为例简单介绍 D/A 转换器的工作原理。

　　一个 4 位 T 型电阻解码网络 D/A 转换器的组成原理如图 9-1 所示。图中，R 和 2R 两种阻值的电阻构成 T 型网络，V_{REF} 为基准电压，S_0、S_1、S_2、S_3 是模拟开关，它们分别受输入代码 D_0、D_1、D_2、D_3 的控制，D_i=1，开关向左闭合；D_i=0，开关向右闭合。电流各自流入 A_0、A_1、A_2、A_3 这 4 个节点。图中 S_0 开关接通而其余开关断开，即数字输入为 D = 0001B。由于任一节点的 3 个分支的等效电阻都是 2R，由电路知识可知，任一分支流进节点的电流值都为 $I = V_{REF}/(3R)$。此电流经 A_0、A_1、A_2、A_3 共 4 个节点被 4 次均分后得到 I/16 并注入运算放大器电路，进而将电流信号转换为电压信号。现假定反馈电阻 $R_{fb} = 3R$，则运算放大器的输出电压为

$$V_{OUT} = -（I/16）\times 3R$$
$$= -（1/16）\times（V_{REF}/3R）\times 3R$$
$$= -V_{REF}/16$$

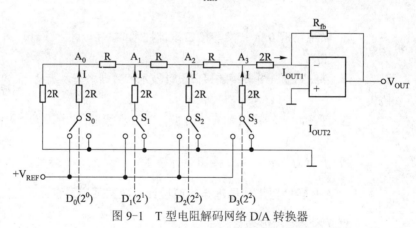

图 9-1　T 型电阻解码网络 D/A 转换器

　　根据叠加原理，可以得出 D 为任意 4 位数时 D/A 转换器的输出电压为

$$V_{OUT} = -（V_{REF}/16）\times（2^3 \times D_3 + 2^2 \times D_2 + 2^1 \times D_1 + 2^0 \times D_0）$$
$$= -（V_{REF}/16）\times D$$

可见，输出电压大小与 D_3、D_2、D_1、D_0 成正比，而极性与 V_{REF} 相反。

9.1.2　D/A 转换器的主要性能指标

　　目前 D/A 转换器（DAC）的种类是比较多的，制作工艺也不相同，按输入数据字长可分为 8 位、10 位、12 位及 16 位等。按输出形式可分为电压型和电流型等。按结构可分为有数据锁

存器和无数据锁存器两类。不同类型的 D/A 转换器在性能上的差异较大，适用的场合也不尽相同。因此，搞清楚 D/A 转换器的一些技术参数是必要的。D/A 转换器主要有以下性能指标：

1. 分辨率

分辨率与 D/A 转换器能够转换的二进制数据的位数 n 有关，表示为输出满量程电压与 2^n 的比值，它反映了输出模拟电压的最小变化量。例如，具有 12 位分辨率的 DAC，如果转换后的满量程电压为 5V，则它能分辨的最小电压为

$$U = 5/2^{12} = 5/4096$$
$$\approx 1.22mV$$

2. 转换精度

转换精度主要指 D/A 转换器在整个工作区间实际的输出电压与理想输出电压之间的偏差，可用绝对精度或相对精度来表示。一般采用数字量的最低有效位 $\pm 1/2$LSB 作为衡量单位。对于 n=8 位的 DAC 而言，若精度为 $\pm 1/2$LSB，满量程电压为 U=5V，则其最大绝对误差为

$$U_E = \pm 1/2 \times U/2^n$$
$$= \pm 1/2 \times 5/2^8$$
$$\approx \pm 0.01V$$

相对误差为以上最大偏差与满量程电压之比的百分数：

$$\Delta U = \pm 1/2 \times (U/2^n)/U$$
$$= \pm 1/2^9$$
$$\approx \pm 0.20\%$$

3. 稳定时间

指从数字量输入到完成转换，输出达到最终误差 $\pm 1/2$LSB 并稳定为止所需的时间，也称为转换时间。不同类型的 D/A 转换器转换速度差别较大，一般电流型 D/A 转换器较之电压型 D/A 转换器速度快一些。

4. 线性误差

D/A 转换器在工作范围内的理想输出是与输入数字量成正比的一条直线。由于误差的存在，实际输出的模拟量是一条近似直线的曲线。实际的模拟输出与理想直线的最大偏移就是线性误差。一般该误差应小于 1/2LSB。

D/A 转换器的其他性能指标还有输出电压范围、输出极性、数字输入特性、工作环境条件等。

9.1.3 D/A 转换芯片

转换器除速度外，其主要指标还有分辨率。目前较常见的 D/A 转换器转换的位数有 8 位、12 位及 10 位、16 位等。下面介绍 8 位和 12 位这两种类型的 D/A 转换器。

1. DAC0832

（1）DAC0832 的特性

DAC0832 是利用 CMOS/Si-Cr 工艺制造的电流输出型 8 位 D/A 转换器，具有两个输入数据

寄存器，它可以与各种 CPU 相连接。其主要特性如下：

① 分辨率为 8 位。

② 电流稳定时间为 1μs。

③ 可以单、双缓冲数据输入或直接数据输入。

④ 只需在满量程下进行线性调整。

⑤ 单一电源供电（+5～+15V）。

⑥ 低功耗（20mW）。

（2）DAC0832 的引脚与结构

DAC0832 的引脚如图 9-2 所示，各引脚功能如下：

$DI_0 \sim DI_7$：数据输入。

$\overline{CS}$：片选信号，低电平有效。

ILE：数据寄存器允许，高电平有效。

$\overline{WR_1}$：输入寄存器写选通信号，低电平有效。$\overline{WR_1}$ 与 $\overline{CS}$ 同时有效时将输入数据装入输入寄存器。

$\overline{WR_2}$：DAC 寄存器写选通信号，低电平有效。$\overline{WR_2}$ 与 $\overline{XFER}$ 同时有效时将输入寄存器的数据装入 DAC 寄存器。

$\overline{XFER}$：数据传送信号，低电平有效。

I_{OUT1}：输出电流 1，与数字量的大小成正比。

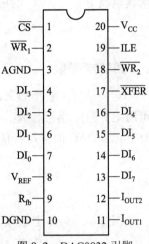

图 9-2　DAC0832 引脚

I_{OUT2}：输出电流 2，与数字量的反码成正比。

R_{fb}：反馈电阻输入引脚，反馈电阻在芯片内部，可与运算放大器的输出直接相连。

V_{REF}：基准电源输入引脚。

V_{CC}：电源输入引脚，电压范围为+5～+15V。

AGND：模拟地。

DGND：数字地。

DAC0832 的结构框图如图 9-3 所示。DAC0832 由 8 位输入锁存器、8 位 DAC 寄存器和 8 位 D/A 转换器构成。由于有两个寄存器，可以进行两次缓冲操作。转换输出模拟电流信号。

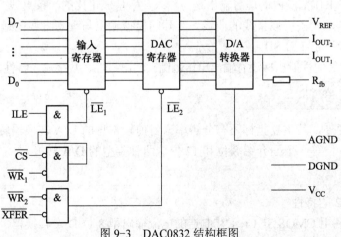

图 9-3　DAC0832 结构框图

（3）DAC0832 的工作方式

DAC0832 在不同信号组合的控制之下可实现直通、单缓冲和双缓冲 3 种工作方式：

① 直通方式：图 9-3 中，将 ILE 接高电平，$\overline{CS}$、$\overline{WR_1}$、$\overline{WR_2}$、$\overline{XFER}$ 全部接低电平，则 CPU 送来的数据不进行缓冲，而是直接送到 DAC 转换器进行变换。

② 单缓冲方式：只将 $\overline{WR_2}$、$\overline{XFER}$ 接低电平，ILE 接高电平，$\overline{CS}$、$\overline{WR_1}$ 有效之后，DAC 寄存器为直通，而输入寄存器为选通。也就是只进行一级缓冲。

③ 双缓冲方式：ILE 接高电平，$\overline{CS}$、$\overline{WR_1}$ 控制输入寄存器，$\overline{WR_2}$、$\overline{XFER}$ 控制 DAC 寄存器，则进行两级缓冲。

2. DAC1208 系列 D/A 转换器

DAC1208 系列 D/A 转换器主要包括 DAC1208、DAC1209 和 DAC1210，它们都是 12 位的 D/A 转换器，主要区别在于线性误差不同。

（1）DAC1208 系列 D/A 转换器的主要特性

① 分辨率为 12 位。

② 电流稳定时间为 1μs。

③ 具有双缓冲数据锁存器。

④ 单一电源供电（+5～+15V）。

⑤ 参考电压 $V_{REF} = -10V \sim +10V$。

⑥ 低功耗（20mW）。

（2）DAC1208 系列 D/A 转换器的引脚与结构

DAC1208 系列转换器的引脚和内部结构如图 9-4 所示。其内部包括两个分别为 8 位和 4 位的输入锁存器、12 位 DAC 寄存器和 12 位 D/A 转换器。其中 8 位和 4 位输入寄存器构成第 1 级数据锁存器，12 位 DAC 寄存器为第 2 级数据锁存器。

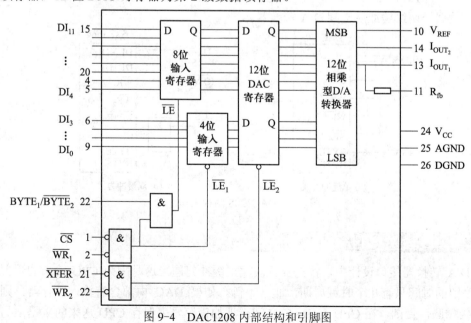

图 9-4　DAC1208 内部结构和引脚图

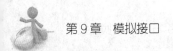

DAC1208 系列 D/A 转换器引脚功能如下：

$DI_0 \sim DI_{11}$：数据输入。

$\overline{CS}$：片选信号，低电平有效。

$BYTE_1/\overline{BYTE_2}$：12 位/4 位输入选择，高电平时 12 位输入锁存，低电平时低 4 位输入锁存。

$\overline{WR_1}$：输入寄存器写选通信号，低电平有效。$\overline{WR_1}$ 与 $\overline{CS}$ 同时有效时将输入数据装入输入寄存器。

$\overline{WR_2}$：DAC 寄存器写选通信号，低电平有效。$\overline{WR_2}$ 与 $\overline{XFER}$ 同时有效时将输入寄存器的数据装入 DAC 寄存器。

$\overline{XFER}$：数据传送信号，低电平有效。

I_{OUT1}：输出电流 1，与数字量的大小成正比。

I_{OUT2}：输出电流 2，与 I_{OUT1} 配合使用。

R_{fb}：反馈电阻输入引脚。

V_{REF}：基准电源输入引脚，电压范围 $-10V \sim +10V$。

V_{CC}：电源输入引脚，电压范围为 $+5V \sim +15V$。

AGND：模拟地。

DGND：数字地。

（3）DAC1208 系列 D/A 转换器的工作方式

DAC1208 系列 D/A 转换器具有单缓冲和双缓冲两种工作方式。

① 单缓冲方式：如图 9-5（a）所示，$BYTE_1/\overline{BYTE_2}$ 接高电平，$\overline{CS}$ 与 $\overline{XFER}$ 相连接，$\overline{WR_1}$ 与 $\overline{WR_2}$ 相连接，则输入锁存器和 DAC 寄存器同时被选通，数据可以直接送至 DAC 寄存器，形成一级缓冲后送到 D/A 转换器。

② 双缓冲方式：如图 9-5（b）所示进行线路连接，则输入锁存器和 DAC 寄存器被分别控制，输入数据经两级缓冲后送到 D/A 转换器。

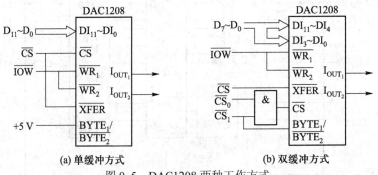

图 9-5　DAC1208 两种工作方式

9.1.4　D/A 转换器的接口实例

在 D/A 转换器接口设计中，首先要解决数据缓冲问题，这是因为 CPU 输出的数据在数据总线上停留的时间只有几个时钟周期，非常短暂。如果 DAC 内部含有输入锁存器，则可以与 CPU 直接相联，否则，在 CPU 与 DAC 之间需外加锁存器来保存 CPU 送来的数据。另外需要注意的是 CPU 的数据总线宽度小于 DAC 的数据输入线宽度时的协调问题，可以分两次传送。下面分别介绍 8 位和 12 位 DAC 与计算机的接口。

1. DAC0832 与计算机的接口

DAC0832 是电流输出型 D/A 转换器，需要用运算放大器将输出电流转换为输出电压。电压的输出可分单极性输出和双极性输出两种。

① 单极性输出：如图 9-6 所示，DAC0832 工作在单缓冲方式，输出为正电压，电压范围为 0V～5V，$V_{REF} = -5V$，设输入数据为 DATA=128，则输出电压为：

$$V_{OUT} = -DATA（V_{REF}/2^8）$$
$$= -128 \times（-5/256）$$
$$= 2.5V$$

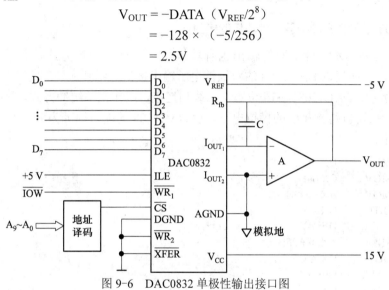

图 9-6 DAC0832 单极性输出接口图

设 DAC0832 的端口地址为 PORT，则输出 2.5V 模拟电压的指令为：

```
MOV   DX,PROT
MOV   AL,80H
OUT   DX,AL
```

② 双极性输出：双极性输出接口如图 9-7 所示，输出电压范围为 -5V～+5V。

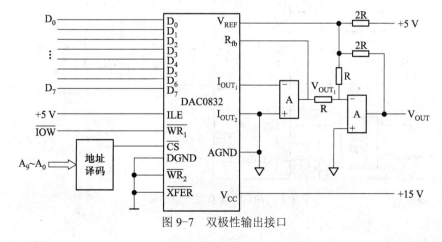

图 9-7 双极性输出接口

图中，$V_{REF}=5V$，$V_{OUT1}=-DATA$（$V_{REF}/2^8$）为单极性输出，其中 DATA 为输入数字量，则输出电压为

$$V_{OUT}=-V_{OUT1} \times （2R/R）+（-V_{REF}）\times （2R/2R）$$
$$=V_{REF}（DATA-128）/128$$
$$=（DATA-128）\times 5/128$$

可见，当 DATA=00H 时，$V_{OUT}=-5V$。

当 DATA=80H 时，$V_{OUT}=0V$。

当 DATA=0FFH 时，$V_{OUT}=+5V$。

2. DAC1208 系列 D/A 转换器与计算机的接口

DAC1208 系列 D/A 转换器的输出也有单极性和双极性两种方式，其输出连接方式与 DAC0832 相似。下面仅以 DAC1208 的双极性电压输出接口介绍其应用。

如图 9-8 所示，DAC1208 与 16 位数据总线相连接，工作在单缓冲方式。只要向 DAC1208 输出数字数据，就可以得到相应的模拟电压。设 DAC1208 的端口地址为 PORT，则产生 100 个方波的指令如下：

```
        MOV     DX,PORT
        MOV     CX,64H
LP:     MOV     AX,0000H
        OUT     DX,AX
        CALL    DELAY           ;延时
        MOV     AX,0FFFFH
        OUT     DX,AX
        CALL    DELAY
        LOOP    LP
        ⋮
```

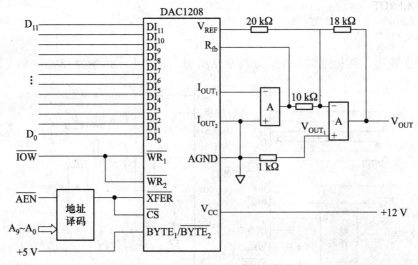

图 9-8　DAC1208 双极性输出接口

3. D/A 转换器应用举例

采用 DAC0832 作音乐发声器的电路如图 9-9 所示，运算放大器 LF351 的输出接至有源音箱，当按动键盘上的数字键 1～7 时音箱能发出音阶 1～7。要求根据接口电路编程（设端口地址为 228H）。

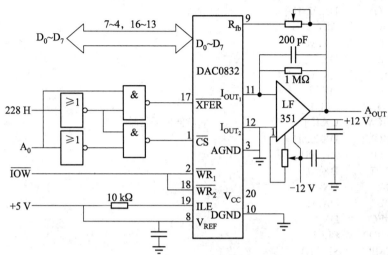

图 9-9 采用 DAC0832 作音乐发声器

程序设计如下：

```
DATA        SEGMENT
MIU_F       DW 570,510,460,440,390,345,300        ;1、2、3、4、5、6、7
DATA        ENDS                                  ;7 个音阶的延时时间
CODE        SEGMENT
            ASSUME CS:CODE,DS:DATA
START:      MOV     AX,DATA
            MOV     DS,AX
LL:         MOV     DI,OFFSET MIU_F
            MOV     AH,00H
            INT     16H                           ;读入按键
            CMP     AL,'1'                        ;是 '1' 吗？
            JNZ     SSS
AA:         ADD     DI,0
            JMP     MUSI
SSS:        CMP     AL,'2'                        ;是'2'吗？
              ⋮
            CMP     AL,'7'                        ;是 '7' 吗？
            JNZ     CONTI
MM:         ADD     DI,12
MUSI:       CALL    MUSIC
CONTI:      CMP     AL,1BH                        ;按 ESC 键退出
            JZ      EXIT
            JMP     LL
```

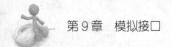

```
EXIT:     MOV     AH,4CH
          INT     21H
MUSIC     PROC    NEAR
          MOV     SI,0FH
PPP:      INC     SI
          MOV     CX,[DI]                    ;取高电平延时时间
          MOV     DX,228H
LLL:      MOV     AL，20H
          OUT     DX,AL
          INC     DX
          OUT     DX,AL
          DEC     DX
          LOOP    LLL
          MOV     CX,[DI]                    ;取低电平延时时间
          MOV     DX,228H
LLL1:     MOV     AL,00H
          OUT     DX,AL
          INC     DX
          OUT     DX,AL
          DEC     DX
          LOOP    LLL1
          CMP     SI,5FH
          JNZ     PPP
          RET
MUSIC     ENDP
CODE      ENDS
          END     START
```

9.2　A/D 转换接口

9.2.1　A/D 转换器的工作原理

　　A/D 转换器是将模拟量转换为数字量的器件，它是模拟量与计算机之间的接口部件。A/D 转换的常用方法有逐次逼近法、并行比较法、双积分法和 V-F（电压-频率）变换法等。其中，逐次逼近型精度和速度均较高，价格适中；并行比较型速度最高，但价格也较高，一般位数较低；双积分型精度高，抗干扰能力强，价格低，但速度较慢；V-F 变换型精度高，价格低，但速度慢。下面对应用较多的前 3 种进行简单介绍。

1. 逐次逼近法

　　逐次逼近型 A/D 转换器的结构如图 9-10 所示，由 N 位逐次逼近寄存器、N 位 D/A 转换器、比较器、N 位输出缓冲器及逻辑控制电路构成。其工作原理为：把输入的模拟电压 V_{IN} 作为目标值，用对分搜索的方法来逼近该值。当启动信号 START 有效后，时钟信号 CLK 通过控制逻辑电路使 N 位寄存器的最高位置 1，其余各位为 0，此二进制代码经 D/A 转换器转换为电压 V_{OUT}，该值为满量程的一半。将 V_{OUT} 与输入电压 V_{IN} 作比较，如 $V_{IN} > V_{OUT}$，则保留该位；否则该位清 0。

然后，CLK 再对次高位置 1，并连同上一次转换结果进行 D/A 转换和比较，保留结果，重复以上过程直到比较完毕，发出转换结束信号 EOC，并将 N 位寄存器中的转换结果送至输出缓冲器。

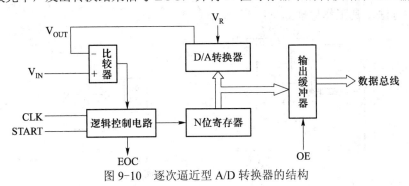

图 9-10 逐次逼近型 A/D 转换器的结构

2. 并行比较法

一个 8 位并行比较法 A/D 转换器原理框图如图 9-11 所示。整个电路由电阻分压器、电压比较器、段鉴别门和编码器组成。电阻分压器由 2^8+1 个电阻组成，将 V_{REF} 分为 2^8 个量化电压，量化误差为 1/2LSB。分压器输出的量化电压作为基准电压送至比较器，与输入电压 V_{IN} 作比较，如 V_{IN} 小于对应段的基准电平，则比较器输出 0，反之输出 1。比较器输出结果送至段鉴别门。段鉴别门是 256～8（256 输入，8 输出）的编码电路，其输出即是 A/D 转换的结果。

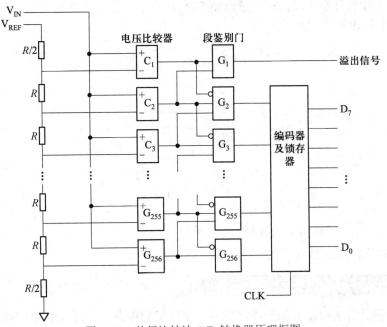

图 9-11 并行比较法 A/D 转换器原理框图

3. 双积分法

双积分型 D/A 转换器的原理框图如图 9-12 所示，由积分器 A1、检零比较器 A2、计数器 A3、逻辑控制器 A4 等组成。双积分型 A/D 转换的方法与上面两种不同，前 2 种是直接将模拟电压转换为数字电压，双积分型 A/D 转换器是先将模拟电压转换为与其平均值成正比的时间间隔，由时间间隔计数得到的计数值就是转换结果。整个转换过程分采样和比较计数两次积分完成，故称双积分法。其工作原理如下：

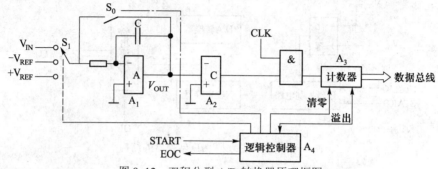

图 9-12　双积分型 A/D 转换器原理框图

第 1 阶段为采样阶段，当启动脉冲 START 有效后，首先 S_1 接通 V_{IN}，S_0 打开，积分器从 $V_{OUT} = 0$ 的原始状态对 V_{IN} 进行固定时间 T_1 的积分，T_1 结束时，S_1 打开，积分值为

$$V_{OUT1} = -\frac{1}{RC}\int_0^{T_1} V_{IN} dt = -\frac{T_1}{RC}\overline{V_{IN}}$$

其中 $\overline{V_{IN}}$ 为输入电压在 T_1 时间内的平均值。

第 2 阶段为比较计数阶段，控制逻辑使 S_1 接通 V_{REF}，计数器从零开始计数。在 T_2 时刻计数结束，积分器输出为 0。即

$$V_{OUT2} = V_{OUT1} - \frac{1}{RC}\int_0^{T2} V_{REF} dt$$

令 $V_{OUT2} = 0$，则

$$-\frac{T_1}{RC}\overline{V_{IN}} = \frac{T_2}{RC}V_{REF}$$

即

$$T_2 = -\frac{T_1}{V_{REF}}\overline{V_{IN}}$$

式中 V_{REF} 与 $\overline{V_{IN}}$（平均值）极性相反。由于 T_1 和 V_{REF} 均为固定值，故 T_2 与 $\overline{V_{IN}}$ 成正比，T_2 时间段内的计数值即是 A/D 转换的结果。

9.2.2　A/D 转换器的主要性能指标

目前 A/D 转换器（ADC）的种类比较多，制作工艺也不尽相同，不同类型的 ADC 在性能上的差异较大，适用的环境也不相同。同 DAC 类似，ADC 主要有以下性能指标：

1. 分辨率和量化误差

分辨率是指 A/D 转换器可转换成的二进制位数，是衡量其分辨输入模拟量最小变化程度的技术指标。常见的 A/D 转换器分辨率有 8 位、10 位、12 位及 16 位等。例如 AD574 的分辨率

为 12 位，可分辨 1LSB。如用占满量程的百分比来表示，则分辨率为

$$(1/2^{12}) \times 100\%=0.024\%$$

设其输入电压为 10V，则它能分辨出的模拟电压最小变化量为

$$10 \times 0.024\%=2.4mV$$

量化误差是指由于 A/D 转换器有限字长数字量对模拟量进行离散取值而引起的误差，其大小理论上为一个单位分辨率，即 ±1/2LSB，因此量化误差和分辨率是统一的。

2. 转换精度

转换精度是 A/D 转换器实际输出值和理想输出值的误差，可用绝对误差或相对误差来表示。转换精度实际上是各种误差的综合。由于理想的 A/D 转换器也存在量化误差，因此，实际 A/D 转换器的精度不包含量化误差。

3. 转换时间

转换时间是指模拟信号输入启动转换到转换结束，输出达到最终值并稳定所经历的时间。转换时间的倒数称为转换速率。不同 ADC 的转换时间差别很大，有的为 100μs，有的不足 1μs。

4. 线性误差

A/D 转换器的输出值在理论上与输入模拟量成正比，因而是一条直线。由于误差的存在，实际输出为一条近似直线的曲线。该曲线与理论直线的最大误差就是线性误差。

A/D 转换器的其他性能指标还有输入电压范围、供电电源、工作环境等。实际应用时，要综合考虑，选择性能合适且性能价格比高的 ADC。

9.2.3 A/D 转换芯片

实际应用中，最关心的是 A/D 转换器的转换速度和分辨率。应用较多的分辨率为 8 位和 12 位。如 ADC0809 分辨率为 8 位，AD574 为 12 位。下面分别介绍。

1. ADC0809

（1）主要性能指标

① 分辨率：8 位。

② 转换方法：逐次逼近法。

③ 转换时间：100μs（时钟信号频率 CLK 为 640kHz 时）。

④ 输入模拟电压范围：8 路模拟电压均为 0V～+5V。

⑤ 电源电压：+5V。

（2）ADC0809 的引脚与结构

ADC0809 的引脚如图 9-13 所示，为 28 脚双列直插式封装，各引脚功能如下：

$D_7 \sim D_0$：   8 位数字量输出引脚。

$IN_0 \sim IN_7$：   8 路模拟量输入引脚。

V_{CC}：   +5V 工作电压。

GND：   地线。

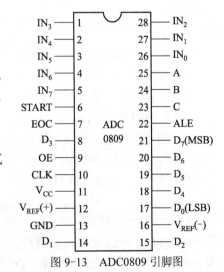

图 9-13 ADC0809 引脚图

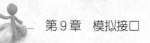

START：　　　A/D 转换启动信号。

ALE：　　　　地址锁存允许信号。

EOC：　　　　转换结束信号。

OE：　　　　输出允许控制。

V_{REF}（+）：　参考电压正极。

V_{REF}（−）：　参考电压负极。

CLK：　　　　时钟信号。

A、B、C：　地址选择线，用于选通 8 个通道中的一个。

ADC0809 的内部结构如图 9-14 所示，由 8 路模拟开关及其地址锁存译码电路、比较器、256R 电阻分压器、树状开关、逐次逼近型寄存器 SAR、三态输出锁存缓冲器及控制逻辑等构成。其中 8 路模拟多路开关带有锁存功能，可对 8 路 0V～+5V 的输入模拟电压进行分时切换。通过适当的外接电路，ADC0809 可以对−5V～+5V 的双极性模拟电压进行A/D 转换。

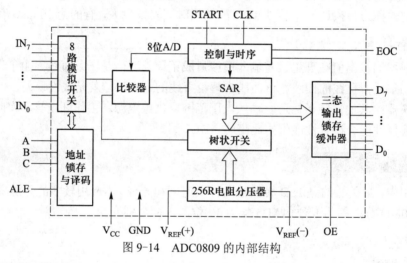

图 9-14　ADC0809 的内部结构

2. AD574

（1）主要性能指标

① 分辨率：12 位。

② 转换方法：逐次逼近法。

③ 转换时间：25μs。

④ 输入模拟电压范围：单极性输入方式为 0V～+10V 或 0V～+20V，双极性输入方式为−5V～+5V 或−10V～+10V。

⑤ 线性误差：±1/2LSB。

⑥ 电源电压：+5V 或±12V～±15V。

（2）引脚与结构

AD574 也是 28 引脚双列直插式封装，其内部结构与引脚如图 9-15 所示。AD574 的内部结构包括比较器、逐次逼近寄存器、D/A 转换器、逻辑控制电路、输出缓冲器及其他电路等。AD574

内部采用双极性电路，可直接对双极性模拟电压进行 A/D 转换。

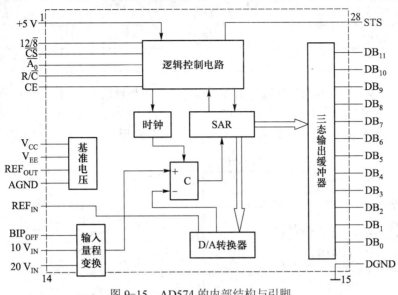

图 9-15　AD574 的内部结构与引脚

AD574 的各引脚功能如下：

$\overline{CS}$：片选信号，低电平有效。

CE：芯片允许信号。

$R/\overline{C}$：读/启动转换信号，高电平时读 A/D 转换结果，低电平时启动 A/D 转换。

A_0：转换数据长度选择，高电平时选择 8 位转换模式，低电平时选择 12 位转换模式。

$12/\overline{8}$：数据输出方式选择，高电平时输出字长为 12 位，低电平时输出字长为 8 位。

$10V_{IN}$：模拟信号输入，单极性工作时输入电压范围为 0V～10V，双极性工作时范围为 -5V～+5V。

$20V_{IN}$：模拟信号输入，单极性工作时输入电压范围为 0V～20V，双极性工作时范围为 -10V～+10V。

DB_{11}～DB_0：12 位数据线。

STS：工作状态信号，高电平表示正在转换，低电平表示转换结束。

REF_{IN}：基准输入线，常在 REF_{IN} 与 REF_{OUT} 间接 100Ω 可调电阻进行增益微调。

REF_{OUT}：基准输出线。

BIP_{OFF}：双极性偏移，施加偏移电压用于偏移值的调整。

AD574 启动转换与读取数据的操作真值表见表 9-1。

表 9-1　AD574 启动转换与读取数据的操作真值表

CE	$\overline{CS}$	$R/\overline{C}$	$12/\overline{8}$	A_0	操　作
1	0	0	×	0	启动 12 位转换
1	0	0	×	1	启动 8 位转换
1	0	1	+5V	×	允许 12 位并行输出

续表

CE	$\overline{CS}$	R/$\overline{C}$	12/$\overline{8}$	A_0	操 作
1	0	1	接地	0	允许高8位数据输出
1	0	1	接地	1	允许低4位数据输出

AD574 有单极性输入和双极性输入两种工作方式。单极性输入如图 9-16 所示连接，BIP_{OFF} 接近于低电位，可将单极性模拟电压输入进行转换，可变电阻 R_1 和 R_2 分别用于漂移和误差的调节；双极性输入如图 9-17 所示连接，两个可变电阻分别用于偏移和刻度的调整。

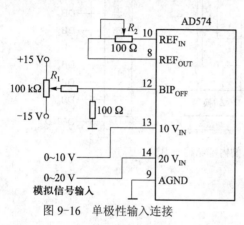

图 9-16 单极性输入连接

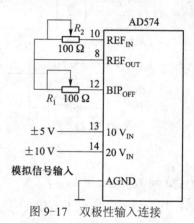

图 9-17 双极性输入连接

9.2.4 A/D 转换器的接口实例

A/D 转换器与 CPU 的接口主要完成以下操作：首先发送转换启动信号，A/D 转换器开始工作，CPU 通过查询或中断等方式获取转换结束信号，读取转换结果并进行处理。对于多通道则进行多通道寻址操作，对于高速 A/D 转换，一般还要对采样/保持器进行控制。由于 A/D 转换器的类型及 CPU 类型的不同，A/D 转换器的接口形式是不一样的，主要分为以下 3 种：

① 内部带有数据输出锁存器的 A/D 转换器可与 CPU 直接相连。

② 内部不带数据输出锁存器的 A/D 转换器需通过三态门锁存器与 CPU 相连。当 A/D 转换器的分辨率高于 CPU 数据总线宽度时，数据分两次传送，也需要该种连接方式。

③ A/D 转换器也可以通过 I/O 接口芯片与 CPU 相连。

A/D 转换器与 CPU 之间的数据传送可以采取以下 3 种方式：查询方式、中断方式和 DMA 方式，其特点各有不同，用户在进行接口设计时可根据实际情况进行适当选择。下面以 ADC0809 和 AD574 为例，讨论 ADC 与 CPU 的接口问题。

1. ADC0809 与 CPU 的接口

ADC0809 常用于精度和速度不是很高的场合，尤其是多路模数转换时更能体现其优势。ADC0809 与 CPU 的接口可采用查询方式或中断方式读取数据，也可以采用延时（约 128μs）的方式读取数据。查询或延时的方法较为简单，容易实现，但效率低，中断的方法则提高了效率。图 9-18 为采用中断方式实现数据读取的接口电路。

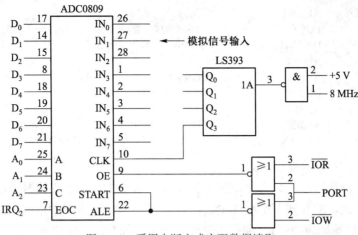

图 9-18 采用中断方式实现数据读取

2. AD574 与 CPU 的接口

AD574 的分辨率是 12 位，它可以与 16 位数据总线的低 12 位直接连接，也可以与 8 位数据总线连接。

（1）AD574 与 8 位数据总线的连接

AD574 与 8 位 CPU 的连接如图 9-19 所示。AD574 的 12 条输出线的高 8 位直接连接到数据总线的 $D_7 \sim D_0$，低 4 位接至数据总线的 $D_7 \sim D_4$。$12/\bar{8}$ 接地，数据分两次传送。引脚 A_0 接至地址总线的 A_1。设 AD574 的状态端口地址为 200H，数据高 8 位端口地址为 201H，低 4 位端口地址为 202H，则采用查询方式读取 12 位数据的程序片段如下：

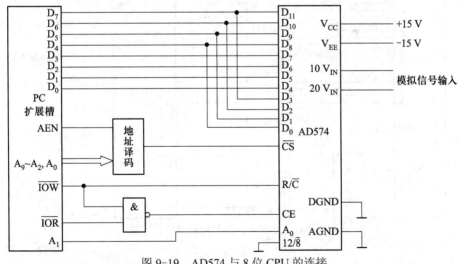

图 9-19 AD574 与 8 位 CPU 的连接

```
        MOV     DX,201H         ;A₁=0，启动 12 位转换
        MOV     AL,00H          ;AL 写入任意数据
        OUT     DX,AL           ;启动转换（CS̄ =0，R/C̄ =0，CE=1）
        MOV     DX,200H         ;状态端口地址
LOOP1:  IN      AL,DX           ;读状态位 STS
```

```
        AND     AL,80H          ;屏蔽掉低 7 位
        JNZ     LOOP1           ;STS 不为 0，继续查询
        MOV     DX,201H         ;STS=0，读数据高 8 位
        IN      AL,DX
        MOV     AH,AL           ;放入 AH
        MOV     DX,202H         ;读数据低 4 位
        IN      AL,DX
        AND     AL,0F0H         ;屏蔽掉低 4 位
        MOV     DAT,AX          ;将 12 位数据放入内存 DAT 字单元
```

（2）AD574 与 16 位数据总线的连接

AD574 与 16 位数据总线的连接如图 9-20 所示。AD574 的 12 条数据线直接接至数据总线的低 12 位。A_0 接地，STS 接至数据线 D_7 位，$12/\overline{8}$ 接高电平，输出数据为 12 位。设状态口地址为 200H，数据口地址为 201H，则采用查询方式读取数据程序段如下：

```
        MOV     DX,201H         ;数据口地址
        MOV     AL,00H          ;写入任意数据
        OUT     DX,AL           ;启动转换（CS =0，R/C =0，CE=1）
        MOV     DX,200H         ;状态端口地址
LOOP1:  IN      AL,DX           ;读状态位 STS
        AND     AL,80H          ;屏蔽掉低 7 位
        JNZ     LOOP1           ;STS 不为 0，继续查询
        MOV     DX,201H         ;STS=0，读数据
        IN      AX,DX
        MOV     DAT,AX          ;12 位数据放入内存 DAT 字单元
```

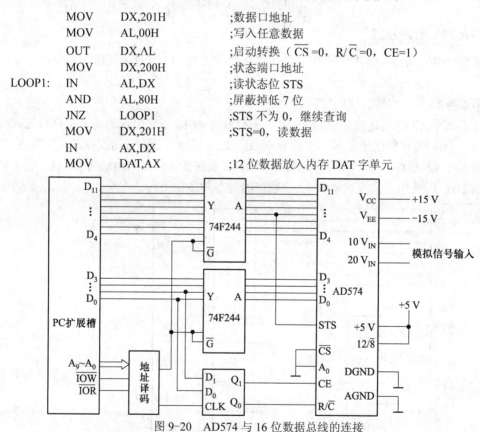

图 9-20 AD574 与 16 位数据总线的连接

9.3 多路模拟开关及采样保持电路

一个完整的模拟接口，尤其是数据采集系统，除包含 CPU、ADC、接口电路、传感器及相应处理电路外，还应包括多路模拟开关（AMUX）和采样保持电路（S/H）。这样的系

统除传感器及其处理电路外称为模拟通道或 A/D 通道。下面分别介绍多路模拟开关和采样保持电路。

9.3.1 多路模拟开关

在数据采集系统中，被采集的模拟信号有可能不止一路，而计算机一般在任意时刻只能接收一路信号。因此，当有多路模拟信号输入时，需要多路模拟开关，按一定顺序轮流切换各路通道，以达到分时检测的目的。多路模拟开关不应影响系统的精度和速度，因此应具备以下特点：

① 导通静态电阻不宜太大。

② 开路静态电阻无穷大。

③ 切换速度越快越好。

目前大多数模拟开关的主要参数有：

① 接通电阻：约 $100\Omega \sim 400\Omega$。

② 开关接通电流：约 20mA。

③ 开关断开漏电流：约 0.2nA $\sim$ 2nA。

④ 通道切换时间：约 100ns。

多路模拟开关有的做成专门的芯片，有的则与 A/D 转换器做在同一个芯片内（如 ADC0809）。下面介绍几种常见的多路模拟转换开关。

1. AD7501

AD7501 是 8 通道单向模拟开关，具备多路输入、一路输出的功能，引脚如图 9-21 所示。EN 为高电平有效，A_2、A_1、A_0 为通道选择信号，负责选通输入信号 $S_7 \sim S_0$ 中的某一路，由 OUT 输出，其真值表见表 9-2。

表 9-2 AD7501 真值表

EN	A_2	A_1	A_0	ON
	0	0	0	S_1
	0	0	1	S_2
	0	1	0	S_3
	0	1	1	S_4
有效	1	0	0	S_5
	1	0	1	S_6
	1	1	0	S_7
	1	1	1	S_8
无效	$\times$	$\times$	$\times$	无

2. CD4051

CD4051 是 8 通道双向模拟开关，既可多线输入、一线输出，又可一线输入、多线输出，其引脚如图 9-22 所示。$\overline{\text{INH}}$ 为片选信号，低电平有效。C、B、A 为通道选择信号，当 CBA

为 000～111B 时，产生 8 选 1 信号，选中多路输入信号 S_7～S_0 中的某一路，由公共端 COM 输出。也可以由 COM 端输入，输出到 A、B、C 选中的某一路输出。因此是双向通道。CD4051 的真值表同 AD7501 相似。

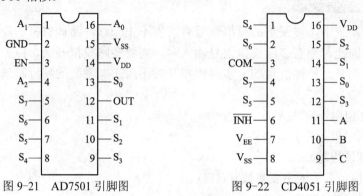

图 9-21　AD7501 引脚图　　　　图 9-22　CD4051 引脚图

利用模拟开关集成芯片可以实现通道数的扩展。例如，两片 CD4051 组成的 16 路模拟开关电路如图 9-23 所示连接。当数据线 D_3～D_0 在 0000～1111B 之间变化时，可选中 16 个通道中的任一路。

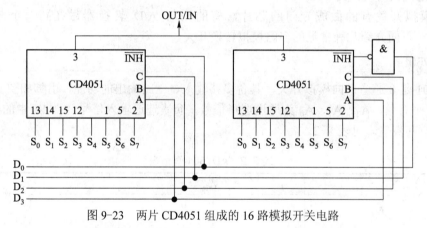

图 9-23　两片 CD4051 组成的 16 路模拟开关电路

常见的多路模拟开关还有 AD7502、AD7506、CD4502、CD4503 等，其特点各有不同，用户可根据实际情况进行合理选择。

9.3.2　采样保持电路

A/D 转换器进行 A/D 转换需要一段时间。而模拟信号是动态的，如果信号变化较快，没有稳定的时间，就可能引起不确定误差。为保证 A/D 转换的精度，需要在转换时间内模拟信号保持不变。因此，须在 A/D 转换器前面加入采样/保持电路。如果输入信号为直流或随时间变化比较缓慢，远小于 A/D 转换的速度，则可以不加采样/保持电路。

采样/保持电路包括采样和保持两种状态。采样时能够跟踪输入的模拟电压，转换为保持状态时，电路输出保持采样结束瞬间的模拟信号电平，直到转为下次采样状态为止。

基本的采样/保持电路如图 9-24 所示，由模拟开关 S、运算放大器 A_1、A_2 和保持电容 C 组成。其中，运算放大器 A_1 和 A_2 接成跟随器。电路的工作状态由方式控制输入决定。在采样状态下，开关 S 闭合，跟随器 A_1 很快地给保持电容 C 充电，输出则随输入变化而变化。当处于保持状态时，开关 S 断开，跟随器 A_2 具备较高的输入阻抗，因而具备隔离作用，电容 C 将保持 S 断开时的充电电压不变，直到进入下一次采样状态。

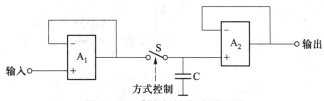

图 9-24 采样/保持电路原理图

采样/保持电路主要有以下参数：

① 孔径时间（T_{AP}）：孔径时间是指从发出保持命令到开关完全打开所需要的时间。这样的延迟会引起转换误差，称为孔径误差。孔径误差与输入模拟信号的频率成正比，频率越高，孔径误差越大；反之，孔径误差越小。孔径时间一般约为 10ns～20ns。

② 捕捉时间（T_{AC}）：捕捉时间是指从开始采样到采样/保持电路的输出达到当前输入模拟信号的值所需要的时间。该时间与保持电容大小、运算放大器频响时间及输入信号的变化幅度有关。

③ 保持电压压降：是指在保持状态下，由于运算放大器的输入电流和电容自身的漏电等而引起的保持电压的下降。

采样/保持电路的参数还有馈通及电压增益精度等。采样/保持电路常做成专用的芯片，称为采样/保持器，如 AD582、LF198 等。AD582 的结构如图 9-25 所示，由输入缓冲放大器、模拟开关和结型场效应管集成的放大器组成，只需外接合适的保持电容，就可以完成采样/保持功能。

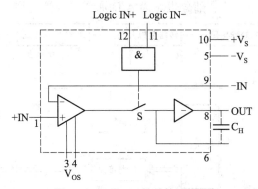

图 9-25 AD582 的结构示意图

采样/保持器接于模拟信号输入和 A/D 转换器之间，其工作状态可以由控制信息来控制，可以编程实现；也可以由 A/D 转换器的状态信息来控制，如 AD574 的 STS 信号。图 9-26 就是 AD574 与 AD582 的连接电路图，图中外接保持电容 C_H 为 510PF，工作状态则由 AD574 的 STS 进行控制。

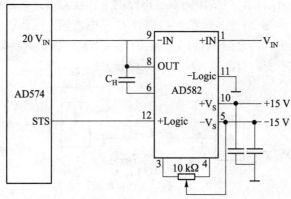

图 9-26　AD574 与 AD582 的连接电路图

9.4　数据采集系统设计

在实时测量与控制系统中，经常需要数据采集系统。数据采集系统的主要功能是将外部的模拟信号经采样放大等处理后由 A/D 转换系统转换为数字信号，再送至计算机处理。数据采集系统的实现方式较多，不同的 A/D 转换器转换速度差别较大。一般高速数据采集可采用 DMA 方式或中断方式，低速数据采集可采用查询方式。下面主要以查询方式为例介绍数据采集系统的设计方法。

9.4.1　数据采集系统构成

一个完整的数据采集系统由传感器、信号处理电路（放大、滤波）、多路模拟开关（AMUX）、采样保持电路（S/H）、A/D 转换器（ADC）、I/O 接口和计算机共同组成，如图 9-27 所示。除去传感器和信号处理电路外，其余部分也称为 A/D 通道或模拟通道。

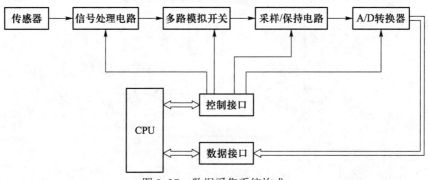

图 9-27　数据采集系统构成

实际应用中，当模拟信号为直流或低频信号时，通常不必用采样保持器。如果模拟信号只有一路，也不必采用多通道模拟开关。而且有的 A/D 转换器本身具备多通道输入功能（如 ADC0809 等），如果输入通道数少于 ADC 本身具备的通道数，也不必采用多通道模拟开关。

9.4.2 应用实例

图 9-28 为一个较为简单的数据采集系统应用实例。该系统只有一路模拟信号输入，范围为 0V～20V，不使用采样保持电路。选用数字比较器 74LS688 作为地址译码芯片，地址总线的 A_2～A_9 作为其输入信号。开关 K_1～K_8 则作为比较信号。只有输入信号和比较信号相同时，才输出有效的低电平译码信号。图中只需把 K_4 和 K_8 断开，即可设定 I/O 端口地址为 220H～223H。地址总线的 A_0、A_1 用以确定 8255 的 A 口、B 口和 C 口控制器地址，从而实现对 AD574 的控制。

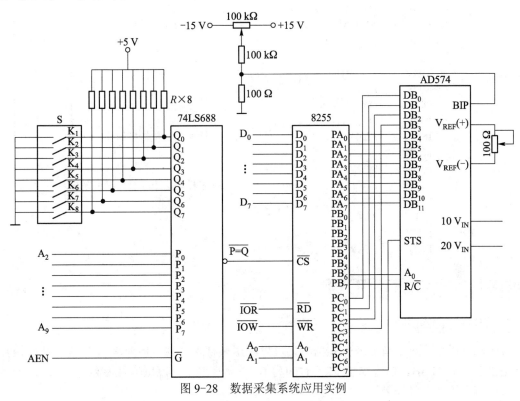

图 9-28 数据采集系统应用实例

下面给出采集 100 个数据到 DBUFFER 缓冲区的数据采集程序：

```
DATA         SEGMENT
DBUFFER      DB   100  DUP(?)
DATA         ENDS
CODE         SEGMENT
ASSUME       CS:CODE,DS:DATA
START:       MOV   AX,DATA
             MOV   DS,AX
             MOV   SI,OFFSET  DBUFFER     ;数据缓冲区地址指针
             MOV   DX,223H
             MOV   AL,99H                 ;确定 8255 工作在方式 0
             OUT   DX,AL                  ;A 口、C 口输入，B 口输出
             MOV   DX,221H
             MOV   CX,100                 ;采集 100 个数据
```

251

```
BG:        MOV      AL,00H
           OUT      DX,AL                          ;启动 AD574A
WAIT1:     MOV      DX,222H
           IN       AL,DX
           TEST     AL,80H                         ;查询转换是否结束
           JNZ      WAIT1
           MOV      DX,221H
           MOV      AL,0C0H
           OUT      DX,AL
           MOV      DX,222H
           IN       AL,DX                          ;读取低 4 位转换结果
           MOV      [SI],AL
           INC      SI
           MOV      DX,221H
           MOV      AL,80H
           OUT      DX,AL
           MOV      DX,220H
           IN       AL,DX                          ;读取高 8 位转换结果
           MOV      [SI],AL
           INC      SI
           LOOP     BG                             ;采样不足 100 个，继续采样
           MOV      AH,4CH
           INT      21H
CODE       ENDS
           END      START
```

9.4.3 数据采集接口设计的注意问题

1. 采样保持器的使用

前面已经讲过，对于直流或低频信号，可以不用采样保持器，但要求 A/D 转换期间模拟信号的变化应小于 1LSB。假设 A/D 转换时间为 t，分辨率为 n，模拟信号最高频率为 f，则 A/D 转换器的最大相对孔径误差为：

$$\zeta = \omega \times 100\%$$

即

$$1/2^n = 2\pi ft$$
$$f = 1/(2\pi t \times 2^n) = 1/(\pi t \times 2^{n+1})$$

如 ADC0809，其转换时间为 100μs，分辨率为 8 位，则其不加采样保持器时的模拟信号最高输入频率为：

$$f = 1/(\pi t \times 2^{n+1})$$
$$= 1/(3.14 \times 0.0001 \times 2^{8+1}) = 6.22Hz$$

同样可求得 AD574 不加采样保持器的最高输入频率为 1.55Hz。否则，必须使用采样保持器。

2. 多路模拟开关的使用

在进行多路模拟信号数据采集时，如果现有带多路模拟开关的 A/D 转换器（如 ADC0809）

性能指标达不到要求，则需要配备多路模拟开关 AMUX，按一定顺序进行数据采集。AMUX 要求开关导通电阻小，断开电阻无穷大，转换速度快。必要时，可采用数片 AMUX 的组合进行扩充，以达到更多路输入的目的。

3. 噪声的解决

由 ADC 和微机系统组合的数据采集系统是模拟电路和数字电路的混合。在这样的系统中，除了模拟部分本身的噪声外，更要防止市电频率的感应噪声和数字电路对模拟电路的干扰噪声，这是提高系统精度，抑制系统误差的关键。抑制干扰噪声的主要方法有：

（1）电路结构处理

由传感器输入到系统内的模拟信号往往很微弱，基本淹没于市电的交流噪声中，可以通过差分放大器从噪声中提取模拟信号，从而达到清除噪声的目的。

（2）布线

制作印制电路版时，模拟电路部分和数字电路部分应分开，避免混合交叉走线，尽量走直线。同时，模拟电路的连接线应尽可能短，并尽量使信号流向一致。

地线的布线也非常重要。弱电平信号电路原则上采用一点接地，同时避免和高电平电路在同一点接地。尤其要注意的是模拟电路部分的模拟地和数字电路部分的数字地仅在一点相接，避免多点接触。

（3）隔离与屏蔽

在布线方面较难处理时，可以采用隔离与屏蔽的方法去除噪声。隔离主要是用变压器或光电耦合器等把模拟电路与数字电路或模拟电路的低电平部分与高电平部分在电气上进行隔离，降低多种噪声。如果对隔离的各部分再进行屏蔽，则抗噪声的效果会更好。

 本章小结

模拟接口包括 D/A 转换器和 A/D 转换器。

D/A 转换器的功能是指将数字量转换为模拟量，其主要技术指标有分辨率稳定时间及精度相关指标。DAC0832 是电流输出型 8 位 D/A 转换器，在不同信号组合的控制之下可实现直通、单缓冲和双缓冲 3 种工作方式。需要用运算放大器将输出电流转换为输出电压。电压的输出可分单极性输出和双极性输出两种。DAC1208 系列是 12 位的 D/A 转换器，输出也有单极性和双极性两种方式。

A/D 转换器的功能是将模拟量转换为数字量。其主要技术指标有分辨率和转换时间及精度相关指标。ADC0809 与 AD574 都是逐次逼近式 A/D 转换器，分辨率分别为 8 位和 12 位。A/D 转换器与 CPU 的接口主要完成以下操作：首先发送转换启动信号，A/D 转换器开始工作，CPU 通过查询或中断等方式获取转换结束信号，读取转换结果并进行处理。

多路模拟开关主要解决多路模拟信号输入问题，采样/保持电路主要解决模拟信号快速变化带来的转换精度问题。

一个完整的数据采集系统由传感器、信号处理电路、多路模拟开关、采样保持电路、A/D 转换器、I/O 接口和计算机共同组成。除去传感器和信号处理电路外，其余部分也称为 A/D 通道或模拟通道。

习题与思考题

1. D/A 转换器的功能是什么？有哪些主要技术指标？

2. 简述 T 型电阻解码网络 D/A 转换器的工作原理。

3. 简述 DAC1208 的工作原理及工作方式。

4. 用 DAC0832 组成一个输出 ±10V 的 D/A 转换电路，并写出产生一个三角波的程序。

5. A/D 转换器的功能是什么？有哪些主要技术指标？

6. A/D 转换器的接口电路一般应完成哪些任务？其接口形式有哪几种？

7. A/D 转换的方法主要有哪几种？各有何特点？

8. 简述逐次逼近型 A/D 转换器和双积分型 A/D 转换器的工作原理。

9. 简述 ADC0809 的工作原理及工作方式。

10. 一个模拟信号的变化范围为 −10V～+10V，设计出 AD574 与 16 位微机的接口电路图及相应的程序。

11. 采样/保持器的主要功能是什么？试说明什么情况下必须选用采样/保持电路？

12. 多路模拟开关的主要功能是什么？有哪些主要技术指标？

13. 画出用 4 片 AD7501 组成 32 路模拟信号通道的选择电路。

14. 一个完整的数据采集系统是怎样构成的？

15. DAC0832 的连接电路如图 9-29 所示，利用该电路作为一个函数波形发生器。要求通过对 DAC0832 输入数据的控制，编写程序段产生矩形波、锯齿波、三角波等不同的波形。并用示波器观察模拟电压输出端 V_{OUT} 的波形。

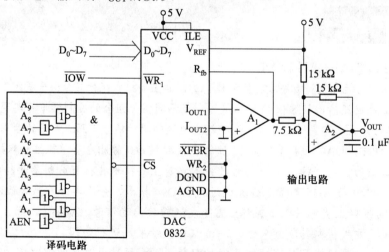

图 9-29　DAC0832 连接电路

16. 有一 A/D 转换器 0809 的接口如图 9-30 所示。回答如下问题：

① 启动 0809 转换的程序段。

② 检查 0809 转换是否结束的程序段。

③ 读出 0809 转换后的数字量的程序段。

④ 按图 9-30 电路连接，此时转换的是哪个模拟通道？

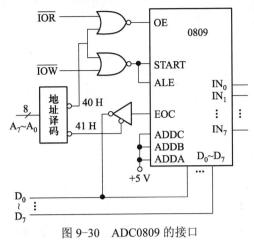

图 9-30 ADC0809 的接口

17. 设计一个数据采集系统，通过 AD574 将 0V～+10V 的模拟信号转换为 12 位数字信号，共采集 100 个数据，结果存入 DAT 单元开始的内存。

18. 有一 8086 系统同 ADC0809 的接口如图 9-31 所示，回答如下问题：

① 启动 ADC0809 模拟通道 IN_7 转换的指令（或指令段）。

② 查询 ADC0809 转换是否结束，未结束则继续查询的指令段。

③ 使 ADC0809 的 OE 有效的指令段。

④ 若 CLK88 的重复频率为 4kHz，则 CLOCK 的重复周期为多少？

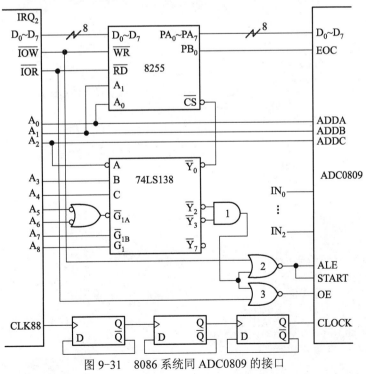

图 9-31 8086 系统同 ADC0809 的接口

10

第 10 章
微机接口分析与设计

学习目标　本章通过实例讲解微机接口的分析和设计，通过本章的学习，应该做到：

■ 掌握微机接口设计的基本方法。

■ 重点掌握硬件系统设计与软件系统设计的基本思路。

■ 了解系统的可靠性及干扰产生的原因，掌握抑制干扰噪声的主要方法。

■ 通过本章应用举例的学习，重点掌握微机接口系统设计的总体思路，包括硬件电路的设计、接口软件的编写方法等。

建议本章教学安排 4 学时。

10.1　微机接口设计基本方法

10.1.1　微机接口设计基础

1. 微机接口信号分析

接口作为 CPU 与外设的中间界面，一方面要与 CPU 连接，另一方面要与外设连接。

对 CPU 一侧，要弄清 CPU 的类型和引脚定义，如数据线宽度、地址线宽度和控制线的逻辑定义，以及时序关系有什么特点等。

对于数据线，要解决的一个问题是：目前使用的外设多数是 8 位的，接口芯片多数也是 8 位的，它们与 8 位 CPU 相连很容易设计。如何与 16 位或 32 位 CPU 连接，成为接口设计和分析的一个关键。以 Intel 8086 为例，其数据线为 16 位，约定低 8 位数据线上的数据对应偶地址，高 8 位数据线上的数据对应奇地址。为了使 8 位接口芯片固定接低 8 位（或高 8 位）数据线，又能同时正确对端口进行寻址，需要采取一定的措施。一般将接口芯片数据线接 CPU 低 8 位数据线，而将地址线 A_1（而不是 A_0）接到接口芯片的最低位地址线上，这就保证了接口芯片的所有口地址都是偶地址。对于地址线的接法是：将低地址线连接到接口芯片的地址线上（不同芯片需接的地址线条数可能不同），而其余地址线作为片选译码电路的输入。

不同 CPU 的主要区别在控制线上，这是设计与分析接口电路的重点。不仅要考虑逻辑上的关系，还要考虑时序上的配合。

对于外设一侧，连线只有 3 种：数据线、控制线和状态线。设计和分析的重点放在控制和状态线上，因为接口上的同一个引脚接不同外设时作用可能不同。

外设的速度千差万别，而且相差悬殊。因此，尤其要注意接口在时序上与 CPU 配合工作。

2. 微机接口信号转换

有些接口芯片的信号线可直接与 CPU 系统相连，有些信号线则需要经过一定的处理或改造，这种改造包括逻辑上、时序上或电平上的。特别是接外设侧的信号线，由于外设需要的电平常常不是 TTL 电平，而且要求有一定的驱动能力。因此，多数情况下，要经过一定的转换和改造才能连接，以保证信息的正确传输。

3. 微机接口驱动程序分析与设计

编写驱动程序可按以下 3 个步骤进行。首先应熟练掌握接口芯片的编程方法，如控制字各位的含义、各控制字的使用顺序和使用场合，它们对应的端口等。其次，根据具体应用场合确定接口的工作方式。最后，依据硬件连接关系编写驱动程序，包括接口的初始化程序和接口控制的输入/输出工作程序。

10.1.2　硬件系统的设计

硬件开发是指微型计算机接口硬件的开发，其基本方法是：

① 熟悉与掌握微型计算机及其提供的接口资源，如微型计算机总线、中断机构等。

② 确定接口的功能、整体结构与软硬件分工。

③ 完成接口与总线的硬件连接，自身功能的硬件设计，并选择适当的元器件完成有关的硬件设计。

④ 使用有关的电路板 CAD、PROTEL 等软件设计逻辑图、印刷电路图，并制作实验板。

⑤ 与软件协同调试实验板，验证硬件的设计是否合理及功能是否实现。若有问题，分析问题所在，直至正确无误为止。

⑥ 完善文档等工作，最终完成硬件设计与开发。

上述基本步骤需要在实际的设计与开发中逐步摸索和体会，另外，还要指出：

① 没有必要一切从头开始设计。若有现成适用和成熟的电路，可参照或照搬。

② 硬件与软件设计不同，它至少要有购买元件和制作电路板等费用。不像软件，修改容易，损失较少。所以，硬件设计时一定要仔细考虑，避免无谓的损失。对于小的硬件设计，可考虑使用面包板搭接；但大一些的硬件设计，最好制成电路实验板，这样可避免因接触不好而造成调试困难。同时，在实验板验证无误后，再做批量硬件生产。

③ 硬件开发调试是至关重要的。设计的硬件可能不工作或功能不正确，这时需仔细检查硬件设计及各种信号的时序关系，只要能找到问题所在，解决问题是比较容易的。

④ 在整个设计过程中，应使设计的硬件性能价格比最优。

10.1.3 软件系统的设计

1. 微机软件结构

从用户角度来说，微型计算机的软件结构是一个层次结构，见表10-1，这种结构的组成是：

表 10-1 软件结构层次表

用户及应用程序（层）			
			DOS 命令层
		DOS 服务层	
	ROM BIOS 服务层		
裸机（硬件控制层）			

（1）应用层

应用层是建立在 DOS 基础上的用户服务层。用户在这一层可通过应用程序控制和使用微型计算机系统，同时用户也可在这一层开发应用系统的软件部分。

（2）DOS 命令层

DOS 命令层是 COMMAND.COM 等文件组成的操作系统（DOS）层，为用户提供 DOS 命令等服务。

（3）DOS 服务层

DOS 服务层是由 DOS 调用组成的服务层，主要为用户提供 DOS 调用服务。

（4）ROM-BIOS 服务层

ROM-BIOS 服务层是建立在机器 ROM 中的基本输入/输出程序系统服务，为用户控制常用的外部设备提供 BIOS 调用等服务。

（5）硬件控制层

微型计算机裸机为用户提供了 CPU、总线、硬盘、串口和并口等硬件资源，是微型计算机系统的硬件基础，并为所有微型计算机软件、硬件提供服务。用户开发的微型计算机硬件接口也是这一层。

2. 微机软件接口

从表 10-1 可知，微型计算机可以分为应用层、DOS 命令层、DOS 服务层和硬件控制层。作为用户开发的支持硬件系统工作的相关软件是建立在 DOS 命令层上的应用层，对于用户来讲，也可以与下 3 层打交道。因此，用户开发控制硬件的软件可以有以下几种方式：

在 DOS 命令层开发控制软件；在 DOS 服务层开发控制软件；在 BIOS 服务层开发控制软件；在硬件控制层上与硬件直接打交道。

用高级语言编程，应用程序仅与 DOS 关联，而不必太关心 DOS 内部的操作和系统具体的软件硬件接口，因而较为容易。

DOS 系统调用为用户提供了系统的高级接口，用户的应用程序可以通过 DOS 系统调用就可很方便地实现系统的软硬件接口，如文件操作、字符输入/输出、网络通信以及 DOS 操作系统中的有关操作等。

用 DOS 系统调用编程虽然很简单，但是遇到对硬件细节控制要求较高的接口，DOS 系统调用所提供的用户与系统的高级接口有时很难胜任。这时，可以通过 BIOS 调用来实现。如在设计与显示字符、图形、表格有关的程序时，一定要通过 INT 10H 的软件中断来实现。BIOS 调用是用户与系统低级接口。

有些系统的软硬件接口，如用户自己开发的硬件接口设备，微型计算机系统并没有配置相应的 DOS 系统调用和 BIOS 调用。这时，用户的应用程序就不得不直接与硬件控制层打交道，也就是用汇编语言来实现相应的接口，在系统上配置原先微型计算机并不支持的设备时尤其如此。

很明显，采用高级语言的应用层编程最为方便，但硬件的执行效率最低；而用后 3 种方式来编程，随着离硬件越近，编程越来越复杂，然而硬件执行的效率却越高。因此，基于开发效率可得出这样一个原则：凡能由高一层次提供的服务而实现的功能，决不调用低一层次的服务来实现；凡高一层次提供的服务不能实现的功能，才用低一层次的服务来实现。所以，目前接口软件开发一般采用高级语言与汇编语言混合编程，即用高级语言编写用户界面等高层繁琐工作，而对于直接控制低层硬件部分软件则用汇编语言实现，从而达到了编程方便、执行速度快、占用空间小、硬件容易控制等目的。

10.1.4　微机接口设计应注意的问题

1. 软、硬件综合考虑

在设计与分析接口时，都要做到软、硬件综合考虑。一方面，有的功能既可由硬件实现，也可由软件实现，究竟用哪种方法好以及为什么要采用该方法都是值得研究的。另一方面，软件和硬件是紧密相关的，不能截然分开，硬件的改动必然涉及软件的改动。一般应尽量简化硬件，而在有些功能上以软代硬，但也不能使程序太冗长烦琐。

2. 逻辑关系和时序关系统筹考虑

在设计和分析接口时，往往把注意力集中在逻辑关系上，而忽视时序上的配合。实际上时序关系尤为重要，如果协调不好，即使逻辑上正确，也会丢失数据，甚至 CPU 根本就与外设联系不上。因此，从一开始就要对双方的逻辑关系和时序关系统一考虑，以确保信息的正确传输。

3. 单、通用和扩展同时考虑

在选择接口芯片和设计接口电路时，应尽量使硬件节省，逻辑简捷。但有时所设计的接口需要带不同的外设，这就要考虑通用性问题，必要时可在适当位置设置开关，以方便硬件的变更。另外，系统的扩展任务往往落在接口电路上。因此，如果在以后的使用中系统有扩展的可能，首先应在接口上留足扩展余地。

10.2　微机接口的可靠性与抗干扰设计

10.2.1　系统的可靠性

计算机监控系统的可靠性是指系统无故障运行的能力。工业生产在连续运行，计算机系统也必须同步连续运行，对过程进行监测和控制。即使系统由于其他原因出现故障错误，计算机系统仍能作出实时响应并记录完整的数据。

可靠性常用"平均无故障运行时间"，即平均的故障间隔时间 MTBF（mean time between failures）来定量地衡量。一般计算机生产厂家给出主机板或计算机的 MTBF 指标，但这一指标并不是指整个系统的 MTBF，它是厂家在一种标准测试条件下测得，然后按标准转换到标准工业环境而获得的。所谓工业环境相对来说条件要恶劣得多，它包括高低温、振动、冲击、腐蚀、尘埃等诸多因素。可靠性与硬件、软件、系统组成及使用等诸多因素有关。

为了减少系统的错误或故障，提高系统的可靠性，除了要选用性能稳定的元器件且结构设计要充分考虑元器件的布局，提高元器件和硬件系统的可靠性外，还要进行抗干扰设计。

10.2.2　干扰产生的原因

微机应用系统一般有模拟电路和数字电路。在这样的系统中，除了模拟部分本身的噪声外，市电频率的感应噪声和数字电路对模拟电路的干扰噪声也是重要的干扰源。具体主要包括以下几种：输入干扰、交流电源干扰、直流电源干扰、地线干扰和电磁辐射干扰。

10.2.3　抗干扰的基本措施

抗干扰设计是提高系统精度，抑制系统误差的关键，抑制干扰噪声的主要方法有：

（1）电路结构处理

由传感器输入到系统内的模拟信号往往很微弱，基本淹没于市电的交流噪声中，可以通过差分放大器从噪声中提取模拟信号，从而达到清除噪声的目的。

（2）布线

制作印制电路版时，模拟电路部分和数字电路部分应分开，避免混合交叉走线，尽量走直线。同时，模拟电路的连接线应尽可能短，并尽量使信号流向一致。

（3）接地技术

有两种接地。一种是为人身或设备安全目的，而把设备的外壳接地，这种接地称为外壳接地或安全接地；另外一种接地是为电路工作提供一个公共的电位参考点，这种接地称之为工作接地。

① 外壳接地。是真正的接地，要实实在在地与大地连接，以使漏到机壳上的电荷能及时泄放到地球上去。这样才能确保人身和设备安全。外壳接地的接地电阻应当尽可能低，因此在材料及施工方面均有一定要求。外壳接地是十分重要的，但实际上往往又为人们所忽视。

② 工作接地。是为电路工作需要而进行的。在许多情况下，工作地不与设备外壳相连，因此工作地的零电位参考点（即工作地）相对地球的大地是浮空的。也把工作地称之为"悬浮地"。

③ 接地系统。对于一个微机应用系统设计，应根据信号电压和电流的大小，以及电源的类别等分类接地，构成一个完整的接地系统。接地系统通常有 3 类接地内容：

第 1 类是弱信号地。即把系统中的小信号回路、控制回路、逻辑电路以及它们的直流电源等连在一起接地。弱信号地实际上就是工作地。

第 2 类是功率地。即把系统中的继电器、电磁阀以及它们的驱动电源等连在一起构成功率地。因为这些电路往往功率较大，成为干扰弱信号回路的噪声源，因此功率地与工作地不可混接。

第 3 类是机壳地。包括系统中所有机架、箱体等金属构件的接地，即所谓安全地。这 3 类接地系统可以相互独立。

（4）屏蔽技术

高频电源、交流电源、强电设备产生的电火花，甚至雷电，都能产生电磁波，从而成为电磁干扰的噪声源。当距离较近时，电磁波会通过分布电容和电感耦合到信号回路而形成电磁干扰；当距离较远时，电磁波则以辐射形式构成干扰。

以金属板、金属网或金属盒构成的屏蔽体能有效地对付电磁波的干扰。屏蔽体以反射方式和吸收方式来削弱电磁波，从而形成对电磁波的屏蔽作用。

对付低频电磁波干扰的最有效方法是选用高导磁材料作成的屏蔽体，使电磁波经屏蔽体壁的低磁阻磁路通过，而不影响屏蔽体内的电路。屏蔽电场或辐射场时，选铜、铝、钢等导电率高的材料；而屏蔽高频磁场则应选择铜、铝等导电率高的材料。

为了有效发挥屏蔽体作用，还应注意屏蔽体的接地问题。为了消除屏蔽体与内部电路的寄生电容，屏蔽体一般可按"一点接地"的原则接地。

（5）隔离技术

隔离包括物理隔离和光电隔离两种。

① 物理隔离。是指对小信号低电平的隔离。其信号连线应尽量远离高电平大功率的导线，以减少噪声和电磁场的干扰。为了实行物理隔离，即使在同一设备的内部也应当把这两类信号导线分开走线。远距离走线时，更应注意把信号电缆和功率电缆分开，并保持一定距离。必要时还可以用钢管把它们套起来，以增加屏蔽效果。

② 光电隔离。其目的是割断两个电路的电联系，使之互相独立，从而也就割断了噪声从一

个电路进入另一个电路的通路。

光电隔离是通过光电耦合器实现的。这种信号电路和接收电路之间被隔离，此时使两个电路的接地电位不同，也不会形成干扰。

（6）滤波技术

滤波是为了拟制噪声干扰。在直流电源回路中，负载的变化会引起电源噪声，例如在数字电路中，当电路从一个状态转换为另一种状态时，就会在电源线上产生一个很大的尖锋电流，形成瞬变的噪声电压。

利用电容、电感等储能元件可以抑制因负载变化而产生的噪声。通常也把这种作用称之为滤波或去耦。一般加 50uF 的电解电容拟制电源噪声中的低频分量，加 0.01uF 的电容拟制电源噪声中的高频分量。如果在电容的前面加上一个电感效果会更好。

10.3 定时显示系统的设计实例

10.3.1 设计要求

设计一个定时显示装置，用 6 位数码管显示时、分、秒，每一秒钟变化一次。并能用小键盘控制走时、显示和初始值的预值。编写程序，实现以下功能。

"C"----清除计数。"G"----启动计数。"D"----暂停计数显示当时的时、分、秒。"P"----设置初值，设置不符合实际规定显示出错标志 E。"E"-----程序退出 DOS。

10.3.2 硬件系统设计

参考电路如图 10-1、图 10-2 和图 10-3 所示。

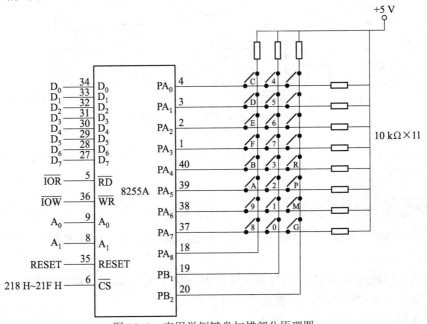

图 10-1　应用举例键盘扫描部分原理图

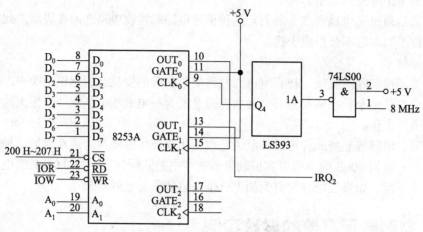

图 10-2　应用举例定时与中断部分原理图

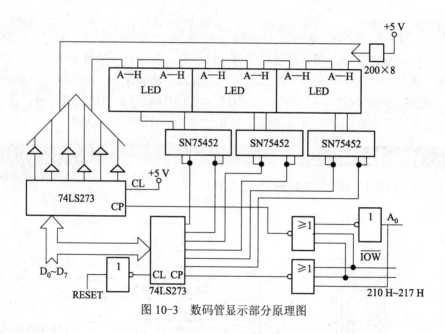

图 10-3　数码管显示部分原理图

在这个接口电路中用到了 8255A、8253A、8259A 接口芯片和 LED 显示器，必须熟悉它们及相应外围电路的工作原理。

10.3.3　软件系统设计

这是一个较为综合的程序设计，其包含 LED 显示程序、并行键盘扫描程序以及定时程序。

8253A 控制口地址为 203H，定时器 0 端口为 200H，定时器 1 端口为 201H。

8259A 偶地址端口为 20H，奇地址端口为 21H。

段锁存器端口地址为 211H。

位锁存器端口地址为 210H。

8255A 的 A 端口地址为 218H，B 端口地址为 219H，C 端口地址为 21AH，控制口地址为 21BH。

10.3.4 程序框图

程序框图如图 10-4、图 10-5、图 10-6、图 10-7 和图 10-8 所示。

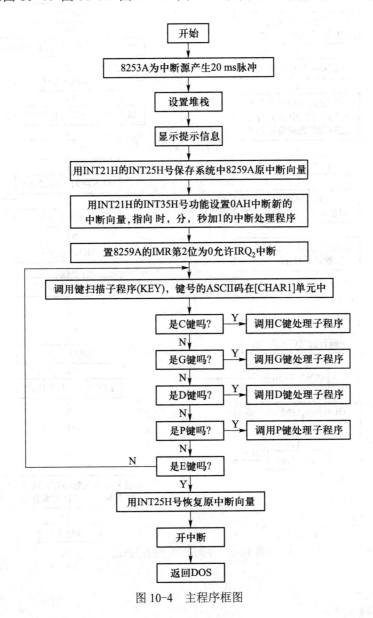

图 10-4 主程序框图

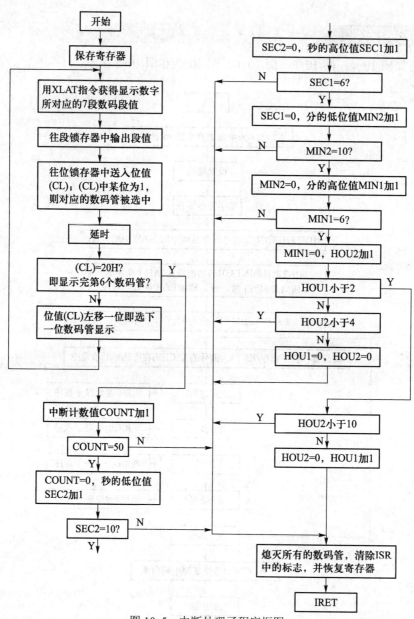

图 10-5 中断处理子程序框图

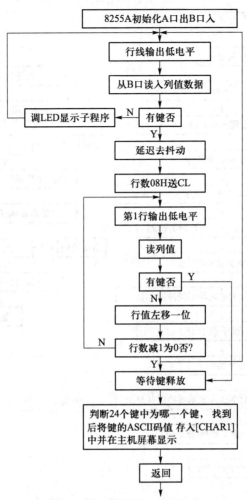

图 10-6 键盘扫描子程序框图

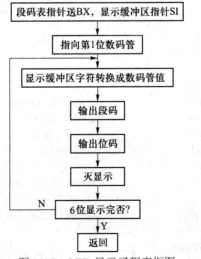

图 10-7 LED 显示子程序框图

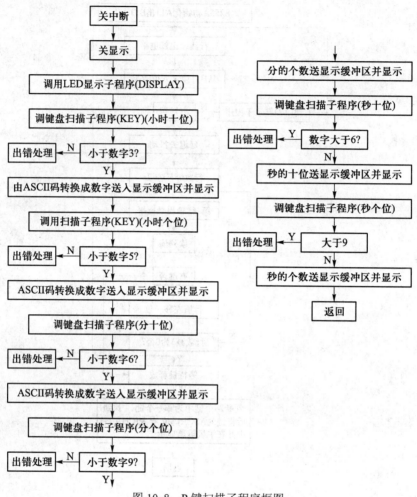

图 10-8　P 键扫描子程序框图

10.3.5　参考程序

INTA00	EQU	20H	;8259 偶地址
INTA01	EQU	21H	;8259 奇地址
PORTSEG	EQU	211H	
PORTBIT	EQU	210H	
TIM-CTL	EQU	203H	;8253 控制口地址
TIMER0	EQU	200H	;定时器 0 地址
TIMER1	EQU	201H	;定时器 1 地址
MODE03	EQU	36H	;8253 定时器 0 工作于模式 3
MODE12	EQU	54H	;8253 定时器 1 工作于模式 2
PA55	EQU	218H	;8255A 的 A 口地址
PB55	EQU	219H	;8255A 的 B 口地址
P55CTL	EQU	21BH	;8255A 的控制口地址

```
;------------定义堆栈段------------------
STACK          SEGMENT  STACK
STA            DW       512        DUP(?)
```

```
TOP           EQU      LENGTH STA
STACK         ENDS
;-----------定义数据段---------------
DATA          SEGMENT
Hou1          DB       0
Hou2          DB       0
Min1          DB       0
Min2          DB       0
SEC1          DB       0
SEC2          DB       0
COUNT         DB       0
CHAR1         DB       ?
INTMAST       DB       ?
CSREG         DW       ?
IPREG         DW       ?
LED           DB       3FH,06H,5BH,4FH,66H,7DH,07H,7FH,6FH,40H,79H,00H
TABLE         DW       0101H,0201H,0401H,0801H,1001H,2001H,4001H,8001H
              DW       0102H,0202H,0402H,0802H,1002H,2002H,4002H,8002H
              DW       0104H,0204H,0404H,0804H,1004H,2004H,4004H,8004H
CHAR          DB       'CDEFBA9845673210    RPMG'
MAXTIME       DB       00H,1FH,1CH,1FH,1EH,1FH,1EH,1FH,1FH,1EH,1FH,1EH,1FH
MES           DB       'IN  SMALL   KEYRORD',0AH,0DH
              DB       'C—DISPLAY   00,00,00; G—G0 AHEAD',0AH,0DH
              DB       'D—STOP TO DISPLAY ; E—EXIT TO DOS',0AH,0DH
              DB       'P—POSITION THE BENINNING TIME',0AH,0DH,'$
DATA          ENDS
;---------代码段的定义-------------
CODE          SEGMENT
MAIN          PROC  FAR                  ;主程序
              ASSUME   CS:CODE,DS:DATA,SS:STACK
START:        CLI                        ;关中断
              MOV      AX,DATA
              MOV      DS,AX
              MOV      DX,TIM-CTL         ;设置定时器 0，使工作于模式 3
              MOV      AX,MODE03
              OUT      DX,AL
              MOV      DX,TIMER0          ;定时器设置计数初值低位为 0
              MOV      AL,00H
              OUT      DX,AL
              MOV      AL,02H             ;定时器设置计数初值低位为 02H
              OUT      DX,AL
              MOV      DX,TIM-CTL
              MOV      AL,MODE12
              OUT      DX,AL
              MOV      DX,TIMER1
              MOV      AL,0AH
              OUT      DX,AL
              MOV      AX,STACK           ;段寄存器及堆栈指针初始化
              MOV      SS,AX
```

```
            MOV     SP,TOP
            MOV     DX,OFFSET MES
            MOV     AH,09H                      ;显示提示信息
            INT     21H
            MOV     AX,350AH                    ;取中断向量，设置中断类型
            INT     21H
            MOV     AX,ES
            MOV     CSREG,AX
            MOV     IPREG,BX
            PUSH    DS
            MOV     AX,CS
            MOV     DS,AX
            MOV     DX,OFFSET INT-PROC          ;将 INT-PROC 的偏移地址送入 DX
            MOV     AX,250AH                    ;设置 0A 号中断向量
            INT     21H
            POP     DS
            MOV     DX,INTA01                   ;将 8259A 的奇地址给 DX
            IN      AL,DX                       ;开放 IRQ₂ 中断对应的屏蔽位
            MOV     INTMASK,AL
            AND     AL,0FBH
            OUT     DX,AL
LKEY:       CALL    KEY
            MOV     DL,[CHAR1]                  ;输入一个字符
            CMP     DL,'C'
            JNZ     LGY
            CALL    CPRO
            JMP     LKEY
LGY:        CMP     DL,'G'
            JNZ     LDY
            CALL    GPRO
            JMP     LKEY
LDY:        CMP     DL,'D'
            JNZ     LPY
            CALL    DPRO
            JMP     LKEY
LPY:        CMP     DL,'P'
            JNZ     LEY
            CALL    PPRO
            JMP     LKEY
LEY:        CMP     DL,'E'
            JNZ     LKEY
            CLI                                 ;关中断
            MOV     DX,INTA01
            MOV     AL,INTMAST
            OUT     DX,AL
            MOV     AX,250AH
            MOV     DX,IPREG
            MOV     BX,CSREG
            MOV     DS,BX
```

```
                INT       21H
                STI                             ;开中断
                MOV       AX,4C00H             ;返回 DOS
                INT       21H
MAIN            ENDP
;----------------------------
INT-PROC:
                PUSH,     AX                    ;中断处理子程序
                PUSH      CX
                PUSH      DX
                PUSH      DI
                MOV       AX,DATA
                MOV       DS,AX
                MOV       DI,OFFSET hou1
                MOV       CL,01
DIS1:           MOV       AL, [DI]
                MOV       BX,BX,OFFSET,LED
                XLAT
                MOV       DX,PORTSEG
                CMP       CL,08H                ;设置小数点
                JZ        ABC
                CMP       CL,02
                JNZ       PP
ABC:            OR        AL,80H
PP:             OUT       DX,AL
                MOV       AL,CL
                MOV       DX,PORTBIT
                OUT       DX,AL
                PUSH      CX
                MOV       CX,350H               ;设置循环次数
DELAY1:         LOOP      DELAY1
                POP       CX
                CMP       CL,20H
                JZ        CHG
                INC       DI
                SHL       CL,1
                MOV       AL,00
                OUT       DX,AL
                JMP       DISI
CHG:            INC       COUNT
                CMP       COUNT,50
                JL        QUIT
                MOV       COUNT,0
                INC       SEC2
                CMP       SEC2,10
                JL        QUIT
                MOV       SEC2,0
                INC       SEC1
                CMP       SEC1,6
```

```
                    JL        QUIT
                    MOV       SEC1,0
                    INC       MIN2
                    CMP       MIN2,10
                    JL        QUIT
                    MOV       MIN2,0
                    INC       MIN1
                    CMP       MIN1,6
                    JL        QUIT
                    MOV       MIN1,0
                    INC       HOU2
                    CMP       HOU1,2
                    JL        PPP
                    CMP       HOU2,4
                    JL        OOO
                    MOV       HOU1,0
                    MOV       HOU2,0
OOO:                INC       HOU2
                    JMP       QUIT
PPP:                CMP       HOU2,10
                    JL        QUIT
                    MOV       HOU2,0
                    INC       HOU1
QUIT:               MOV       DX,PORTBIT
                    MOV       AL,00
                    OUT       DX,AL
                    MOV       DX,INTA00
                    MOV       AL,20H
                    OUT       DX,AL
                    POP       DI
                    POP       DX
                    POP       CX
                    POP       AX
                    IRET

;------------------------
KEY                 PROC      NEAR                   ;键盘扫描子程序
                    PUSH      CX
KST:                MOV       AL,82H
                    MOV       DX,P55CTL              ;设置 8255 控制字，均工作于方式 0
                    OUT       DX,AL
                    MOV       AL,00H
                    MOV       DX,PA55                ;端口 A 输出全为 00
                    OUT       DX,AL
                    MOV       DX,PB55                ;从端口 B 输入列值
                    IN        AL,DX
                    OR        0F8H
                    CMP       AL,0FFH                ;若为 FF，则说明无键按下，转 KST
                    JZ        DELAY
                    MOV       CX,0300H
```

```
DLY:        LOOP    DLY                      ;延时去抖动
            MOV     CL,08H
            MOV     AH,0FEH
SCAN:       MOV     DX,PA55
            MOV     AL,AH                    ;从端口 A 输出行值
            OUT     DX,AL
            MOV     DX,PB55                  ;从端口 B 输出列值
            IN      AL,DX
            OR      AL,0F8H
            CMP     AL,0FFH
            JNZ     KEYN
            ROL     AH,1
            DEC     CL
            JNZ     SCAN1
            JMP     KST
KEYN:       PUSH    AX                       ;有键，保存键值
            MOV     DX,PB55
RELEA:      IN      AL,DX                    ;等待键释放
            OR      AL,0F8H
            CMP     AL,0FFH
            JNZ     RELEA
            POP     AX
            NOT     AX
            MOV     SI,OFFSET   TABLE        ;扫描码表首址
            MOV     DI,OFFSET   CHAR         ;字符表首址
            MOV     CX,24                    ;小键盘共 24 键
TT:         CMP     AX,[SI]
            JZ      NN                       ;扫描码相符则转 NN
            DEC     CX                       ;计数值减 1
            JZ      KST                      ;已全部比较完，仍不相符则转 KST
            ADD     SI,02
            INC     DI
            JMP     TT
NN:         MOV     DL, [DI]
            MOV     [CHAR1],DL
            MOV     AH,02H                   ;显示该扫描码对应字符
            INT     21H
            POP     CX
            JMP     YANG
DELAY:      CALL    DISPLAY
            JMP     KST
YANG:       RET
KEY         ENDP
;----------------------------
DISPLY      PROC    NEAR                     ;显示子程序
            PUSH    CX
            MOV     BX,OFFSET   LED
            MOV     CX,0006
            MOV     SI,OFFSET HOU1           ;显示缓冲区指针 SI
```

273

```
                MOV       AH,01H                              ;位码指向第一位
    DISPLAY1:   CLD
                LODSB
                XLAT
                MOV       DX,PORTSEG                          ;输出段码
                OUT       DX,AL
                MOV       AL,AH
                MOV       DX,PORTBIT                          ;输出位码
                SHL       AH,1
                MOV       AL,00
                OUT       DX,AL
                LOOP      DISPLAY1
                POP       CX
                RET
                DISPLAY ENDP
    ;------------------------------
    CPRO        PROC      NEAR                                ;C 键处理
                CLI
                MOV       WORD   PTR [HOU1],0000H             ;清零
                MOV       WORD   PTR [HOU1+2],0000H
                MOV       WORD   PTR [HOU2+4],0000H
                RET
    CPRO        ENDP
    ;------------------------------
    GPRO        PROC      NEAR                                ;G 键处理
                STI                                           ;开始计数
                RET
    GPRO        ENDP
    ;------------------------------
    DPRO        PROC      NEAR                                ;D 键处理
                CLI                                           ;停止计数
                RET
    DPRO        ENDP
    ;------------------------------
    PPRO        PROC      NEAR                                ;P 键处理
                CLI                                           ;设置初始值
                PUSH      AX
                PUSH      BX
                MOV       WORD   PTR [HOU1],0C0CH
                MOV       WORD   PTR [HOU1+2],0C0CH
                MOV       WORD   PTR [HOU1+4],0C0CH
                CALL      DISPLY
                CALL      KEY                                 ;调键盘扫描子程序
                MOV       DL,[CHAR1]
                CMP       DL,'2'
                JNG       NEXT1
                JMP       ERR
    NEXT1:      SUB       DL,30H                              ;显示时的十位
                MOV       [HOU1],DL
```

```
            CALL      DISPLY
            CALL      KEY                   ;调键盘扫描子程序
            MOV       DL,[CHAR1]
            CMP       [HOU1],2
            JL        QW
            CMP       DL,'3'
            JNG       NEXT2
            JMP       ERR
QW:         CMP       DL,'9'
NEXT2:      SUB       DL,30H
            MOV       [HOU1+1],DL
            CALL      DISPLY
            CALL      KEY                   ;调键盘扫描子程序
            MOV       DL,[CHAR1]
            CMP       DL,'5'                ;键值大于 5，出错
            JNG       NEXT3
            JMP       ERR
NEXT3:      SUB       DL,30H
            MOV       [HOU1+2],DL
            CALL      DISPLY
            CALL      KEY                   ;调键盘扫描子程序
            MOV       DL,[CHAR1]
            CMP       NEXT4
            JMP       ERR
NEXT4:      SUB       DL,30H
            MOV       [HOU1+3],DL           ;计算出分值
            MOV       AH,0AH
            MUL       AH
            ADD       AL,DL
            MOV       [MIN1],AL
            CMP       AL,0CH
            JG        ERR
            CMP       AL,00
            JZ        ERR
            MOV       [HOU1+3],DL           ;显示分的个位
            CALL      DISPLY
            CALL      KEY                   ;调键盘扫描子程序
            MOV       DL,[CHAR1]
            CMP       DL,'5'
            JG        ERR
            SUB       DL,30H
            MOV       AL,[MIN1]
            CMP       AL,02H
            JZ        PPR01
            MOV       [HOU1+4],DL
            CALL      DISPLY
            JMP       PPR02
PPR01:      CMP       DL,02
            JG        ERR
```

	MOV	[HOU1+4],DL	;显示秒的十位
	CALL	DISPLY	
PPR02:	CALL	KEY	
	MOV	DL,[CHAR1]	
	CMP	DL,'9'	;大于 9，出错
	JG	ERR	
	SUB	DL,30H	
	MOV	[HOU1+5],DL	;显示秒的个位
	CALL	DISPLY	
	JMP	WW	
ERR:	MOV	WORD　PTR [HOU1],0A0AH	;出错处理，显示缓冲区送 E
	MOV	WORD　PTR [HOU1+2],0A0AH	
	MOV	WORD　PTR [HOU1+4],0A0AH	
	CALL	DISPLY	
WW:	POP	BX	
	POP	AX	
	RET		;返回
PPRO	ENDP		
CODE	ENDS		
	END	START	

本章小结

对于微机接口的设计，需要确定接口的功能、整体结构、软硬件分工和接口资源，还要注意接口与总线的硬件连接，有些信号线需要经过一定的处理或改造，这种改造包括逻辑上、时序上或电平上的。

编写驱动程序，首先应熟练掌握接口芯片的编程方法，如控制字各位的含义、各控制字的使用顺序和使用场合，它们对应的端口等。其次，根据具体应用场合确定接口的工作方式。最后，依据硬件连接关系编写驱动程序，包括接口的初始化程序和接口控制的输入/输出工作程序。

接口设计还应注意，要做到软、硬件综合考虑；逻辑关系和时序关系统筹考虑；通用和扩展同时考虑等。要选用性能稳定的元器件，结构设计要充分考虑元器件的布局，除提高元器件和硬件系统的可靠性外，还要进行抗干扰设计。

习题与思考题

1. 微机接口主要处理哪些信号？
2. 结合实际谈谈微机接口设计应注意的问题。
3. 结合实际谈谈硬件的设计方法。
4. 结合实际分析抗干扰主要采取哪些措施。
5. 仔细分析图 10-1、图 10-2 和图 10-3 这 3 个电路图的工作原理。

参 考 文 献

[1]　王成端. 微机接口技术. 3 版. 北京：高等教育出版社，2009.

[2]　王成端. 微机原理与接口技术. 北京：科学出版社，2010.

[3]　王成端. 汇编语言程序设计. 2 版. 北京：高等教育出版社，2008.

[4]　戴梅萼，史嘉权. 微型机原理与技术. 2 版. 北京：清华大学出版社，2009.

[5]　王荣良，孙德文. 计算机接口技术. 北京：电子工业出版社，2003.

[6]　Myke Preko. PC 接口技术内幕. 北京：中国电力出版社，2002.

[7]　孙德文. 微型计算机技术. 北京：高等教育出版社，2005.

[8]　白中英. 计算机组成原理. 4 版. 北京：科学出版社，2008.

[9]　冯博琴，吴宁. 微型计算机原理与接口技术. 2 版. 北京：清华大学出版社，2007.

[10]　杨全胜，胡友斌等. 现代微机原理与接口技术. 2 版. 北京：电子工业出版社，2007.

[11]　宋汉珍. 微型计算机原理. 2 版. 北京：高等教育出版社，2004.

[12]　牟琦，聂建萍. 微机原理与接口技术. 北京：清华大学出版社，2007.

[13]　马群生，温冬婵，仇玉章，唐瑞春. 微计算机技术. 北京：清华大学出版社，2006.

[14]　刘乐善. 微型计算机接口技术及应用. 武汉：华中科技大学出版社，2000.

[15]　陆志才. 微型计算机组成原理. 2 版. 北京：高等教育出版社，2009.